阳光心态·快乐人生

青少年保持阳光心态的150个细节

YangGuang XinTai

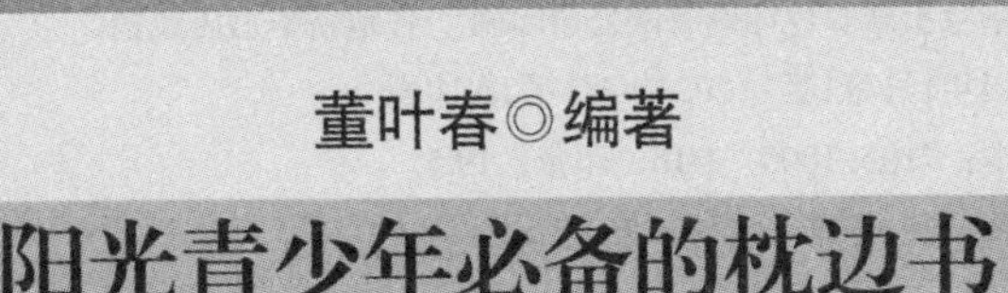

董叶春◎编著

阳光青少年必备的枕边书

中国纺织出版社

内 容 提 要

阳光心态是积极、宽容、豁达、知足、感恩的一种心智模式。保持阳光心态，我们可以让生活化弊为利、让苦变甜，可以化解仇恨、消除误会、打消猜疑、由悲变喜，让生活充满积极的力量。

本书精选了100多个富有哲理、饶有趣味性和启发性的故事，将带领你的思绪畅游在快乐、幸福的海洋里，当你忧愁时给予你安慰，在你烦心时给予你解脱，让你摆脱自卑、压抑的困扰，帮你聚集自信、乐观、积极的阳光心态，成为杰出的青少年。

图书在版编目（CIP）数据

青少年保持阳光心态的150个细节／董叶春编著.—北京：中国纺织出版社，2014.1（2024.4重印）
ISBN 978-7-5180-0062-3

Ⅰ.①青… Ⅱ.①董… Ⅲ.①成功心理—青年读物②成功心理—少年读物 Ⅳ.①B848.4-49

中国版本图书馆CIP数据核字（2013）第232625号

策划编辑：闫 星　　责任编辑：曲小月　　责任印制：储志伟

中国纺织出版社出版发行
地址：北京市朝阳区百子湾东里A407号楼　邮政编码：100124
邮购电话：010—67004461　传真：010—87155801
http：//www.c-textilep.com
E-mail：faxing@c-textilep.com
北京兰星球彩色印刷有限公司印刷　各地新华书店经销
2014年1月第1版　2024年4月第2次印刷
开本：710×1000　1/16　印张：19.5
字数：281千字　定价：85.00元

前言

现代社会，越来越多的父母发现，只给孩子丰厚的物质生活，对于孩子的健康成长，是远远不够的。很多时候，对孩子照顾得越周到，他们就越像温室中的花朵一样，禁不起任何风吹雨打。对于孩子的成长而言，要想使他们长大以后能够面对日益激烈的社会，要想使他们拥有平和的心态面对生活，就要使他们拥有积极阳光的心态。只要心态好，即使面对生活的风雨和坎坷，他们依然能够坦然面对，从容应付。很多教育学者经过持续不断的研究也发现，幸福与否，快乐与否，并不取决于孩子所拥有的物质条件，而取决于孩子是否拥有一个好心态。快乐，来自于我们的内心充满阳光。

在生活中，每一个人都需要阳光。阳光是万物生长的源泉，如果没有阳光，草儿无法生长，大树无法挺拔，人们将不再感受到温暖，并且被黑暗紧紧包围。由此可见，阳光对于我们的生活是至关重要的。同样的道理，阳光的心态对于我们的一生也是至关重要的。孩子只有拥有阳光的心态，才能够像大树一样直耸入云，挺拔直立，才能拥有幸福美满的人生，才能享受快乐的生活。

对于任何一个青少年而言，他们成长和生活的环境都是不一样的，经历的生活的馈赠和磨难也是完全不同的。很多时候，我们无法改变生活中的一些不如意，但是，我们却可以控制自己的心态，以不变应万变。只要你拥有良好的心态，你就拥有改变生活的力量。

生活不会因为我们难过就给予我们笑脸，只有我们先笑，生活才会对我们微笑。所以，要想拥有阳光般的生活，就要以阳光的心态面对生活。记住这一点，你的人生将与众不同！

编著者

2013年5月

目录

上篇 修炼阳光心态，克服人性弱点

上篇

修炼阳光心态，克服人性弱点

第1章　心理美容，让心灵洒满阳光

人生在世，谁都希望自己生活得幸福、快乐，而一个人快乐与否，完全取决于个人对人、事、物的看法如何。青少年朋友，你们的人生刚刚开始，现阶段的你们一定要学会一项技能——心理美容，因为面对人生的烦恼与挫折，最重要的是摆正自己的心态，积极面对一切。如果你懂得调解自己的心态，那么，你就能拥有了一个充满阳光的青春期，你就拥有了挑战未来的最重要砝码。

积极阳光的心态孕育成功

有人说，这世界上存在两种人，划分的标准就是他们对待事物的态度，一种是乐观的人，一种是悲观的人。乐观者，他们的脸上总是挂着微笑，似乎没有什么事情能难倒他们，因此，他们生活得幸福、坦然；而悲观者，他们似乎总是把眼光盯在事情坏的一面，于是，他们总是低迷，整日郁郁寡欢。有句话说得好：“乐观者在灾祸中看到机会，悲观者在机会中看到灾祸。”微笑看待人生，好运自会降临。

人生短短数十载，困难和挫折都在所难免，我们不能预知未来，但我们可以以一颗坦然的心面对。只要积极乐观、永不绝望，就一定能走出逆境。处于成长阶段的青少年朋友们，也应该学会在日常生活中培养自己乐观的精神，无论你遇到什么事，都不要忧郁沮丧；无论你多么痛苦，都不要整天沉溺于其中无法自拔，不要让痛苦占据你的心灵。

心理学研究发现，成长期的孩子若对自己持正面的看法，对未来有乐观的

态度，那么，他就不会离幸福太远。孩子乐观的重要表现之一，就是凡事进行正面的思考。

有一天，老师当着全班同学的面批评一个初中男孩历史考试成绩太糟糕。回到家，妈妈想安慰他，但没想到小男孩却这么说：“幸好老师批评的是我最烂的一门科目，如果我最好的一门科目被他批评，那我岂不更惨了。”

这个小男孩的这种思维就是正面的、积极的，拥有这样的思维能力，就是乐观特质的精彩展现。

的确，乐观就像心灵的一片沃土，为人类所有的美德提供丰富的养分，使它们健康地成长。它使你的心灵更加纯净，意志更富有弹性。它就像最好的朋友一样陪伴着你的仁慈，像尽职尽责的护士一样呵护着你的耐心，像母亲一样哺育着你的睿智。它是道德和精神最好的滋补剂。马歇尔·霍尔医生曾对自己的病人说过：“乐观的态度，是你最好的药。”所罗门也曾说过：“乐观的心态，就是最强劲的兴奋剂。”有一位虔诚的作家，在被人问到该如何抵抗诱惑时回答：“首先，要有乐观的态度：其次，要有乐观的态度；最后，还是要有乐观的态度。”

青少年朋友们，在生活中，你难免会遇到某些困难，遇到某些不顺心的事，因此变得沮丧。其实，应该时刻告诉自己，困境是另一种希望的开始，它往往预示着明天的好运气。因此，你只要放松自己，告诉自己希望是无所不在的，再大的困难也会被战胜。

心灵启示

一位著名的政治家说过：“要想征服世界，首先要征服自己的悲观。”用乐观的态度对待人生，满世界都是“鲜花开放”；而悲观者看人生，则总是“悲秋寂寥”，为了培养乐观的心态，青少年朋友们，你可以这样做：

1. 摒除那些消极的习惯用语

“我真不知道该如何是好了！”

“这道题怎么总是解答不了呢？”

“我真累坏了。”

……

相反，你可以这样激励自己：

“累了一天，能这样休息真好啊！”

“再大的困难，我也能挺过去！”

“我一定要把这道题解出来。”

“我就不信我战胜不了你！”

2. 听听愉快、鼓舞人的音乐

每天早上，当你起床后，要接触那些积极的信息，如果可能的话，和一位心态积极者共进早餐或午餐。不要看早上的电视新闻，你只要浏览一下当天报纸上的几条重要新闻即可，它足以让你知道将会影响你生活的国际或国内新闻。

3. 从事有益的娱乐与教育活动

观看介绍自然美景、家庭健康以及文化活动的录像带；

挑选电视节目及电影时，要根据它们的质量与价值，而不是注意商业吸引力。

4. 比较法

当你心情不好时，不妨去访问孤儿院、养老院、医院，你会发现，这个世界上，比你不幸的人多得是。如果情绪仍不能平静，就积极地和这些人接触；和你的朋友一起散步游戏，这样，你的坏情绪就会逐渐平息。通常只要改变环境，就能改变自己的心态和情绪。

总之，只要保持乐观心态，一切难题都会在短时间内迎刃而解。

信任他人，切忌猜忌

人类作为群居动物，都需要朋友，需要友谊之水的滋养，困难之时都需要朋友的一臂之力，心情低落之时都需要朋友的一句宽慰，荣耀之时都需要朋友衷心的祝贺和分享。然而，在人类所有的情感中，友情是最需要信任和付出的，猜忌是友情的致命敌人。正如有人说：“假如我们都知道别人在背后怎样谈论我们的话，恐怕连一个朋友都没有了。”这并不是一句否定人与人之间友情的话，相反地，它正可以告诉我们，对背后的闲话尽可不必认真打听和计较。信任你的朋友，放下你的猜忌，你一定会收获友谊的果实。

青春期是个需要朋友的年纪，青春期的孩子会慢慢成为一个社会人；青春期是个为友谊劳心劳力的年纪，但青少年朋友们，如果你想拥有友谊，就必须放下你的猜忌，学会信任你的朋友。

人与人之间的友谊是经不住猜忌和私心的考验的。曾被人们认为是智慧的化身的诸葛亮，也是个猜忌心重的人。

诸葛亮精明能干，且任人唯贤，却因为过于明察而生疑人之心。他对人不信任，大事小事无不亲自过问，出将入相，茕茕孑立。诸葛亮对搜受降之将魏延始终用而不信，怀疑他有反叛之心，致使军事上失去“股肱”之助。诸葛亮死后，又发生魏延的冤案，蜀汉元气大伤，造成“蜀中无大将，廖化作先锋”的不利局面。

实际上，自古以来，和诸葛亮一样，不知有多少人因为猜忌而疏远了朋友，中断了友谊，甚至断送了江山。猜忌实在是害人又害己。

猜忌不仅是对友谊的一种摧残，更是对心灵的一种折磨。杯弓蛇影的典故就是很好的例证。弓影映在盛酒的杯中，好像小蛇在游动，饮者以为真把小“蛇”给吞下去了，越想越恶心，结果害得自己大病一场。这才是天下本无事，庸人自疑之，疑心太重，到头来自讨苦吃。

对别人无端的猜忌，貌似无端，实则有端，猜忌源于褊狭的私心。“以小人之心，度君子之腹”，疑心太重的人，总怕别人争夺自己的所爱、所求、所得，怕别人损害自己的利益，终日疑神疑鬼，顾虑重重，你对别人不放心，别人能对你坚信不疑吗？虽说防人之心不可无，但是时时提防，处处疑心，还会有知心朋友吗？

心灵启示

我们不能否认，每个人都有疑心，这是自我保护的一种正常的心理活动，但所谓的自我保护，是相对于那些相交甚浅甚至是陌生人的，而对于自己的朋友，则应该以信任为基础。如果对待朋友处处设防，则大可不必。

那么，青少年朋友们，你该如何摒弃人际交往中的猜忌心理呢？

1. 理性思考，不无端猜忌

当你发现自己在猜忌一件事或者一个人时，不妨打断一下自己的思维，问一问自己，为什么要猜忌？这样做对吗？如果怀疑是错误的，还有可能发生什么情况？在做出决定前，多问几个为什么是有利于冷静思索的。

2. 发现自己的优点，增强自信心

每个人都不是完美的，有优点自然也有缺点，但我们不要一味地盯着自己的缺点看，这样只会让你灰心丧气。善于发现自己的优点，能帮助你树立自信心、提升能力，在获得成就后，你会更加自信地生活。

3. 从心理上根除猜忌

行为总是在执行心理的动态，从心理上根除猜忌，行为也就与之决裂。你要告诉自己，那个我不喜欢的人，他并不是坏人，我只是放大了他的缺点，没看到他的优点而已，经过长期的心理斗争，必定能让你根除猜忌。

4. 增强对自我的调节能力

人生在世，我们不可能让每个人都称赞我们，对于别人对自己的评价，我们不必猜忌。但丁有一句名言；“走自己的路，让别人说去吧。”要善于调节自己的心情，不要在意他人的议论，该怎样做还是怎样做，这样不仅解脱了自己，无端的怀疑也烟消云散了。

5. 多沟通，解除疑惑

在人际交往中，彼此之间会有一些摩擦或误解，这也许是由于理想、观念的不同导致了态度不同，也有些猜忌来源于相互的误解。这些情况，都应该通过适当的方式解决。通过谈心，不仅可以使各自的想法被对方了解，消除误会，而且还避免了因误解而产生的冲突。

总之，克服猜忌只有不断地战胜自我，才能消除多疑。战胜自己的狭隘，就会心怀坦荡开朗；战胜自己的偏激，就会理智处事；战胜自己的浅陋，就会多一些宽容；战胜自己的孤僻，就会多一些友谊。这样不断战胜自我，才会迎来美好、和谐、舒畅、顺达的人生。

享受寂寞，心灵永不孤独

我们都知道，现代社会，人们已经习惯于喧嚣的城市中，为此，寂寞来临

时，有些人手足无措，不知如何排遣。有人说，孤寂是吞噬生命和美丽的沼泽地。寂寞不可怕，可怕的是心灵的孤独，因此，寂寞的时候，我们需要一点精神上的寄托与追求，打破寂寞，学会在寂寞中寻求彼岸。

青少年阶段都渴望结交朋友，无论是学习还是娱乐，都喜欢成群结队，没有谁喜欢被同学和朋友孤立，然而，一个人要成长，就必须学会直面寂寞，如果你能充实自己的内心，让心灵永不孤独，那么，你就长大了。

有本书上曾经这样说："能够忍受孤独的，是低段位选手；能够享受孤独的，才是高段位选手"。诚哉斯言！不同的人生态度，成就了不同的人生高度。一个真正有内涵的人，都是懂得充实自己内心的人，如看一本书、写一行字，学会修理一个柜子，养活一缸鱼，下厨煲一锅汤，会照料受伤的小动物等。这一切远胜于呼朋唤友，左拥右抱。他应该有自我内心的坚定和认知，不受世间左右来界定，专注工作和学习，并且独具一格。

"每天放学后，我宁愿去图书馆看看书，也不愿意和同学们去网吧上网，每读一本书，我都能获得不同的知识，有专业知识，有人生感悟，有风土人情，有幽默智慧，我很享受读书的过程。每次从图书馆出来都已经是夜里十点了，看着路边安静的一切，风从耳边吹过，我真正感到了内心的安宁。同学们都说我这人太宅了，但我觉得，我是在享受寂寞，内心有书籍陪伴，我从不感到孤独。"

这是一个懂得享受寂寞的人的内心独白。的确，心与书的交流，是一种滋润，也是内省与自察。伴随着感悟与体会，淡淡的喜悦在心头升起，浮荡的灵魂也渐归平静，让自己始终保持着一份纯净而又向上的心态，不失信心地融入现实，介入生活，创造生活。

也许你会问，"寂寞"二字究竟是褒义词还是贬义词？我们无需追求，但我们需要明白，寂寞不等于孤独。一个人孤独，那是因为身边没有朋友；而一个人寂寞，那是自己给自己的独有空间。

曾有这样一个故事：

有个人独自行走在森林中，后来，他迷路了，饥饿难耐的他最终靠在了一棵大树底下，他睡着了。在梦中，他看到了洁白的牛奶和诱人的面包，他以为这些都是真实的。而就是靠着这份幻想，他走出了森林，获得了重生。

有人说：孤独是一种无以言状、美轮美奂的境界。的确，在孤独的时候，我们才能真正实现与自己的对话，才能让我们进入冥想的境界。

其实孤独也是美丽的，孤独的是影，实在的是心，孤独的人能在孤独寂寞中完成他的使命。如果一个人，兴趣无比广泛而又浓烈，又感觉到自己的精力无比旺盛，那么，你就不必去考虑你活了多少年这种纯数字的统计学，更不需要去考虑你那未知的未来。

心灵启示

那么，寂寞时，青少年朋友们是如何充实内心的呢？

1.与书籍为伍

英国作家汤玛斯说：“书籍超越了时间的藩篱，它可以把我们从狭窄的目前，延伸到过去和未来。”的确，书籍记录了太多伟大的思想，在读书的过程中，我们能实现自我提升，我们能探索到很多我们未曾涉及的领域，我们更能从书籍中找到心灵的导师，从而看清自己、走出狭隘，最终达到丰富自我、提升涵养的目的。

2.专注于学习

孔子说：“德不孤，必有邻”。一个人如果能专注于手头的工作和学习的话，那么，他便能沉浸在自己的世界中，又怎会感到孤独呢？举个很简单的例子，炎炎夏日，农夫思考如何把稻子割完、学生一心要读完一本书，他们都是充实的，只有无所事事的人，才会觉得内心空虚、寂寞，需要与人为伴。

可见，学会自我调节，学会享受一个人的寂寞，有一颗平静的心，做好你自己，我们的生活就会更加成熟、更加深沉、更加充实。

焦虑无益，一切以平常心对待

有人说过这样的话，人生的冷暖取决于心灵的温度。然而，现今忙碌的、紧张的生活令人们焦虑不安。很多人常常担忧：我要是失业了怎么办？这个月

的房贷又该还了，我好像又老了……令人们焦虑的问题实在太多了，而这些情绪会一直纠缠着我们，哪有快乐可言？而那些快乐者，他们始终能淡然面对一切，每天都开心地生活。

对于青少年朋友来说，可能每天你面临着焦虑，比如，考不上一所好大学怎么办？考试前生病了怎么办？新同学不喜欢我怎么办……但无论如何，这都是未发生的事，此时的你只有摆脱这些恐惧和焦虑，才能以最好的状态迎接明天。

德国的一位哲学家曾讲过这么一段话：没有什么情感比焦虑更令人苦恼了，它给我们的心理造成巨大的痛苦。而焦虑并非由实际威胁所引起，其紧张惊恐程度与现实情况很不相称。追求快乐是人类的本能。因此，通常来说，焦虑是无谓的担心。我们要彻底摆脱使人苦恼的焦虑，就要选择平静身心。

沐浴和煦的春风，师傅带着小和尚来到寺庙的后院，打扫冬日里留下的枯木残叶。小和尚建议说："师傅，枯叶是养料，快撒点种子吧！"

师傅曰："不着急，随时。"

种子到手了，师傅对小和尚说："去种吧。"不料，一阵风起，撒下去不少，也吹走不少。

小和尚着急地对师傅说："师傅，好多种子都被吹飞了。"

师傅说："没关系，吹走的净是空的，撒下去也发不了芽，随性。"

刚撒完种子，飞来几只小鸟，在土里一阵刨食。小和尚连轰带赶，然后向师傅报告说："糟了，种子都被鸟吃了。"

师傅说："急什么，种子多着呢，吃不完，随遇。"

半夜，一阵狂风暴雨。小和尚来到师傅房间哭着对师傅说："这下全完了，种子都被雨水冲走了。"

师傅答："冲就冲吧，冲到哪儿都是发芽，随缘。"

日子一天天过去，昔日光秃秃的地上长出了许多新绿，连没播到的地方也有小苗探出了头。小和尚高兴地说："师傅，快来看呐，都长出来了。"

师傅依然平静如昔，说："应该是这样吧，随喜。"

这则故事告诉我们，人生无常，只要我们保持内心平静，那么，无论外在世界如何变幻莫测，我们都能坦然面对，不为情感所左右，不为名利所牵引，从而洞悉事物本质，完全实事求是。

从这里，我们可以看到，内心安宁，人们就会活得更轻松。同时，内心安宁、不焦虑也是让我们不断前进的保证。相反，面对激烈的竞争，面对瞬息万变的环境，那些内心焦虑的人往往看不清真正的自己，也就不能及时察觉自身的缺点，不能尽快调整自己的发展方向，就必然在学业和事业中落伍，被残酷的竞争淘汰。

心灵启示

青少年朋友们，你是个焦虑的人吗？你是否很容易忧虑？你是否像林黛玉一样多愁善感？你是否因为天气不好而心情烦躁？你是否会莫名其妙地悲观沮丧？每当周围有人在吵架，即使与你无关，你也会变得烦躁、紧张？你是否经常感到惶恐不安？面对众多的选择，你是否无所适从，很难下定决心？如果你有三个以上的答案都是肯定的，那么，显而易见，你是一个对外部环境非常敏感的人，你很容易受到外界的影响。

对此，你应积极寻求克服焦虑的心理策略，如下面的自我调节方法或许有助于你早日摆脱焦虑。

1. 挖掘出引起焦虑和痛苦的根本原因

研究发现，很多焦虑症患者患病是有一个过程的，他们的潜意识中长期存在一些被压抑的情绪体验，或者曾经受过某种心灵的创伤，并且，这些焦虑症状早以其他形式体现出来，只是患者本人没有对自己的情况引起重视。因此，生活中的我们，一旦发现自己有焦虑情绪，就应该学会自我调节、自我调整，把意识深层中引起焦虑和痛苦的事情发掘出来，必要时可以采取适当的方法发泄，发泄之后症状可得到明显减缓。

2. 尽可能地保持心平气和

有句俗语叫：欲速则不达。要摆脱焦虑最忌急躁，当然，对于那些患焦虑症的人，这是有一定难度的。

3. 必须树立起自信心

那些易焦虑的人，通常都有自卑的特点。遇事时，他们多半会看低自己的能力而夸大难度；而一旦遇到挫折，他们的焦虑情绪和自卑心理更为明显，因

此，我们在发现自己的这些弱点时，应该引起重视并努力加以纠正，绝不能存有依赖性，等待他人的帮助。树立了自信心就不害怕失败，如果十次之中成功了一次，就会增添一份自信，焦虑也退却了一步。

抱怨就是浪费自己的生命

生活中，我们常常听到身边的人抱怨：“哎！工作太累，天天都有干不完的活，连喘口气的机会都没有！”“看看我们公司的那伙人，那是什么素质简直没法说！”“我们家那位一天只知道挣钱，连结婚纪念日都忘记了。”“我怎么就生了一个这么笨的儿子，学习上好像从来不动脑子。”……抱怨就像瘟疫一样在我们周围蔓延，愈演愈烈。在他们看来，似乎不曾遇过顺心的事，无论何时，你都能听到抱怨连连，因为抱怨，他们不仅使自己很烦躁，也使别人很不安。然而，生活中，喜欢抱怨的青少年数不胜数，他们抱怨学习太累、父母太唠叨，甚至抱怨饭菜太差、衣服太难看等。而实际上，抱怨对于事情的解决毫无益处，它只会让我们在忙碌中兜圈子，相反，如果我们能心平气和地正视问题，理清自己的思绪，那么，就很容易找到解决问题的方法。

小李高考落榜后，在一家汽车修理厂工作。从他工作的第一天开始，他就对自己的工作不满，他不断抱怨：“修理这活太脏了，瞧瞧我身上弄的”，“真累呀，我简直讨厌死这份工作了”，“要不是考试中出了点失误，我现在都是名牌大学的学生了。干修理这活太丢人了”！

每天，小李都在煎熬和痛苦中过日子，但他又害怕失去这份工作，于是，只要师父不在，他就偷懒耍滑，得过且过。

几年过去了，与小李一同进厂的三个工友，凭着各自的手艺，或另谋高就，或被公司送进大学进修了，唯有小李，仍旧在抱怨声中，做他蔑视的修理工。

可见，无论我们做什么事，要想取得成绩，都必须投入全部的热情，如果你也像小李那样鄙视、厌恶自己的工作，对它投以“冷淡”的目光，那么，即使你从事的是最不平凡的工作，你也不会有所成就。

为什么抱怨的人会说生活得这么累，因为他只看到自己的付出，而没有看到自己的所得；而不抱怨的人即使真的很累，也不会埋怨生活，因为他知道，失与得总是同在的。一想到自己所得，他就会很高兴。的确，抱怨只会让我们浪费大把的时间，因为它会破坏我们原本积极的潜意识。你可能有过这样的体会，只要我们的头脑中有一丝抱怨，那么，我们手中的工作就会不由自主地变慢，然后为自己鸣不平、讨公道，甚至抱怨老天不公。在这种坏心情的影响下，不仅我们的工作和生活都受到了影响，我们的心态也会改变。而真正的勇者，他们从不抱怨，他们总是淡定、冷静地看待世界，审视自己，最终成就自己。

其实，没有一种生活是完美的，也没有一种真正让人满意的生活。如果我们不抱怨，而是以一种积极的心态去努力进取，那么，收获的将更多；而我们一旦养成抱怨的习惯，就像搬起石头砸自己的脚，于人无益，于己不利，于事无补，生活就成了牢笼一般，处处不顺时时不满。所以，每个人都应该认识到：自由地生活着，其实本身就是最大的幸福，哪有那么多抱怨呢？

因此，青少年朋友们，无论你的情况如何，都不要抱怨，不要抱怨你的家境不好，不要抱怨父母对你不够好……生活是你的朋友，不是你的敌人。生活总是有那么多不尽如人意，就算生活给你的是垃圾，你也要努力把垃圾踩在脚底下，登上世界巅峰。

心灵启示

事实上，没有一种令人十分满足的生活。如果我们动不动就抱怨，不以一种积极的心态去解决问题，那么，就等于搬起石头砸自己的脚，于人于己于事都不利。

所以，你应该认识到，社会中，每个人都应该各司其职，都应该有自己的生活，无论是学习还是做其他事，这都是实现人生价值的方式，也是我们幸福的源泉，既然如此，那还有什么可抱怨的呢？

不要压抑自己，学会释放

青少年朋友们，在生活中，你是否遇到过这样的情况：清晨六点钟的闹钟就把你惊醒，你很想再睡一会儿懒觉，但母亲已经敲门了，你在七点之前必须赶到学校，草草吃了早饭、挤上了去学校的公交车，但你还是迟到了十分钟，你被老师点名批评，当你打开书包，结果发现昨天的作业又忘带了……你倍感委屈，生活怎么这么艰辛？

其实，在生活和学习中，类似于这种影响人们心情的事情实在太多，如果我们处理不当，就有可能酿成人生惨剧。当然，如果一味地压制这些负面的心情，问题也不会因此解决，同时，积压在身体内部的负面能量会不利于我们的身心健康，比如引发头痛、胃病等，所以心情不好时千万不要压抑自己。

袁先生原本有个美满的家庭，有个美丽的妻子。但就在他30岁那年，命运跟他开了个玩笑，刚怀孕五个月的妻子在家中滑了一跤导致流产，后来，妻子被诊断患有不孕症。整天郁郁寡欢的妻子又在一次交通意外中丧生。一段时间下来，袁先生早已心力交瘁，但他还坚持努力工作，并担任了几个小公司的兼职顾问，虽然很劳累、很操心，甚至很压抑，但是他从不曾流过一滴泪，朋友都夸袁先生是条硬汉！

后来，袁先生感觉自己的头总是很疼，吃了一些头疼药也无济于事，后来，朋友推荐他去求助一位心理医生。心理医生告诉他，他内心的悲痛压抑太久了，如果想哭，就哭出来。在医生的建议下，他将压抑已久的苦楚全部以泪水的形式宣泄了出来，整个人也轻松了很多。

这里，我们发现，袁先生之所以出现头疼的症状，是与其长期压抑自己的悲痛心情有关，而通过哭泣，他的苦楚得到了宣泄，自然感到轻松很多。

心灵启示

的确，生活中，我们都会遇到一些令心情不快甚至突如其来的变故，青少年朋友也不例外。当陷入消极情绪而难以自拔时，我们不能压抑，而应该适时找到宣泄的方式，才能及时卸下包袱，轻装上路！以下几种方法帮助你释放坏心情：

1.倾诉法

当你觉得内心憋闷、心情抑郁时，可以选择倾诉的方式来排遣，倾诉的对象可以是你的朋友、同学，也可以是你的亲人，消极情绪得以发泄后，精神就会放松，心中的不平之事也会渐渐消除。当然，向朋友、亲人倾诉必须有一个前提，那就是他们要有一定的抗压能力。

曾有专家建议："无论是朋友，还是亲人，你都可以依赖。但是，你必须找到在你压力大时，真的能帮助你的人。"如果你的朋友抗压能力还不如你，那么，对于你的苦恼，他是帮不上忙的，甚至他的心情也会被你传染。

2.哭泣

长时间以来，人们都认为，哭对人的健康有害。然而，新近科学家们的实验与研究却给了我们一个迥然不同的结论：哭对缓解情绪压力是有益的。

心理学家曾经做过这样一个实验：有这样一群人，心理学家将他们分成两组，一组是血压正常者，一组是高血压者，心理学家分别问他们是否哭泣过，结果表明，血压正常的人中，有87%的人偶尔哭过，而那些高血压患者却说自己从不流泪。这里，我们发现，抒发情感比深深埋在心里有益得多。

面对突如其来的灾祸、精神和身体上的打击，你都可以选择一个合适的场所放声大哭，这是一种积极有效的排遣紧张、烦恼、郁闷、痛苦情绪的方法。

3.摔打安全的器物

如枕头、皮球、沙包等，狠狠地摔打，你会发现当你精疲力竭时，内心多么畅快。

4.高歌法

唱歌尤其是高歌除了愉悦身心外，还是宣泄紧张和排解不良情绪的有效手段。

的确，青春期是容易引发心理问题的阶段，任何一个青春期朋友，都应该学会释放自己，只有时刻以积极、阳光的心态面对生活和学习，你才能拥有一个快乐的青春期！

告别紧张，凡事轻松面对

我们都知道，每个人的一生，总会遇到一些让我们紧张的事，比如，当众演讲、表演、面试等，我们常常会因为这些小事而坐立不安。实际上，问题的好坏还在于我们的心态，如果我们用轻松的心态面对，那么，结局往往是利于我们的，你越紧张，情况就越糟。

对于青少年朋友而言，你要学会修炼自己泰山压于前而面不改色的淡定心态，这样，你就能以最佳的状态去解决各种问题。

玲玲从小就是个爱笑的女孩，现在的她已经上初三了。尽管中考临近，但她似乎一点也不紧张，每天还是笑容满面的，她的妈妈都不知道她每天怎么有那么多开心的事。她的回答是："我长得不比别的女孩差，成绩也不是很差，难道我要哭丧个脸吗？"听到女儿这么说，玲玲爸爸很高兴，因为女儿很自信。

事实上，玲玲的学习成绩并不是很好，一直在中游徘徊，从小学开始就这样。但却不知道为什么，一到大考，她好像总比平时发挥得好，同学们问她是怎么做到的，她的回答是："因为我相信自己能考好，没什么可担心的。"

中考很快来了，这天，当大家都忧心忡忡地进入考场时，玲玲还是和平时一样轻松坦然。成绩发布后，不出大家所料，玲玲顺利考入了该市的一所重点高中。

故事中的主人公玲玲为什么运气那么好、逢大考必过？这与她的心态放松不无关系。

这个小故事告诉所有青少年朋友，很多时候，在你看来可能很严重的问题，实际上并没有那么糟糕，只要你换个心情、换个角度，那么，你看到的就是另外一道风景。

心灵启示

青少年朋友们，当出现紧张的情绪反应时，有效的调适方法应该是：

1. 坦然面对和接受自己的紧张

你应该想到自己的紧张是正常的，很多人在某种情境下可能比你更紧张。不要与这种不安的情绪对抗，而应体验它、接受它。要训练自己像局外人一样观察你紧张的心理，注意不要陷入其中，不要让这种情绪完全控制你：“如果我感到紧张，那我确实就是紧张，但是我不能因为紧张而无所作为。”此刻你甚至可以选择和你的紧张心理对话，问自己为什么这样紧张，自己所担心的最坏的结果可能是怎样的，这样你就能正视并接受这种紧张的情绪，坦然从容地应对，有条不紊地做自己该做的事情。

2. 积极暗示

德国人力资源开发专家斯普林格在其所著的《激励的神话》一书中写道：“人生中重要的事情不是感到惬意，而是感到充沛的活力。”“强烈的自我激励是成功的先决条件。”所以，学会自我激励，就要经常告诉自己，我相信自己可以做到。如果你的心被自卑占据，那么，你已经输了。树立自信，那么即使面对逆境，也能泰然自若。这种强而有力的信心，事实上便来自自信。换言之，自信是力量增长的源泉。

3. 做一些放松身心的活动

具体做法是：

（1）选择一个空气清新，四周安静，光线柔和，不受打扰，可活动自如的地方，取一个自我感觉比较舒适的姿势，站、坐或躺下。

（2）活动一下身体的一些大关节和肌肉，速度要均匀缓慢，动作不一定规范，只要关节放开，肌肉松弛就行了。

（3）作深呼吸，慢慢吸气然后慢慢呼出，每当呼出的时候在心中默念“放松”。

（4）将注意力集中到一些日常物品上，比如，看着一朵花、一点烛光或任何一件柔和美好的东西，细心观察它的细微之处。点燃一些香料，微微吸它散发的芳香。

（5）闭上眼睛，着意去想象一些恬静美好的景物，如蓝色的海水、金黄色的沙滩、朵朵白云、高山流水等。

（6）做一些与当前具体事项无关的自己比较喜爱的活动，比如，游泳、

洗热水澡、逛街购物、听音乐、看电视等。

所以，当你遇到问题时，请以轻松的心态去观察、去思考，就会发现，事情远没有想象那样糟糕!

让心安宁，不再忧虑

在人生旅途中，很多人为明天而忧虑，他们担心明天的生活，明天的工作，但实际上，这只不过是杞人忧天，我们谁也无法预料明天，我们所能掌控的只有当下。

青少年朋友，也许你也在担心很多问题，比如自己的学业、以后的前途等，但你需要记住的一点是，现阶段的你，最大的任务就是学习。而要想学习效率高，你就必须让心安宁下来。“世界上怕就怕‘认真’二字。”说的就是如果我们能安下心来认真做一件事情，就没有做不好的。我们先来看下面一个案例：

周末这天，宁宁在房间做作业，不知道为什么，他总是静不下心来，甚至看到书本上的字就烦，刚好，这会儿又是邻居家小雅练钢琴的时间，他甚至感觉到了小雅敲击琴键的声音，他还听到了楼底下大妈、阿姨们说话的声音，这些都充斥在他的耳朵里，他很厌烦。

这会儿，爸爸敲了敲门，走了进来，看到宁宁烦躁不安的样子，便问：“孩子，怎么了？”

“爸，外面太吵了，我根本写不进去作业。”宁宁说。

“是吗？其实每个周末外面都有这样的动静，甚至小区搞活动的时候比今天还热闹，那样，你都不能安安静静地学习吗？”

“您说的也是，那我今天是怎么了？”

“其实，你学不进去是因为心不静，学习最重要的是静下心来，可能和马上中考有关，你害怕自己考不好，我看你这几天也睡不好，吃不下，想必都是因为这个吧。放下考试的压力，也许你就能心平气和了。”

“爸爸你说得对，但我该怎么减压呢？”

“你的压力就是中考这点事，其实，我和你妈妈从来没有要求你必须考上重点高中，你无需紧张，早上我还说带你去郊区的农庄走走，你说要做作业，我只好作罢。今天说好了，下周我带你去逛街，你不是看上了一双帆布鞋吗？买完东西我们再去看场电影，好不好？”

“嗯，听爸爸的……”

看到宁宁舒心的笑，爸爸终于放心了。

故事中的宁宁为什么在学习时总是静不下心来？是因为外部环境太吵闹吗？当然不是，正如他父亲所说的，环境还是那个环境，只是心中有事，才静不下心来。其实，不仅是学习，无论做什么事，只有放下心中事，不再忧虑，才能做到“身心合一”。

心灵启示

那么，对于青少年朋友们来说，怎样才能让心安宁、不再忧虑呢？

1.尝试着让自己安静下来

如果你的心无法安静的话，你可以尝试着换一下环境，然后闭上双眼，深呼吸，慢慢地放松，多尝试几次效果更好。

2.对于复杂的问题多问问自己

如果你因想的问题过于复杂，可以尝试着问自己，自己想这个问题究竟为什么，是什么让自己变成这样，几次之后，你就了解了自己的困惑，从而从心底去除这个杂念。

3.养成良好的睡眠习惯

如果你是“夜猫子”型的，奉劝你学学“百灵鸟”，按时睡觉按时起床，养足精神，提高白天的学习效率。

4.学会自我减压，别把成绩的好坏看得太重

一分耕耘，一分收获，只要我们平日努力了，付出了，必然会有好的回报，又何必让忧虑占据心头，去自寻烦恼呢？

5.学会做些放松训练

舒适地坐在椅子上或躺在床上，然后向身体的各部位传递休息的信息。先从左脚开始，使脚部肌肉绷紧，然后松弛，同时暗示它休息。随后命令脚脖

子、小腿、膝盖、大腿，一直到躯干休息，之后，再从脚到躯干，然后从左右手放松到躯干。这时，再从躯干到颈部、头部、脸部全部放松。这种放松训练，需要反复练习才能较好地掌握，而一旦你掌握了这种技术，会使你在短短的几分钟内，进入轻松、平静的状态。

总之，当你心中忧虑、无法安宁下来、倍感苦恼时，相信以上几点方法能帮助你。

培养兴趣爱好，填补空虚心境

现代都市生活中，很多人都觉得自己空虚：无聊、工作累、觉得没劲。即使那些事业有成的人，他们每天忙里忙外，可是他们的内心却很空虚。人们为什么会觉得空虚，是因为缺乏自己真正的爱好。有爱好的人不会感觉空虚。有爱好，就有了自己的精神家园。不管外面如何风雨飘摇，他们回到精神家园，就获得了足够强大的心灵安慰。

青少年朋友们，虽然当下你们的主要任务是学习，但如果你们希望自己的生活与学习充满乐趣，让心灵不再空虚，那么，就要学会培养自己的兴趣爱好。

萧伯纳是英国著名的剧作家，在他15岁的时候，由于家中贫困，支付不起学费，他只好辍学回家，开始走向社会。

在漂泊的那些年，他逐渐对文学产生了兴趣，他开始把所有的喜怒哀乐都寄托在文字上。但最初的创作过程并不是顺利的。他曾经写过5部长篇小说，但都遭到了出版社的拒绝，后来，他开始反思，并决定进行喜剧写作，但令人遗憾的是，他的作品还是不断地被拒。

虽然经历多次打击，但萧伯纳并没有放弃，而是相信自己终究会有回报。终于，功夫不负有心人，1923年，萧伯纳创作了历史悲剧《圣女贞德》，公演后获得空前成功，被认为是最佳的历史剧。

1925年，因为他在文学上的巨大成就，瑞典皇家学会授予他诺贝尔文学奖，萧伯纳成了享誉世界的伟大作家。

一个中途辍学的孩子，经历无数苦难，最终却成为一个世界级的大文豪，这说明了兴趣带来的强大力量。一个人，有了兴趣，就会激发源源不断的热情，就不会无所事事，就不会找不到前方的路，同时，有了兴趣，我们就能拥有积极向上的心态，就能克服很多困难。

的确，我们毕竟是吃五谷杂粮的凡人，烦心的事不可避免？只是，我们一定要培养几项兴趣爱好，比如，画画、看书、做瑜伽、听音乐、唱歌、看风景……一定要多看书，“腹有诗书气自华”，聆听过古典音乐的耳朵，欣赏过世界名画的眼睛，吟诵过唐诗宋词的嘴巴，都会让你变得优雅起来!

心灵启示

青少年朋友们，你可以培养的兴趣爱好有很多，比如：

1. 听音乐

音乐能以动感的声音表现出一种情感，它所蕴含的宁静致远、清淡平和，可以使终日奔忙、身心俱疲的现代人得到彻底的放松。身处现代都市中的人，一定要懂一点音乐。在音乐的圣殿中，我们能暂时忘记生活的烦琐，生活的不顺心，能获得音乐给予我们的心灵滋养。音乐是一种可以抚慰心灵的媒介，它可以和心灵产生共鸣，并把不良情绪释放出来，还可以让你浮躁的内心恢复平静。

2. 运动

日常生活中，只要我们多参加运动，适当调节自己，就能获得快乐的心情。因为运动的效果是积极的，它可以激发人积极的情感和思维，从而抵制内心的消极情绪。此外，运动时能促进大脑分泌一种化学物质——内啡肽。内啡肽可以帮助我们降低抑郁、焦虑、困惑以及其他消极情绪，通过改善体能，也能增强自我掌控感，重拾信心。

3. 阅读

读感兴趣的书，读使人轻松愉快的书，读时漫不经心，随便翻翻。但抓住一本好书，则要爱不释手，那么，尘世间的一切烦恼都会抛到脑后。

4. 做好事

做好事，获得快乐，平衡心理。做好事，内心得到安慰，感到踏实；别人

做出反应，自己得到鼓励，心情愉快。从自己做起，与人为善，这样才会有朋友。在别人需要帮助时，伸出你的手，施一份关心与人。仁慈是最好的品质，你不可能去爱每一个人，但应尽可能和每个人友好相处。

当然，你可以培养的兴趣爱好还有很多种，但无论如何，只要你拥有兴趣爱好，它就能使你产生积极向上的情绪，变得眼界开阔、心胸豁达。当一个人对生活产生兴趣的时候，就会觉得世界是美好的、丰富多彩的，心情愉快。而一个人对生活没兴趣往往变得冷淡，精神空虚，烦闷苦恼，觉得生活乏味，排斥生活。

亲近朋友，远离抑郁

有人说，人生如同一次征途，我们独步人生，难免会面对种种困难。在困难面前，我们难免悲观失望，甚至看不到一点曙光。但如果我们能得到朋友们的鼓励和支持，我们就会重获力量，闯过难关。专家曾研究过，人际关系不好，性格孤僻或跛扈、有缺陷，容易导致抑郁症，抑郁又会进一步使人际关系恶化，这是一种恶性循环。

小刘是一名品学兼优的学生，他就快硕士毕业了，但一直以来，他的心理都有解不开的结。毕业前，他终于向他多年的好友敞开了心扉。

“其实，以前我的人际关系很好，你也知道，包括现在，我的人际关系也很好，所以，一直比较乐观阳光，只是一件事，我为此痛苦过，就是自己是乙肝病毒携带者，自卑过，担心自己即使念到硕士，怕还是找不到工作，为此也痛苦过，我是从山沟里走出来的，怕父母失望。我一直认为，这病是我经过的最痛苦的事情了，没想到和这件事比，这根本不算什么。前些天，你知道上星期我们班的李继出车祸了，居然一夜之间成了残疾人，我才发现，自己比他幸福得多。能跟你把这些心里话说出来，我心里舒服多了。”

很多数据和事实一再说明了这样一个令人遗憾和痛心的现象：有心理障碍并想不开的人，大多数从来没有寻求过心理帮助。很多艺人之所以选择自杀，就是因为他们有过大的心理压力而又不向朋友们倾诉。现实中，多数人还是回避自己的心理问题，不敢正视和面对它，没有积极地进行规范治疗，结果导致悲剧屡屡发生。

每一个青少年朋友，都不能忽视抑郁这一问题，生活中，如果你有如下几大症状请引起重视：

（1）大部分时间感到沮丧或忧愁；

（2）缺乏活力，总是感到累；

（3）对曾经喜欢做的事情缺乏兴趣；

（4）体重急剧增加或下降；

（5）睡眠方式的巨大改变（不能入睡、长睡不醒或很早起床）；

（6）有犯罪感或无用感；

（7）无法解释的疼痛（甚至身体上没有任何毛病）；

（8）悲观或漠然（对现在和将来的任何事情都毫不关心）；

（9）有死亡或自杀的想法。

那么，此时，你一定要引起重视，这表明你抑郁了。抑郁会严重困扰你的生活和学习，给家庭和社会带来沉重的负担，严重的还会导致抑郁症。它会侵占你的积极情绪，使你对周围人丧失关爱。而能否敞开心扉是治疗抑郁症的关键。为什么说很难做到这一点？因为他们有某种心灵上的顾忌，他们不愿意承认自己有抑郁症，更别说积极主动配合医生治疗了。

我们发现，很多抑郁患者宁可选择偷偷吃药也不公开病情，就是因为他们对抑郁症的认识不足，将它误认为神经衰弱、精神分裂，对患者抱以冷眼或歧视，私下传播流言蜚语，让那些本已伤痕累累的心灵雪上加霜，不敢倾诉自己的苦闷。

心灵启示

的确，了解抑郁，才能更有效地远离抑郁。越早面对心理创伤，越早走出心理创伤的阴影。而摆脱抑郁，最重要的是与别人交流，敞开自己的心扉，才能对症下药。

那么，青少年朋友们，如果你抑郁了，该如何向朋友寻求帮助呢？

1. 寻找信任的朋友

只有信任的朋友，他们才会为你保密，真心地帮你解开心结。

2. 不要为朋友带来困扰

你寻求帮助的朋友必须内心坚强，如果他比你更容易产生抑郁情绪，那么，你只会为他带来困扰。

3. 必要时应该寻求心理医生的帮助

如果你觉得朋友并不能帮助你摆脱抑郁，那么，你应该说服自己，让心理医生来为你解惑答疑。

当然，即使心情抑郁了，你也不必担心，抑郁并不等同于精神分裂，你只要告诉自己，我的情绪“感冒”了，我的情绪正在“发烧”，还会打喷嚏，现在很痛苦，但只要吃点药就会好的。

第2章　心理调节，摆脱消极情绪的束缚

我们都知道，人是情绪化的动物，情绪对我们的生活和命运具有决定性作用。积极的情绪会引导我们以正确、恰当的方法做人做事，走向成功；相反，在消极情绪的引导下，我们可能会做错事而追悔莫及。青春期离不开情绪化，青少年朋友的情绪很容易受周围的人和事影响，因此，每一个青少年朋友，都必须学会做自己情绪的主人并掌握一些摆脱坏情绪的方法，只有这样，你才能避免因不当的发泄给自己和他人造成困扰。

控制你的愤怒，锻炼平和心态

生活中，我们经常会遇到一些令人气愤的事，那些心胸宽大的人都能控制好自己的情绪，操纵好情绪的转换器，不仅显其大家风范，获得尊重和敬仰，也会收获很多快乐。

马克·吐温说："世界上最奇怪的事情是，小小的烦恼，只要一开头，就会渐渐地变成比原来厉害无数倍的烦恼。"而对于智者来说，面对烦恼，他们不会愤怒，因为他们深知，愤怒是十分愚蠢的行为，只会让自己陷入恶性循环之中。

对于青少年朋友来说，应把控制自己的情绪、抑制自己的愤怒作为修炼自己良好性格的重要方面。当你遇到了不快的事情即将发火时，请告诉自己，如果我原谅他了，我的品质又提升了一步，自然就压制了要发火的倾向。

一位德高望重的长者，在寺院的高墙边发现一把座椅，他知道有人借此越墙到寺外。长老搬走了椅子，凭感觉在这儿等候。午夜，外出的小和尚爬上

墙，再跳到“椅子”上，他觉得“椅子”不似先前硬，软软的甚至有点弹性。落地后小和尚定睛一看，才知道椅子已经变成了长老，原来他跳在长老的身上，后者是用脊梁来承接他的。小和尚仓皇离去，这以后一段日子他诚惶诚恐等候着长老的发落。但长老并没有这样做，压根儿没提及这“天知地知你知我知”的事。小和尚从长老的宽容中获得启示，他收住了心再没有去翻墙，通过刻苦的修炼，成了寺院里的佼佼者，若干年后，成了寺院的长老。

这个小故事我们早已耳熟能详，但它却一直向生活中的每个人昭示着一个道理：宽容精神是一切事物中最伟大的行为。我们在接受别人的长处之时，也要接受别人的短处、缺点与错误，这样，我们才能真正地和平相处，社会才会和谐。

英国著名作家培根曾经这样说过：“愤怒，就像是地雷，碰到任何东西都一同毁灭。”如果你不注意培养自己忍耐、心平气和的性情，一旦遇到导火线就暴跳如雷，情绪失控，就会把你最好的人缘全都炸毁。

而对于青少年朋友来说，控制自己的愤怒情绪尤为重要。的确，青春期是一个负重期，现在的你，每天都面临众多压力和挑战：

一方面，身体的发育使你身体内部发生很大变化，每天都处于情绪即将爆发的状态；

另一方面，强大的学习压力，上课、做题、背书、考试等每天都会充斥在你的脑海中，心理压力较大。

更重要的是，随着青春期的到来，青少年朋友对外在世界了解的欲望越来越强，每天接触的人和事也越来越多，各种各样的信息纷至沓来，这就使他们需要处理的问题越来越多，越来越复杂。每个青少年的血液里也流淌着亢奋的血液，青春期的他们喜怒形于色，不像成年人那样善于控制或掩饰自己。在与人交往的过程中，一旦产生矛盾，很容易爆发，这也就是为什么很多青春期的孩子总爱发火。

所以，每一个青少年朋友，都需要告诉自己“发火前长吁三口气”，事实上，很多事情都没有想象的那么严重。如果不能控制自己的情绪，随意大发脾气，不仅解决不了问题，还会伤了和气。

心灵启示

那么，如何完美地处理生活中遇到的愤怒呢？

1. 认识自己发怒的原因

当你的情绪稍微冷却以后，你可以试着查找自己发怒的原因。你是否因为同学总是对你的体重或发型冷嘲热讽而气恼不已？是否你的朋友在背后说了你的坏话？事先想好发生这种情况时消除怒气的方法。

2. 使用建设性的内心对话

赫尔明指出："许多怒火中烧的人不分青红皂白责备任何人和事：什么车子发动不了啦，孩子还嘴啦，别的司机抢了道啦之类。使怒气徘徊不去的是你自己的消极思维方式。"既然想法是导致情绪的主因，那么，如果你是个容易愤怒的人，就应该加强内心的想法，准备一些建设性的念头以备不时之需。例如："我在面对批评时，不会轻易地受伤""不论如何，我都要平静地说，慢慢地说"等。

当你能熟练这些灭火步骤时，你就会发现，自己花在生气的时间越来越少，而花在完成工作的时间，也就相对地越来越多了。必定有用！只要你肯去试。

3. 不要说粗话

不管你说的是"傻瓜"还是更粗野的词语，一旦开口辱骂，就把对方列为了自己的敌人。这会使你更难为对方着想，而互相体谅正是消弭怒气的最佳秘方。

的确，愤怒是一种大众化的情绪——无论男女老少，愤怒这种不良情绪都在毒害着我们的生活。因此，如果你常常动怒，那么，最好学会以上几点调节情绪的方法，从而熄灭愤怒的火焰。

在向往中奋斗，不让忌妒灼伤自己

我们都知道，生活于一定群体中的人，往往会不自觉地与周围的人进行比

较，比较就有差异，于是，人们很容易产生忌妒心理。美国著名心理学家布鲁纳曾经指出，好胜的内驱力可以激发人的成就欲望，但如果不能正确地认识竞争就会导致人们在相互竞争中产生忌妒心理。忌妒过于强烈，任其发展，则会形成一种扭曲的心理：心胸狭窄，喜欢看到别人不如自己，并喜欢通过排挤他人来取得成功。

所以，任何一个青少年朋友，都应该积极参与同学、朋友间的竞争，但千万别让妒火焚伤自己。

这天，在某小区门口，两个中年妇女在讨论自己的孩子："现在的孩子，怎么小小年纪就有忌妒心呢？对门张姐的女儿成绩好，我无意中夸了一句，女儿就愤愤不平地说：'老师包庇她。'起初我并没当回事。期末考试前，那女孩的几张复习试卷丢了，就来我们家，向我女儿借试卷复印，女儿一口咬定卷子借给表妹了。可是女儿根本就没有表妹，而且，那天晚上，我看见女儿的书桌上竟然有两份复习试卷，很明显，那女孩的试卷被女儿偷了。我当时真是六神无主了，女儿怎么会这样呢？我意识到问题的严重性，焦虑万分，因为任何思想成熟的人都明白忌妒是思想的暴君，灵魂的顽疾，我想帮助女儿改掉忌妒的陋习，可我真不知道该怎么办？"

的确，对于青春期的孩子来说，他们已经有了升学的压力，开始明白了竞争的重要性，同时，也会不自觉地与他人作比较。一旦发现自己在才能、体貌或家庭条件等方面不如别人时，就会产生一种羡慕、崇拜、奋力追赶的心理，这是上进心的表现。但同时，因为青春期孩子心理发展尚未成熟，对自己各方面能力还认识不足，遇上比自己能力强的人就会感到不安，很容易产生忌妒心理。忌妒是对才能、成就、地位以及条件和机遇等方面比自己强的人，产生的一种怨恨和愤怒相交织的复合情绪，也就是通常所说的"红眼病"。

你是否有过这种感觉，当你和比自己优秀、比自己强的朋友相处时，会产生心理不平衡——"和她做朋友，感觉自己像个小丑一样，简直是她的附属品"呢？如果你的内心充满忌妒，那么，这样的友谊，表面上还相安无事，但你的内心开始有一块阴云笼罩着，一旦出现一些小事，就一触即发。两人之间的友谊会消失得越来越快。实际上，绝对的公平并不存在，如果你不能清除这种不平衡心理，就不能以一种轻松的心态去面对你的朋友。

所以，尚在成长的青少年朋友们，你应该学会正确地看待他人的成绩，应该学会赶超，切勿忌妒。

心灵启示

要消除忌妒心理，你需要做到：

1. 认识到忌妒心理的危害

人与人相处，难免会相互比较，比较之下，就容易产生忌妒心理。日本《广辞苑》为忌妒下的定义是："忌妒是在看到他人的卓越之处以后产生的羡慕、烦恼和痛苦。"要知道，忌妒之心会毁坏友谊，损害人际关系，甚至毁灭了生活的安逸。

2. 努力克服忌妒心理

具体来说，你应该做到：

（1）努力学习是获胜的基础。

要想在竞争中获胜，必须通过努力学习，掌握比别人过硬的本领。

（2）承认差异，奋进努力。

现实中的人必然是有差异的，不是表现在这方面，就是表现在那方面。一个人承认差异就是承认现实，要使自己在某方面好起来，只有奋进努力，忌妒于事无补，而且会影响自己的奋斗精神。

（3）拓宽自己的心胸。

好胜是个人心理结构中"我"的位置过于膨胀的具体表现。总怕别人比自己强，对自己不利。只有摒除私心杂念、拓宽自己的心胸，才能正确地看待别人，悦纳自己，即常说的"心底无私天地宽"。

（4）形成正确的自我认识。

青春正是身心发展的阶段，应该学会全面地看问题，因此，青少年朋友要学会对自己和他人进行正确的评价，"金无足赤，人无完人"，每个人都有自己的长处，也有自己的不足。父母不但要正确地认识孩子，还要帮助孩子形成正确的自我认识。

（5）充实自己的生活。

如果学习、生活的节奏很紧张、很充实也很有意义，你就不会把注意力局

限在忌妒他人身上。因此，你应该学会充实生活，多参加一些有意义的活动，转移注意力，把精力放在学习和其他有意义的事情上。

（6）快乐之药可以治疗忌妒。

你要善于从生活中寻找快乐，正像忌妒者随时随处为自己寻找痛苦一样。如果一个人总是想：比起别人可能得到的欢乐，我的那一点快乐又算得了什么呢？那么，他就会永远陷于痛苦之中，陷于忌妒之中。

总之，青少年朋友们，在学习或者生活中，如果你的周围有比你优秀的朋友，千万不要忌妒，用心交友，以他人之长补己之短，你不仅能获得友谊，还能完善自己！

保持理智，冲动是魔鬼

我们都知道，人非草木孰能无情。我们都是情绪化动物，我们心情的好坏常常被周围的一些人和事影响，有些人甚至是情绪化的，他们的情绪似乎总不受自己控制，于是，他们起伏于这种恶性失衡之中，常常陷入自相矛盾的境地，失去了正确的判断力。而那些成功者则能自控，无论外界怎么变幻，他们总能以理智的心态面对，他们有着很强的自律能力。青少年朋友们，现在的你们年轻气盛，容易冲动，但请记住：冲动是魔鬼，会让自己一败涂地，从现在起，一定要做到自制，理智思考并克制自己的情绪。

曾经有这样一个故事：

曾经，有一个经验丰富的高级间谍被敌军抓住了，他想，要想逃脱，就必须装聋作哑。当然，敌军也怀疑他是否真的不会说话。于是，他们开始运用各种方法盘问他，无论是诱惑还是欺骗，他都不为所动。最后，敌军审判官只好说：“好吧，看起来我从你这里问不出任何东西，你可以走了。”

这个间谍心里当然明白，这只不过是审判官检验他是否说谎的一个方法而已。因为一个人在获得自由的情况下，内心的喜悦往往是抑制不住的，如果他听到审判官的话后立即表现出很愉快或者激动，证明他听得到审判官的话，那么，他就不打自招了。因此，他还是站在原地，反复审问还在进行。最后，这名审判官不得不相信，他真的不是间谍。

就这样，有经验的间谍，以他特有的自制力，生存了下来。

看完这个故事，我们不得不惊叹，多么精明的间谍。俗话说：态度决定一切。这就是说，一个人的情绪糟糕，容易冲动，往往把一切事情都办砸。即使遇到了好事或良机，也会因为不良的情绪，产生无形的压力，阻碍自己的能力充分发挥，错过这些机遇。

心灵启示

的确，生活中，我们难免遇到各种各样的事情，难免会冲动，做一些不该做的事情，从而产生许许多多的埋怨！因此，不管遇到什么事情，让自己冷静地思考一下，哪怕只是短短的几秒钟，也许结果就会完全不一样了！

具体来说，你需要做到：

1. 冷却情绪

美国一位社会心理学家对容易发怒的人提出了这样一个建议：试试推迟你的动怒时间。一旦你意识到可以推迟动怒时间，你便学会了自我控制。推迟动怒也就是控制愤怒。经过多次练习后，你便知道如何消除愤怒。

在气头上，你很容易因冲动而做出一些错事，为此，你首先应该冷静，为自己的情绪降温。具体来说，你可以尝试以下几种方法：

（1）“数数法”。

不过这里的数数，并不能按照常规数字顺序，因为这样做并不会启动我们的理性程序，而应该打乱顺序，比如，1、4、7、10……这样一来，你的理性思考能力就可渐渐恢复了。

（2）描述法。

比如，你可以这样描述，这个茶杯是黄色的……他穿的毛衣是黑色的……数十至十二项物体的颜色，之后你会发现自己冷静多了。

2. 理智思考，替换非理性的“自发性念头”

你要明白的一点是，真正让你产生不良情绪的，是我们的想法，而不是别人的行为。换句话说，不是发生了什么事，而是我们如何解释事件，才会决定产生的情绪。

例如，你可以告诉自己："我知道我的能力是极佳的，不会因为你一句话而影响我！"这样自我暗示，愤怒自然就被其他情绪替代。

3. 你可以使用建设性的内心对话

既然想法是导致情绪的主因，容易动怒的人就应该加强内心的想法，准备一些建设性的念头以备不时之需。

例如，"不论如何，我都要平静地说，慢慢地说。""我才不会生气，生气就等于暴露了自己"等。

总之，如果你能掌握以上几点控制冲动情绪的方法，那么，不管遇到什么事情，也不管别人如何"挑衅"，你都能保持冷静的头脑。

丢掉自卑，肯定自己

俗话说：金无足赤，人无完人；能否接纳自己是衡量一个人心理状况是否积极和健康的一项重要指标。生活中，很多人因为自己的一些缺点而感到自卑，甚至一蹶不振。其实，如果一个人足够自信的话，这些缺点也是美的。因此，无论何时，我们都要丢掉自卑，肯定自己，才能放松心情。

新时代的青少年朋友们，如果你也是个自卑的人，那么，从现在起，你必须重新认识自己，打破自卑的枷锁，找回自信。

1942年，史蒂芬·威廉姆·霍金出生于英格兰。很难想象，年仅20岁的他就患上一种肌肉不断萎缩的怪病，整个身体能够自主活动的部位越来越少，以致最后永远地被固定在轮椅上。可他并没有因此而中断学习和科研，一直以乐观的精神和顽强的毅力攀登着科学的高峰。

霍金从牛津大学毕业以后，长期从事宇宙基本定律的研究工作。他在所从事的研究领域中，取得了令世人瞩目与震惊的成就。

在一次学术报告上，一位女记者登上讲坛，提出一个令全场听众十分吃惊的问题："霍金先生，疾病已将您永远固定在轮椅上，您不认为命运对您太不公平了吗？"

这显然是个触及伤痛难以回答的问题。顿时，报告厅内鸦雀无声，所有人都注视着霍金，只见霍金头部斜靠着椅背，面带安详的微笑，用能动的手指敲击键盘。人们看到了这样一段震撼心灵的回答：“我的手指还能活动，我的大脑还能思维；我有我终生追求的理想，我有我爱和爱我的亲人和朋友。”

报告厅里长时间响起了热烈的掌声，那是从人们心底迸发出的敬意和钦佩。

科学巨人霍金再次向我们证明：即使你满身缺点，你还有引以为豪的优点，这些优点一样可以让你自信。的确，没有人是毫无缺点的，只是在我们的内心，这个缺点或大或小，如果我们将缺点无限放大，那么，它将会腐蚀我们的心，阻碍我们成功；如果我们能正视缺点，并在心里把缺点限制在一定的范围内，它就会成为我们努力和奋斗的催化剂，助我们成功。

德国人力资源开发专家斯普林格在其所著的《激励的神话》一书中写道：“人生中重要的事情不是感到惬意，而是感到充沛的活力。”“强烈的自我激励是成功的先决条件。”所以，学会自我激励，就是在内心告诉自己，我相信自己可以做到。如果你的心被自卑掩埋，那么，你已经输了。有自信，那么即使面对逆境，也能泰然自若。这种强而有力的信心，事实上便来自自信。换言之，自信是力量增长的源泉。

心灵启示

青春期的孩子们大部分时间都生活在集体中，自然很容易和周围的朋友、同学相比，当自己的某一方面不如他们的时候，自卑感油然而生，把这种不如人的想法积压在心中，甚至不愿意与朋友、同学相处。为此，青少年朋友们，你可以这样打破自卑的枷锁：

1. 运用补偿心理超越自卑

这种补偿，其实就是一种“移位”，即为克服自己生理上的缺陷或心理上的自卑，而发展自己其他方面的长处、优势，赶上或超过他人的一种心理适应机制，正是这一心理机制的作用，自卑感就成了许多人成功的动力，成了他们超越自我的“涡轮增压”。

2. 昂首挺胸，快步行走

许多心理学家认为，人们行走的姿势、步伐与其心理状态有一定关系。懒

散的姿势、缓慢的步伐是情绪低落的表现，是对自己、对工作以及对别人不愉快感受的反映。步伐轻快敏捷，昂首挺胸，会给人带来明朗的心境，会使自卑逃遁，自信顿生。

3. 学会微笑

我们都知道笑能给人自信，它是医治信心不足的良药。如果你真诚地向一个人展颜微笑，他就会对你产生好感，这种好感足以使你充满自信。正如一首诗所说："微笑是疲倦者的休息，沮丧者的白天，悲伤者的阳光，大自然的最佳营养。"

总之，我们要明白，站在人生的舞台上，你真实的表演并非为博得别人的掌声，更多的是为了自己心灵深处得到快慰。

4. 以自己的方式追求自我

的确，青春期充满个性张扬，尤其是初、高中阶段的你们更主张"个性解放"，因此，你完全可以留自己喜欢的发型、听自己喜欢的流行音乐、说家长们听不懂的流行话语……

总之，你要随时告诉自己：我是自信的，我是美丽的，我有实力，我的专业能力是最棒的！你必须有自信心，对认准的目标持之以恒，怀着必胜的决心，主动积极地争取！

陷入悔恨中，你就无法取得进步

我们都知道，人无完人，都难免会犯错，但人也有懂得改错的优点，人们大多数都能从错误中吸取教训，找到错误的根源，从而避免再犯。因此，青少年阶段的你们，在错误面前，大可不必自责，而应该学会总结经验教训。你要明白的是，反思可以让你成长，但反悔无济于事。你需要做的就是，不断反思自己的过失，在反思中进步。

曾经有两个年轻人失业了，他们来找拿破仑·希尔，向他询问如何才能变得积极起来。他说："我记得刚开始时，我供职于一家信息报道公司，这家公司的待遇并不好，不过我已经很满足了。后来，公司因为业绩不怎么样，不得不裁员，像我这样对公司毫无用处的人自然就在裁员之列了。果然，不久后，我就收到了公司的裁员通知。刚开始，我真是万念俱灰，我失业了，我该怎么接受。但很快，我冷静下来，我发现，离开这个工作岗位是有好处的，因为我不喜欢这份工作，也不会有什么大作为，我只有离开这儿，才能找份好工作。果然，不久我便找到一个更称心的工作，而且待遇比以前好很多。因此我发现被辞退，确实是件好事。”

拿破仑·希尔总结，把失败转为成功，往往只需要一个想法和一个行动。我们发现，那些成功者，他们都是勇敢的、理智的，即使遇到了困难，他们也不会退缩，而是化悲痛为力量，把困难当成提升自己的一次机会。

有人说，人生像一只口袋，当封上袋口的时候，人们发现，里面装的全是没有完成的东西和令人遗憾的东西。但即使如此，我们也不要一味地沉浸在悔恨和遗憾中，因为陷入悔恨中，你就无法取得新的进步。

英国也有一句名言：别为牛奶洒了而哭泣。这些都告诉我们：如果你在人生旅途上不小心栽了个跟头，请千万不要沉浸在失败的阴影中，要调整好自己的状态，继续走好以后的每一步，否则等待你的将是无尽的失败。

现实生活中的青少年朋友们，可能你们经常遇到这样的情况：某次考试你因粗心而成绩不佳、某次比赛中你因为疏忽而影响了整个团队的成绩，对此，你肯定很懊恼，但懊恼又有何用？不停地抱怨，不断地自责，你的心境只会越来越糟。尘世之间，变数太多。事情一旦发生，就绝非一个人的心境所能改变。伤神无济于事，郁闷无济于事，一门心思朝着目标走，才是最好的选择。相反，如果跌倒了就不敢爬起来，就不敢继续向前走，或者决定放弃，那么你将永远停滞不前。

心灵启示

每一个青春期的孩子，若想取得进步，就要走出悔恨和自责的心理误区，你应学会勉励自己：“我要振作精神，跟命运搏斗，我要化痛苦为力量，设法有所建树。”实际上，在困难面前，我们停下来好好想想、歇歇脚步，自我反省一下，这更利于我们看到自己的不足。

当然，在你犯错之后，难免心情不佳，要化失败为动力，你可以采取以下

方法：

（1）仔细分析现状，找到自己的问题，不要怪罪于任何人；

（2）重新制订一份计划，必须考虑到前一次失败的原因；

（3）不妨想象一下自己获得成果的欢愉场景；

（4）收藏那些让你不快的记忆，把它们变成你未来成功的肥料。

（5）重新出发。

你必须再三践行这五个步骤，才能如愿达成目标。重要的是每尝试一次，你就增加一次收获，并离目标更近一步。

总之，无论曾经犯下多大的错误，有过多少的失误都不能成为你们停滞不前的理由，只有收拾心情，尽力走好未来的每一步，才会有更美好的明天！

走进人群，消除孤僻心理

我们都知道，人离不开社会，任何人都需要与人接触、交流，才能获得友谊和快乐。然而，我们发现，现实中有这样一类人：他们因容貌、身材、修养等因素而不敢与周围的人交往，逐渐产生孤僻心理。社会心理学家经过跟踪调查发现，在人际交往中，心理状态不健康者相对于心理健康者，往往更难获得和谐的人际关系，也无法从这种关系中获得满足和快乐。

周五的最后一节课，语文老师给大家布置了一篇话题作文，以“我最烦恼的事”为题目。第二周的作文课上，老师点评了一篇作文，是班上一个学习成绩较好的女生写的，其中有这么一段：

“我是一个女生，性格还是比较外向的，长相虽然算不上出众，但是自我感觉还可以。学习也不错，班里前十名，可就是人缘不好，可能是我比较好强，看到别的女生周围有一堆男女生和她说话，我就有点不自在。女生还好点，尤其是男生，好像都很反感我，看到他们和别的女生闹我也想去玩，可是却不知道怎样加入他们。听我一个好朋友说，她的同桌跟她说比较反感我，也没有说原因，还说不许我那个好朋友告诉我。虽然我知道了，可是我很无奈，也许是因为我说话的缘故吧。因为我真的不知道该怎样和男生们交谈，怎样才能让别的同学喜欢和自己说话，有共同语言。我到底该怎么办？”

可能很多青春期的孩子都为人际关系而苦恼，想与人交往，但又不敢迈出第一步，害怕被人笑话。其实，心理障碍是造成你人际关系不好的重要原因。孤芳自赏就是不健康心理的表现之一，究其原因，不外乎胆怯、害羞、自卑等。事实上，只要你大方一点，敞开心扉，摆脱孤僻的烦忧，你就能找到交往的乐趣。

很多进入青春期的孩子都有这样一种体验：觉得自己是大人了，于是总想一夜之间成熟起来。可是无论是老师还是父母，总是把他们当成昔日的小孩子，就连平时很要好的同学，现在也没那么亲密无间、无话不谈了，自己一肚子的心事，不知道该和谁谈。

孤僻心理对于青少年自身发展和人际交往都不利。乐于和善于与人交往的人能和大多数人建立良好人际关系，在与人相处时态度积极，不忌妒、不冷漠，能很快适应新环境。人际交往是一门学问，青春期是培养交往能力的重要时期，是积累生活阅历和社会实践能力的重要时期。但一些青少年朋友，因为种种原因，把自己的活动限制在一定的范围内，更有甚者导致自闭症和交往恐惧症，严重影响青春期孩子的心理健康。只有克服这些心理障碍，才能走出交往的第一步。

心灵启示

那么，如何消除孤僻心理呢？你应注意做到以下几点：

1. 完善个性品质

其实，只要你拥有良好的交往品质，走出恐惧的第一步，就能受到朋友们的喜欢，慢慢地，心结也就解开了。“人之相知，贵相知心”。真诚的心能使交往双方心心相印，彼此肝胆相照，真诚的双方能使友谊地久天长。

2. 正确评价自己和他人

孤僻的人一般不能正确地评价自己，要么认为自己不如人，怕被别人讥讽、嘲笑、拒绝，从而把自己紧紧地包裹起来，保护着脆弱的自尊心；要么自命不凡，认为不屑于和别人交往。孤僻者需要正确地认识别人和自己，多与他人交流思想、沟通感情，享受朋友间的友谊与温暖。

首先要自信。话说，自爱才有他爱，自尊而后有他尊。自信也是如此，在人际交往中，自信的人总是不卑不亢、落落大方、谈吐从容，而非孤芳自赏、盲目清高。是对自己的不足有所认识，并善于听从别人的劝告与建议，勇于改正自己的错误。

3. 培养健康情趣

健康的生活情趣可以有效地消除孤僻心理。利用闲暇时间潜心研究一门学问，或学习一门技术，或写写日记、听听音乐、练练书法，或种草养花等都有利于消除孤僻。

4. 学习交往技巧

你可以多看一些有关人际交往类的书籍，多学习一些交往技巧，同时，可以把这些技巧运用到人际交往中，长此以往，你会发现，你的性格越来越开朗，你的人际关系越来越融洽，同时，你会收获不少知识，认知上的偏差也能得到纠正。

总之，你需要明白，人生是精彩的，但一个人是寂寞的，一个人的世界并不精彩，那么，何不敞开心扉呢？

放下仇恨，给自己一片新天地

人类是这个世界上情感最为复杂的动物，人们宽容、善良，有爱心，但却有一些负面的情感，比如恨。仇恨是人类情感的毒素。我们看到，因仇恨所产生的报复在这个世界上随处可见。因为仇恨，有些人嗜杀他人的生命；因为仇恨，亲人间反目成仇；因为仇恨，朋友间老死不相往来。仇恨的后果是危害社会，伤害别人，也伤害自己。仇恨吞噬生命、肉体和精神的健康。冤冤相报是我们所不愿看到的。看穿历史和现实的愤懑仇恨，我们发现，仇恨已是往事，何必执拗？放下它，不仅释放了别人，更释放了自己。而那些心怀仇恨的人与奸诈的人看似不被别人伤害，但是“毒素”首先伤害的便是他们自己。

刚刚步入人生之路的青少年朋友们，要不断培养自己宽广的胸怀，以包容的心对待生活中的人和事，不让仇恨有可乘之机，那么，你不仅能得到他人的认可，更能获得快乐。

在热带海洋，有一种奇异的鱼，名叫紫斑鱼，它的奇异之处，并不是因为它身上的斑，而是它浑身长满了毒刺。

它们常常因为愤怒用这些刺去攻击其他海洋生物，它内心越是仇恨，这种刺散发的毒性就越大，对其他生物的危害就越大。从紫斑鱼的正常生理机能来看，一条紫斑鱼一般能活到七八岁，但实际上，紫斑鱼却活不过两岁，这是为什么呢？

问题还是在这些毒刺上：紫斑鱼利用这些毒刺攻击其他生物时，越是满怀“仇恨”，对别的鱼类伤害越深，对自己的伤害也就越深，因为它心中的“怒火”使自己五脏俱焚，一命呜呼。

然而，世间万物，被自己所伤的，自己败给自己的，又岂止是紫斑鱼呢？那些总是满怀仇恨的人，那仇恨之火不也在伤害他们自己、毁灭他们自己吗？

仇恨就像一粒种子，它最终会结出人际间的不信任、敌意、怀疑之果。如果仇恨的种子被到处播散的话，那么，它不仅会危害到单个人的生活，还会影响到整个社会。心怀爱与悲悯之人，如同天使有着洁白的翅膀；而心怀仇恨之人，却如同魔鬼有着可憎的面目。人类历史上，战争、迫害、屠杀等各种残忍行为的不断上演，正是因为仇恨的存在。

有句话说：“谨慎使你免于灾害，宽容使你免于纠纷。”青少年朋友们，在纠纷面前，你要学会宽容别人。宽容是种高尚的善意，他能使人换位思考，处理好人际关系。若无宽恕，生命将被永无休止的仇恨和报复所控制。只有善于团结，才会得到友善的回报！

心灵启示

当然，排解仇恨情绪是一个净化心灵的过程。你应学得宽容一些，不再那么容易受伤，这样才能防患于未然，不让仇恨之火轻易燃起。具体来说，你可以这样排解内心仇恨：

1. 转换角度，找出事情良性的一面

每件事情都有两面性，有好的一面，也有坏的一面。人之所以仇恨，就是因为人只看见了坏的一面，如果你试着向好的一面看，仇恨也许会消除。

在排解内心仇恨的时候，你可以尝试说服自己：他之所以这样做，是有一定缘由的，我应该原谅他。然后慢慢地让自己接受现实，从心底理解和原谅他人，进而使仇恨情绪随着时间的推移逐渐淡去。

2. 学会宽容，懂得忍耐

很多时候，我们都需要宽容，宽容不仅是给别人机会，更是为自己创造机会。只有忘记仇恨，宽宏大量，才能与人和睦相处，才会赢得他人的友谊和信任，才会赢得他人的支持和帮助。“念念不忘”别人的“坏处”最受其害的就是自己的心灵。

3. 找到令自己快乐的钥匙

在我们每个人的心中，都有一把“快乐的钥匙”，但很多时候，我们却把这把钥匙的掌管权交给了别人。的确，我们的情绪很容易被周围的人、事、物影响，但你千万要记住，让你快乐的，始终是你自己。如果你的内心开始“恨”一个人，那么，你不妨记住：生活中有太多的值得你去倾注热情的快乐之事，大可不必为自己的假想敌劳神费心。

总之，忘记仇恨，才能提高自己，开阔自己。学会了宽恕自己、宽恕别人，你才会活得如意、幸福。

别让消沉磨灭你的激情

生活中，几乎每个人都期望一帆风顺，人们希望的是，哪怕没有鲜花和掌声，也不要荆棘密布，也不要狂风暴雨。其实，这是不可能的。如果你渴望获得成功，就必须具备一个要素——智慧，然而，智慧从何而来？智慧的来源大致有以下三个方面：一是从你的知识而来，二是从你的经验而来，三是从自我反省而来。但无论如何，有智慧的人总能坚持到底、充满自信，有燃烧不完的激情，他们无论遇到什么，都不会消沉，他们无不是自主的人，他们走自己的路，不为路上的任何风景分神。

青少年朋友们，你是否也曾遭遇过失败？你是否曾考试失利？你的健康是否出现过问题？你是否意志消沉过？你是否曾努力学习但仍旧没有取得好成绩？其实，你不要害怕，即使遇到这些情况也不能阻挡你达成最后的目标，其实，失败是我们获得成功的一小段插曲。伟大的成功通常都是由无数次痛苦失败铸成。大剧作家兼哲学家萧伯纳曾经写道："成功是经过许多次的大错之后得到的。"

一位画家把自己的一幅佳作送到画廊里展出，他别出心裁地放了一支笔，并附言："观赏者如果认为这画有欠佳之处，请在画上作上记号。"结果画面上被作满了记号，几乎没有一处不被指责。过了几日，这位画家又把同样的画拿去展出，不过这次附言与上次不同，他请观赏者将最为欣赏的妙笔都标上记号。当他再取回画时，看到画面又被涂满了记号，原先被指责的地方，都换上了赞美的标记。

这位画家不受他人的影响，自信而不自满，善听意见却不为意见所左右，执着但不偏执，表现出了一个自信的人所应有的那种风范。画家的事迹，就是很好的说明。如果画家在受到指责之后，沮丧不已，认为自己不行，他可能就此消沉下去，没有信心继续从事美术创作了。

"天将降大任于斯人也，必先苦其心志，劳其筋骨，饿其体肤……"磨难，是人生中一个不可缺少的插曲。一个人要想有所作为就必须经历一番磨难，而且比正常人多得多。磨难，能启迪人的智慧，铸就成功。没有磨难的人生是枯燥的，是不完整的。然而，并不是所有人都能正视磨难的作用，也就不能真正从磨难中有所收获。有人更坚强，更富有战斗力，有人则因此消沉，甚至堕落，变得麻木不仁。正如一位哲人说过：磨难对强者是垫脚石，对弱者却是万丈深渊。那么，青少年朋友们，你的态度是什么呢？

心灵启示

青少年朋友们，如果你希望成为一个生活的强者，你就要正视失败，摆脱消沉情绪，为此，你需要做到以下两点：

1. 你要选择你的态度

当身陷逆境时，你可以选择两种截然不同的态度，消极被动地害怕和逃避，或者积极主动地面对和接受。

若心存消极态度，那么，你将被局面控制，而积极主动，则能控制局面。

如果你希望通过自己的努力使自己变得强大，同时让自己变得更完美，就必须选择积极主动的态度，那么，逆境这朵“浮云”自然会被你驱出心灵的天空。

2. 反省自己

事已至此，你无法控制，但你可以控制自己的内心，让自己内心变得强大的方法就是反省自己。你需要问自己的是，为什么这件事不发生在别人身上，而发生在自己身上？我有哪些地方做得不好？我应该怎样找到一个适当的、合理的方法去改进，从而影响它？

时刻反省和觉悟，以及用积极的心态，你就能一点点地拆开严实的包装纸，发现里面珍藏的真正的生命礼物。

说到底，决定一个人心态的是其理想、人生观、世界观。一个大气的人具有远大的目标，正确的人生观，胸怀宽广，执着进取，挑战自我，不屈命运，坚信自己，积极思想。那么，我们一定能保持良好的心态，即使生活给予我们挫折，我们也要怀着感恩的心态给它一个微笑！

远离悲伤，让心装满快乐

人生苦短，有喜就有悲，正如天气阴晴不定一样。生命之旅也不会一帆风顺，总会有羁绊出现。那些羁绊、那些不如意，难免会使我们悲伤，而我们又把悲伤逐个装进行囊，那么，我们的路会越走越艰难，步子也会越来越沉重。只有放下悲伤，让内心装满快乐，才能轻松上路。

同样，处在性格形成期的孩子们，对于未来的生活，你必须学会历练自己，学会自我调节，这样，在荆棘密布的人生道路上，无论命运之神把你抛向任何险恶的境地，你都能积极、快乐地生活！

1985年9月19日清晨7时19分，墨西哥西南岸外太平洋底发生8.1级强震，震波约2分钟到达墨西哥城。顿时，该城剧烈颤动，仅仅90秒钟的时间，市中心30%的建筑物化为瓦砾。在这次地震发生前几小时，可爱的胡安娜·哈斯敏·阿利亚斯出生了，在那场灾难中，她失去了妈妈，但同时她又是幸运的，因为她是当年警察和士兵们从墨西哥城华雷斯医院废墟里救出的第一个孩子。

爸爸因为无法承受失去妻子的痛苦而和年幼的胡安娜疏远。一直以来，她都住在姨妈家中。当别人问胡安娜“那场灾难让你失去了母亲，你有什么想法？”时，胡安娜并不觉得又一次被触碰了伤疤，反而她觉得自己和身边的其他人没有什么不一样。对她而言，抚养她长大的姨妈给了自己全部的爱，她就和母亲一样。妈妈能给予的，姨妈也毫无保留地给予了她。

长大后胡安娜接受了墨西哥城特意成立的一个心理医生小组的治疗，积极的心理治疗让胡安娜跨过了那道艰难的坎。

胡安娜说，正因为知道自己能活下来是生命的奇迹，所以她要努力“朝前看”。现在，胡安娜已经结束了在墨西哥工业技术研究和服务中心的时尚设计课程，她希望在政府专项帮助“奇迹婴儿”项目资金的支持下，再去学习英语，并上完大学课程。

的确，胡安娜的心态是值得很多人学习的，灾难已经发生，就不要再回首，否则，你又会想起以前不幸的经历，伤疤会被重新揭开，隐隐作痛。把头抬起来，天空依然星光灿烂。苦难有时会置人于死地或让人颓废，但有时也会使人爆发巨大的潜能，快速地成长。

从这个故事中，每个青少年朋友都要像胡安娜学习，无论你在生活中遇到什么，你都要乐观，抛却那些伤心的往事，抛却那些失败的懊恼，若想开心地生活，就必须勇于忘却不幸，开始新的生活。莎士比亚说过：“聪明的人永远不会坐在那里为自己的损失而哀叹。他们会用情感去寻找办法来弥补自己的损失。”

放下悲伤才能重新起航。青少年朋友们，当你拉开悲伤的黑幕，你会发现一轮火红的太阳正冲着你微笑。请用一秒钟忘记烦恼，用一分钟想想阳光，用一小时大声歌唱，然后，用微笑去谱写人生最美的乐章。

心灵启示

日本作家中岛薰曾说：“认为自己做不到，只是一种错觉。”悲伤是一种消极的情绪，它会让你产生挫败感，你会认为自己什么都做不到。而实际上，很多时候，正当你绝望时，希望就在前方等着你。因此，只要你放下悲伤，以积极的心态去面对生活的挑战，你的生命就会有无限的可能。

使你感到悲伤的，一般都是过去的失败，难以磨灭的痛苦记忆，可能你也深知，只有放下悲伤才能快乐，但你始终难以从过去的悲伤中走出来，那么，你不妨换个角度思考一下，过去的已经过去，一味地沉溺在过去的悲伤中，不也无济于事吗？既然如此，那么，忘记过去的成功与失败吧，给自己一个全新的开始，我们便会从未来的朝阳里看见另一次成功的契机。记住，无论你在人生的哪个阶段，即使被命运甩进黑暗，也不要悲观、丧气，这时候，你体内蕴藏的潜能最容易被激发出来。放下痛苦才能赢得幸福，放下烦恼才能赢得欢乐！

总之，快乐的人总会给自己创造快乐，悲伤的人也总让自己变得悲伤，不是生活让你怎么样，而是你使得生活怎么样。我们每个人都有属于自己的快乐，只是你要找到它，并懂得去经营它。

第3章　心态提升，做自己最好的心理医生

我们都知道，现代社会，很多青少年朋友都成长于被父母和长辈呵护的家庭环境中，从而滋生了“一些心理问题”，诸如自私、冷漠、小气、有依赖心理、盲目攀比等，很明显，这样的青少年很难变得健康、快乐，也很难受人欢迎。因此，从现在起，青少年朋友们应该掌握一些治愈自己心理的方法，把自己历练得快乐、阳光、积极、坚强，这样你才能适应社会，获得成功。

爱慕虚荣只会让你坠入无底深渊

我们都有自尊心，然而，当自尊心受到损害或威胁时，或过于看重时，就可能产生虚荣心。对于青少年朋友来说，在成长的过程中，一定要克服虚荣心，形成好性格，否则，你就可能因为虚荣而使价值观和人生观扭曲，甚至通过炫耀、显示、卖弄等不正当的手段获取荣誉与地位。这样的人往往是华而不实、浮躁的，在物质上讲排场、搞攀比；在社交上好出风头；在人格上很自负、忌妒心重；在学习上不刻苦。相信很多青少年朋友都读过法家作家福楼拜的代表作《包法利夫人》。

主人公艾玛一个富裕的农民的女儿，曾经在专门训练贵族子女的修道院读过书，尤其喜欢读一些浪漫派的文学作品。虽然现实生活很残酷，但是艾玛却经常沉浸在自己虚构的奢华生活中无法自拔。现实和虚幻世界的强烈反差，使她非常苦闷。成年之后，艾玛嫁给了包法利医生，但是，医生微薄的收入根本无法供她挥霍，而且，艾玛非常讨厌其貌不扬的包法利及其满足现状的个性。

即使生了孩子，艾玛的母爱也没有苏醒。她一心一意、执迷不悟地贪图享乐，爱慕虚荣，竭尽全力地满足自己的私欲，梦想着有朝一日过上贵妇的生活。为了追求浪漫的爱情，寻求她心目中的英雄，艾玛先是受到罗多尔夫的勾引，结果被欺骗了；后来，她又与莱昂暗中私通，中了商人勒乐的圈套，最终导致负债累累，不得不服毒自尽。

在这篇小说中，福楼拜批判了艾玛爱慕虚荣的本性，也深刻地批判了社会的畸形。这种批判引人深省，令人警醒。

虽然如此，我们不得不承认的是，其实，现代社会，很多青少年朋友也有虚荣心，他们喜欢与周围的同学、朋友攀比，有些青少年花钱如流水，生活奢侈；许多孩子每天都有很多零用钱，他们认为：不管花多少钱，别人有的，我也要买，绝对不能输给别人。不合口味的食物、不满意的玩具，即便是刚买的，也会毫不客气地扔掉，浪费的现象屡见不鲜。这种攀比、爱慕虚荣、追赶流行的心理自然让孩子们之间产生了所谓的“人情”，即靠金钱和物质来维持交往的友谊。很明显，人以群分，有相同心理的孩子们会聚在一起，形成一个朋友圈，这就导致很多孩子形成了“社会隔离型”性格，交不到真正的朋友。

当然，青少年虚荣心的形成是多方面的，其中多半和不良的花钱习惯有关。现在人们的生活水平越来越高，父母给孩子的零花钱也越来越多，从最初的几元到现在的几十、上百元，而很多孩子到了初中以后，家长怕他们在学校吃不饱、穿不暖，零花钱更是有增无减，他们在家长的“默认”和“纵容”下养成了不良的消费习惯：花钱大手大脚、没有节制、想买什么就买什么，只知道有钱就花，花完了再向父母要，久而久之，导致孩子们养成了大手大脚花钱的习惯，金钱观严重偏离了正常的轨道，逐渐迷失自己，变得极其爱慕虚荣。

心理学家指出，如果我们不加以控制虚荣心理的话，轻则会影响我们的心理健康、严重的会使我们产生心理疾病。

心灵启示

青少年朋友，如果你有严重的虚荣心，那么，最好做自己的心理医生，从以下几个方面进行心理调节：

1. 完善自己

一个人如果深知只有完善自己才能逐步提高的道理，也就能转移视线，不仅找到了努力的动力，也会豁然开朗。

2. 尽可能地纵向比较，减少盲目地横向比较

比较分为纵向比较和横向比较。横向比较指的是将自己与他人比，而纵向比较指的是将昨天的自己和今天的自己比，找到长期的发展变化，以进步的心态鼓励自己，从而建立希望体系，帮助个体树立坚定的信心。

3. 正确认识荣誉

通常情况下，有虚荣心的人都很爱面子，希望得到别人的肯定和赞扬，希望每一个人都羡慕自己。要避免形成爱慕虚荣的性格，青少年就必须以正确的心态面对荣誉，每个人都应该争取荣誉，这是激励自己前进的动力，但绝不能以获得荣誉为目的。许多事实证明，仅仅为了获取荣誉而工作的人，荣誉往往与他无缘。倒是不图虚荣浮利的人，常常“无心插柳柳成荫”，于不知不觉中获得荣誉。也就是说，只要我们脚踏实地地做好本职工作，淡化名利，荣誉自然会降临到我们身上。

4. 脚踏实地

脚踏实地的人懂得通过自己的双手和劳动来获得物质和财富，这样的人才是最可爱的、令人敬佩的。

总之，青少年朋友们，你需要明白的是，虚荣心并非一种恶行，但不少恶行都因虚荣心而产生。这种心理如同毒菌一样，消磨人的斗志，戕害人的心灵。为此，你必须防微杜渐，避免虚荣心滋生。

勇敢一点，你不是胆小鬼

众所周知，中国人素来以含蓄、谦卑民族性格著称，所以，在竞争激烈的当代社会，要求人们面对机会要勇敢、大声地说“我行”。因此，未来要参与社会竞争的青少年朋友们，你们也必须培养自己敢于自我表现的勇气和习惯。你们要记住一点，勇敢一点，你们不是胆小鬼。

有些孩子天生大胆，有些孩子天生胆小，但生活中，我们看到的更多的是被娇生惯养的孩子，遇到一点委屈或挫折就扑到父母的怀里哭泣，父母疼到心肝里，替他们出头，安慰他们，殊不知，越是这样，孩子越胆怯、怕事儿，遇事越发没有主见，这样的孩子在将来怎么能独当一面呢？

从这个角度看，青少年朋友们，你若想变得勇敢，首先，要摆脱父母的呵护，学会独立。当然，除此之外，你还要敢于大胆地表达自己的想法。

香港著名女作家梁凤仪小的时候，是一个不敢说话的小女孩。有一次，小凤仪跟爸爸逛商场，就要离开时，她拽住爸爸的衣角："爸爸，再玩一会儿吧。"小凤仪并不是贪玩的孩子，她只是想要柜台里漂亮的洋娃娃。爸爸看出了她的心思，却没有主动买给她。终于，小凤仪忍不住了，她用细若蚊蝇的声音说："爸爸，我……想买一样……东西。""买什么？说话别吞吞吐吐，想要什么说出来！""我想买一个洋娃娃！"小凤仪鼓起勇气说。于是，她得到了那个洋娃娃。

小时候的梁凤仪就是个勇敢的女孩，当她大胆地说出自己的需要时，得到了心仪的洋娃娃。

在未来社会，每个青少年朋友都将面临激烈的竞争，都需要勇气，并且有时需要很大的勇气。它虽然没有硝烟，但恐惧足以摧垮人的意志。因此，你必须从现在起克服自己的胆小，让自己变得勇敢起来。

心灵启示

青少年朋友们该如何克服胆怯心理，勇敢地面对生活中的种种问题呢？

1. 树立自信心

树立自信心是战胜胆怯退缩的重要法宝。胆怯退缩的人往往缺乏自信，对自己能否完成某些事情持怀疑态度，结果由于心里紧张、拘谨，使得原本可以完成的事情搞砸了。

因此，你在做一些事情之前应该为自己打气，相信自己能做好，然后按照想法尽力就可以了。

2. 扩大交际和接触面

一般来说，怯于表现的孩子面对众多目光只觉得不安，并非讨厌赞美和掌声。

因此，为了克服自己胆小的性格弱点，你应该有意识地扩大自己的接触面，经常面对陌生的人或环境，逐渐减轻不安心理。闲暇时，你可以和邻居家的叔叔阿姨聊几句，与同龄孩子一起玩耍，建立友谊；购物时甚至帮长辈付钱；经常到亲戚家串门；每逢节假日，一家三口背上行囊去旅游，让自己置身于川流不息的游客潮中……随着见识的增长，你面对陌生人的目光时，便会多几分坦然。

3. 尝试做一些不喜欢甚至不敢做的事

有些孩子总是屈从于他人，不敢鼓足勇气尝试没做过的事情，时间久了，就误以为自己生来就喜欢某些东西，而不喜欢另一些东西。

因此，你应该认识到，什么事情都要敢于去尝试，尝试做一些自己原来不喜欢的事，就会体验到一种全新的乐趣，从而慢慢从固有习惯中摆脱出来。关键要看是否敢于尝试，是否能把自己的想法贯彻到底。

4. 学会在众人面前表演

对此，你不妨先从自己熟悉的环境开始表演，亲友聚会是个不错的选择，面对熟识的人你会比较放松。比如，当你的外婆过生日的时候，你可以当着大家的面为她唱首歌，相信她会很喜欢，而你的胆量也会被训练出来。

总之，青少年朋友们，你需要认识到的是，父母和长辈们不可能是你永远的保护伞，你只有变得勇敢，拥有积极的心态，做一个生活的强者，才能独自面对风风雨雨，化不利为有利，才不会在外人面前轻易流泪，也不会在困难面前手足无措、六神无主！

自负会让你付出沉重的代价

任何一个人都知道，自信就是自己信得过自己，自己看得起自己。别人看得起自己，不如自己看得起自己。美国作家爱默生说：“自信是成功的第一秘诀。”又说：“自信是英雄主义的本质。”人们常常把自信比作发挥主观能动性的闸门，启动聪明才智的马达，这是很有道理的。确立自信心，就要正确地评价自己，发现自己的长处，肯定自己的能力。但在很多时候，自信与自负只

是一念之差，自信的人予人以好感，自负的人令人厌烦。同时，自负者在心理上也会有更多的压力，因为他们在内心会告诉自己，一定要兑现自己许下的诺言，而结果常常事与愿违。

青少年朋友们要记住，无论何时都要保持清醒的头脑，只有这样，你才会稳扎稳打，学好科学文化知识，学会做人做事的道理，走好人生的每一步。

曾经听过这样一个故事，很受启发：无论你多么强大，多么成功，只要心中被骄傲占据，那么你离失败就不远了。

很久以前，有一个农夫，他的庄稼地在一片芦苇地旁边，经常会有一些野兽出没，为了防止自己的庄稼被野兽毁坏，他经常拿着弓箭去涉猎这些野兽，并经常巡视。

这天，农夫和往常一样，来到芦苇边看护庄稼。这天很安静，好像什么都没发生，农夫也觉得自己乏了，便在芦苇地旁边休息。正当他要打盹儿时，却发现芦苇丛中的芦花纷纷扬起，并飞到空中，他觉得很奇怪，难道芦苇丛中有什么东西吗？

于是，他走过去，定睛一看，原来是一只老虎，只见它蹦蹦跳跳的，时而摇摇脑袋，时而晃晃尾巴，看上去好像高兴得不得了。

老虎到底为什么这么高兴呢？农夫心想，它一定是刚刚捕完猎物、美美地饱餐了一顿吧？可这只老虎真是太笨了，它完全没有想到捕捉自己的农夫就站在它身后。

想到这里，农夫赶紧藏好，拿起了自己的弓箭，瞄准老虎，然后趁着它跳起的一瞬，一箭射过去，老虎立刻发出一声凄厉的叫声，扑倒在芦苇丛里。

农夫过去一看，老虎前胸插着箭，身下还枕着一只死獐子。

“螳螂捕蝉，黄雀在后”说的就是这个道理，这只老虎是悲哀的，它因为捕到了獐子万分高兴，便忽略了对周围环境的觉察，以致自己成了别人猎杀的目标都不知道，最后只能中箭而死。

可见，自信固然可贵，但如果自信过了头，成为一种自负与狂妄，那就确实不讨喜。生活中，那些自大的孩子往往不屑于与别人交往，心胸狭窄。他们虽能取得一定的成绩，但往往满足于现状，而且他们看不到别人的成绩。因此，青少年朋友只有改正自大的性格弱点，才能看清别人，从而博采众长。

心灵启示

上帝阻挡骄傲的人，恩赐谦卑的人。如果你也是一个骄傲的人，就从现在开始审视自己，改变自己，做一个谦逊的人，一个能够按捺冲动，奋发向上的人。

如何克服自负心理，青少年朋友需要做到：

1. 要有自知之“明”

常听说人贵有自知之明，这个“明”，既表现为如实看到自己的长处，也表现为如实分析自己的短处。如果只看到自己的短处，似乎是谦虚，实际上是自卑心理在作怪；如果只看得到自己的长处，那么，你就是自大。“尺有所短，寸有所长”。每个人都有自己的优势和长处。如果我们能客观地估价自己，在找出自己的长处和优势的同时，也能看到自己的缺点和短处，那么，便能很好地弥补自己的不足。

你要知道，天外有天，人外有人。很多事物的优越性都是相对的，我们所拥有的，永远都微不足道，所以我们没有理由狂妄自大。

2. 兼听则明

那些谦卑、成功的人一般都善于倾听各方面的意见、进行周密的思考，并归纳出哪些事物可行、哪些事物不可行的一套完全属于自己的见解。在思考问题的过程中，他会考虑到“得失利弊”、“差之毫厘、失之千里”、“真理若往前再跨越一步就是谬误”等这些细微的甚或为一般人所考虑不到的问题。他的最大特点就是善于倾听各方面的意见和建议，敢于坚持真理。

可见，做人要信心十足，但不等同于自高自大、自我浮夸，只有抱着谦卑的态度，你才能不断进步！

当然，你也无需过分谦虚，否则你也有心理压力。当你能拿捏好自信的尺度，就没有人能干涉你的生活态度；就算有，也许是对方忌妒你，因为他本身缺乏自信，所以看不惯你的神采奕奕，对于这样的人，你应该多同情但不要计较，因为他的心态太贫穷，而且没有人能救得了他。你不必为比乞丐富有而感到抱歉，因为这是你努力争取、应得的成果，过好你的人生才是最重要的。

活在攀比中，你难以快乐

人是群居动物，在社会生活中，有交流就有比较，于是，人们就滋生了好胜心、攀比心。当自己的现状比周围的人差时，就会产生一种想超过的心理，这种心理会促使我们不断努力和进步，但如果这种心理变成了盲目攀比，就会变成一种不务实际的心理焦虑，就等于为自己设置了障碍。实际上，每个人都是单独的个体，都有自己的个性，只有坚持走自己的路，摒弃攀比心理，才会活出自我。

老子在《道德经》中提倡无为而治，就是让人放下攀比之心。无为而无不为，意思是不攀比而无所不能。无为并不是什么都不做，而是放下攀比之心。因为有了攀比之心，人们不能按自己的方式去生活，去做事，会变成大致相同的人。人都有自己的特长，有自己的才能，有自己的价值观。以不攀比之心去做，会做得很好，才会发挥自己最大的价值。

的确，攀比之风开始出现在青少年朋友们中间，有这样一些孩子，为了表现自己，常采用炫耀、夸张甚至戏剧性的手法来引人注目，例如用奇怪的发型来引人注目，本该努力学习的年纪，却一味地追赶时髦，盲目崇拜偶像，显示自己，也模仿明星的生活方式。

11岁的米米长得很漂亮，弹得一手好钢琴，是个人见人爱的女孩。但是，她也是个十分“奢侈”的孩子，衣服不是“耐克”的就是“阿迪达斯”的，总之，从头到脚都是名牌。有时父母给她买的不是名牌的衣服，不管多好看，她都一概不穿，还为此哭闹了很多次。

父母对她这点十分头疼，实在不明白为什么孩子这么小就如此热衷于名牌，而米米的回答就是：“让我穿这些，我怎么出去见人啊？我的同学都穿名牌，我要是没有，人家会笑话我的。我不穿，要不我就不去上学。”

不仅如此，米米还“逼”着爸爸给她买手机和高档自行车，原因也是“同学都有”。

其实，米米不是一个特例，这是现代社会的一个普遍现象。尤其对于那些家庭条件优越的孩子，他们从小就穿名牌衣服、吃优质食品、玩高档玩具，于是，进入学校的他们便学会了互相攀比。

的确，攀比之心，人皆有之，但其实，这种比较是没有任何意义的。不管你比得过别人，还是比不过别人，你的生活、你的现状都不会受到任何影响。你既得不到别人的财产，也不会失去自己所拥有的一切。所以，请停止无谓的攀比，不要给自己徒增烦恼。

心灵启示

每个人都有一些消极心理，攀比就是其中之一。攀比就是一种“人有我也要有，人好我要更好”的比较心理，它隐含着竞争、好胜的心理成分。

青少年朋友们，你可以通过以下方式做好心理调节：

1. 通过自我暗示，增强自己的心理承受能力

自我暗示又称自我肯定，这是一种调节心理的强有力的技巧，它可以在短时间内改变一个人对生活的态度，增强对事件的承受能力。具体方法为鼓励性的语言、动作来鼓励自己。比如，当别人取得好成绩时，你也可以在心中对自己说“其实我也很好”之类的话，久而久之，盲目比较的习惯就会有所改善。

2. 快乐让你远离攀比

生活中，有痛苦也有快乐，之所以快乐，是因为他们善于发现快乐的点滴。如果一个人总是想：比起别人可能得到的欢乐，我的那一点快乐算得了什么呢？那么他就永远陷于痛苦之中，陷于忌妒之中。

总之，攀比是一把利剑，这把利剑不会伤到别人，只会伤害自己。它刺向自己的心灵深处，损害的是自己的快乐和幸福。俗话说，“人比人，气死人”。攀比是不满足的前提和诱因，人们在没有原则没有意义的盲目比较中导致心理失衡，胃口越来越大，追求越来越多，越发不满足。如果你能放下攀比这副枷锁，活出真实的自我，那么，快乐就会如影随形。

靠自己的努力克服依赖心理

人应该是独立的，独立行走，使人类脱离了动物界而成为万物之灵。我们的成长过程就是一个逐渐独立与成熟的过程。但现代社会，对有些青春期孩子来说，过

于对别人尤其是父母的依恋。一旦失去了可以依赖的人，他们会不知所措。如果你具有依赖心理而得不到及时纠正，发展下去有可能形成依赖型人格障碍。

然而，随着物质生活水平的提高，很多父母不但为孩子提供了一种衣食无忧的生活，还事事为孩子包办，导致孩子形成了依赖心理，这样的孩子缺乏毅力和恒心，缺乏奋斗精神，将来必定无法立足于社会。

从前，有一对夫妇，晚年得子，高兴异常，所以，对这一“老来子”十分疼爱，几乎不让孩子做任何事，孩子除了吃喝以外也什么都不会。很快，孩子长大了。

一天，老两口要出远门，担心儿子在家没法照顾自己，就想了一个办法：临行前烙了一张中间带眼儿的大饼，套在儿子的脖子上，告诉他想吃的时候就咬一口。

可是，这个孩子居然只知道吃颈前面的饼，不知道把后面的饼转过来吃。等老两口回来时，大饼只吃了不到一半，而儿子竟活活饿死了。

生活中的青少年朋友们，当你看完这则故事，你是否有所启发？只有学会独立自主地生活，才具备生存的能力。“自己动手，丰衣足食”说的就是这个道理。

心灵启示

其实，人生成功的过程也就是个人克服自身性格缺陷的过程，青少年身上的这些由优越成长环境导致的弱点，可能影响你未来的婚姻家庭等生活状况，同时也影响你的人际交往、职业升迁、事业发展……因此，青少年朋友们，如果你也有依赖性格，就必须从现在开始，努力克服。

那么，该怎样靠自己的努力摆脱依赖感呢？

1. 要充分认识到依赖心理的危害

这就要求你纠正平时养成的习惯，提高自己的动手能力，不要什么事情都指望别人，遇到问题要有自己的选择和判断，加强自主性和创造性。学会独立地思考问题。

2. 要破除习惯性地依赖

对于依赖性强的人而言，他们的依赖行为已成了一种习惯，为此，首先需要纠正这种不良习惯。你需要检查自己的日常行为中哪些是要依赖别人去做的，哪些是自主决定的，你需要坚持一个星期，然后将这些事件分为自主意识强、中等、较差三等。

3. 要增强自控能力

对于自主意识差的事件，你可以通过提高自控力来改善；对于自主意识中等的事件，你应寻找改进方法，并在以后的行动中逐步实施；对于自主意识较强的事件，你应该吸取经验，并在日后的生活中逐步实施。

4. 坚持自理

进入青春期的你，已经不是儿童了，因此，你应该学会自理。这时，即使家长为你包办，你也应该拒绝，大胆尝试，才能在潜移默化中培养自理能力。另外，你要坚持到底，不要凭一时的冲动做事，因为自理能力不是一朝一夕就具备的，需要对自己进行反复的强化和持之以恒的锻炼。

5. 学会独立解决问题

依赖性是懒惰的附庸，而要克服依赖性，需要在多种场合坚持自己的事情自己做。因此，日常生活中，切忌让家长当你的贴身丫鬟，也不要让家长帮你安排所有事情。比如，独立地解一道数学题，独立准备一段演讲词，独立地与别人打交道等。

的确，人性有很多弱点，比如虚荣、自私、忌妒、盲目等，依赖只是其中的一种，而这一看似无关紧要的弱点却会影响一个人的命运。庆幸的是，这些弱点虽然与生俱来，很难彻底消除，但却可以采取方法来克服，也可以引导它朝有利于我们的方向发展，若由于自身的某种弱点没有得到很好的克服和控制而任其膨胀，将会影响我们的一生。

多替他人着想，别做自私鬼

我们都知道，人与人之间的交往都是相互的，你怎样对待他人，他人就怎样对待你。如果我们只想拥有而不想给予，将是一个自私的人，而自私的人是不会拥有真正的朋友的。所谓“赠人玫瑰，手有余香”就是这个道理。事实上，生活中处处存在美与爱。我们每天都能看到初升的太阳，那是自然之美；

我们每天都能拥有他人的关爱与帮助，这是人性之美。

青春期是人格砥砺和品质形成的时期，这个阶段的每一个孩子都应该学会替他人着想，学会付出爱，勿做别人眼中的自私鬼。

从前，在一个深山里，有一个小山村，村里的每一个人都起早贪黑地种植稻谷，但不知为何，每年的收成都很低，根本不能解决温饱问题。

后来，有一个农民走出大山，去寻找优质稻种。终于，他发现了高产量的稻种。果然，第一年试种，收成很好。村民们看到他成功了，便想从他那里换一些稻种。可这个农民却想，如果大家的稻谷产量都提高了，自己不就不能发财了吗？于是，他拒绝了乡亲们的请求。

第二年，他还是用新得到的种子播种，并且，他更加勤奋地耕种，谁知道，产量却很差。后来，他才明白，在稻谷授粉时，风将邻家的劣质花粉接种到他家的优质稻子上了。

此时，你肯定会嘲笑这个自私又愚昧的农夫。是的，自私狭隘是一切善良美好的事物身上的“毒瘤”，是成功与和谐的天敌。与之形成鲜明对比的是一种善于为他人着想的博大、无私的胸怀。

生活中的青少年朋友们，当你遇到有困难的人时，你是否愿意为他们想想办法？或许在不经意间，受帮助的不仅是别人，而且还有你自己——爱加上智慧原来是能够产生奇迹的。其实任何一次助人行为，都是完善自我、实现自我价值的机会，怎能不出于自愿？心存善念，多行善事。我们就是自己最重要的贵人。

心灵启示

善于为他人着想说起来是一件容易的事，但真正地去做却是一件很困难的事。为什么呢？因为个人利益与他人利益产生碰撞的时候，大多数人都很难取舍，他们都有“这件事跟我有什么关系，我有没有好处”这种心理。就是因为大多数人有这种心理，所以他们在选择的时候，更多地偏向于个人利益。因此，要想做到替他人着想，青少年朋友们，你们首先要克服的就是自私心理，除此之外，你们还需要做到：

1. 关心他人

你可以从关心周围的人开始，比如你的父母、你的亲人、你的老师、你的同学；比如，当你的同学摔倒了，要主动扶起来，并加以安慰。在这种举动中，你将会体验到帮助别人的快乐；比如，妈妈生病卧床，你可以为她递水、送药。要记得在父母生日的时候并为他们送上一份礼物；走在路上，看到老人手中的报纸或其他东西掉在地上，应主动帮忙拾起。

2. 做力所能及的家务，对家庭尽一份责任

爸爸妈妈每天除了工作以外，还得照顾老人和孩子。你已经进入青春期了，应该学会为他们分担一点了，你可以从最简单的家务做起，如帮爸妈洗洗碗、做做饭、拖拖地，他们会为此感到欣慰的。

3. 要表达自己的真诚和关切

与人交往，一定要真诚，关心他人不能有太强的目的性，这样才能使别人愉快地接受，我们才会满足和愉悦。

4. 多为别人着想

在与人交往的过程中，要学会为他人着想，这样，你就能体谅他人的难处、说该说的话、做该做的事，他人也会感受到你的贴心。

5. 助人为乐，经常参加一些慈善活动或者社会实践活动

有句名言说得好：关心他人，竭尽全力去帮助别人，会使人变得慷慨；关心别人的痛苦和不幸，设法去帮助别人减轻或消除痛苦和不幸，会使人变得高尚；时常为他人着想，会丰富自己的生活，增加自己的涵养。任何一个孩子，不仅要承担努力学习的责任，还应该努力培养自己健全的人格，学会助人为乐，也就是帮助你自己。

直视内心恐惧并击垮它

“要战胜别人，首先须战胜自己。”这是智者的座右铭。人生路上，我们难免遇到一些挫折，但我们的敌人不是挫折，不是失败，而是我们自己，是内心的恐惧。如果你认为自己会失败，那你就失败了。说自己不行的人，爱说丧气话，遇到困难和挫折，他们总是为自己寻找退却的借口，殊不知，这些话正是自己打败自己的最强有力的武器。一个人，只有把潜藏在身上的自信挖掘出来，时刻保

持着强烈的自信心，困难才会被我们打败。有些人之所以取得成功，是因为他们与别人共处逆境时，别人失去了信心，他们却下决心实现自己的目标。

青少年朋友们，在你的学习和生活中，你可能偶尔感到恐惧，但对此，美国著名将领艾森豪威尔将军是这样诠释的：“软弱就会一事无成，我们必须拥有强大的实力。”不正面迎向恐惧，面对挑战，你就得一生一世躲着它。

曾经有一个叫卡兰德的军官。有一次，卡兰德在纽约的一个漂亮饭店里，看着善泳的朋友们在阳光下嬉戏，忽然有一种不舒服的感觉涌上心头。卡兰德告诉他们，自己怕晒黑，所以不想下水。朋友们笑着怂恿他：“不要因为怕水，你就永远不去游泳……”

阳光溅在他们水滑滑、光亮亮的肌肤上，他们像海豚一样骄傲地嬉戏着，而卡兰德其实并不想躲在阴影里看着他们嬉戏而已。他觉得自己是个懦夫。

一个月后，朋友邀卡兰德到一个温泉度假中心，他鼓足勇气下水了。卡兰德发现自己没自己想象中那么无能，但他不敢游到水深的地方。“试试看，”朋友和蔼地对他说，“让自己不潜，看会不会沉下去！”

于是，卡兰德试了一下。朋友说得没错，在我们意识清晰的状态下，想要沉下去、摸到池底还真的不可能。真是奇妙的体验！

“看，你根本淹不死。沉不下去，为什么要害怕呢？”

卡兰德上了宝贵的一课，若有所悟。从那天起，他不再怕水，虽然目前不算是游泳健将，但游四五百米是不成问题的。

和卡兰德一样，青少年朋友们，当你遇到困难时，你也可以克服恐惧。“现实中的事物，远比不上想象中的那么恐怖。”当你遇到困难时，理所当然，你会考虑到事情的难度所在，如此，你便会产生恐惧，会将原本的困难放大。但实际上，假如你能减少思考困难的时间，并着手解决困难，你会发现，事情远比你想象的简单得多。那些成功人士，都是靠勇敢面对多数人所畏惧的事物，才能出人头地的。美国著名拳击教练达马托曾经说过：“英雄和懦夫同样会感到畏惧，只是英雄对畏惧的反应不同而已。”

总之，你需要记住的是，困难面前，逃避无济于事，只有正面迎击，困难才会被克服。有时候，你会发现，那些所谓的困难与麻烦只不过是恐惧心理在作怪，每个人的勇气都不是天生的，没有谁一生下来就充满自信，只有勇于尝试，才能锻炼出勇气。

心灵启示

人们恐惧的表现之一通常是躲避，而试图逃避只会使得这种恐惧加倍。任何人只要去做他所恐惧的事，并持续下去，直到获得成功，他便能克服恐惧。既然困难不能凭空消失，那就勇敢去克服吧！

要摆脱恐惧心理，你可以从以下几个方面着手：

1. 告诉自己“我能行”

生活中，许多孩子常常说“我不行”。之所以他们会有这样的意识，有两方面原因：一个是自我意识，二是外来意识。关于第二点，其实和很多父母的教育有关系。有些家长总觉得自己的儿子不行。一位男孩说：“我想学游泳，我妈妈说，你不行，你从小体弱，下水会淹着的！我想学炒菜，我妈妈又说，你不行，会烫着手的！我想学骑车，我妈妈说，你不行，会摔着的……不行，不行，我什么时候才能行？”要摆脱这种种恐惧，作为男孩的你，必须在内心反复暗示自己：“我能行。”

2. 多做一些没有做过的事

做曾经不敢做的事，本身就是克服恐惧的过程。如果你退缩、不敢尝试，那么，下次你还是不敢，你永远都做不成。只要你下定决心、勇于尝试，那么，就证明你已经进步了。在不远的将来，即使你会遇到很多困难，但你的勇气一定会帮你获得成功。

总之，物竞天择，适者生存，当今是一个处处充满竞争的社会，一个有作为的人必定是敢想敢做的人，而你首先要做的就是消除内心的恐惧，毫无畏惧，自然战无不胜！

敢于担当，不要逃避责任

责任，对于任何人来说都是不可推卸的，它体现了一种社会必然性。人活着，就要承担责任。责任心的强弱，能够反映一个人品德的优劣。一个责任心

强的人，即使经受再大的困难，也不会逃避责任。千百年来，人类拥有上苍赐予的许许多多美好的品质与情感，强烈的责任感就是其中的一束美丽的光芒，在一颗颗忠义的赤子之心中闪耀着。

事实上，每个青少年朋友，都应该有这样的态度，哪怕再小的一件事，你也要敢于负起责任。责任心往往驱使我们做一件事，而且会把事情做好。我们每个人都要清楚，只有我们认为那件事很重要，是你的责任，你就会全力以赴做好这件事，想方设法收获最好的结果。

一天，某户人家的门铃响了，开门的是男主人公汤姆。

汤姆发现，一个十来岁的小男孩站在门口，并且，他开始自我介绍："你好，先生，我的名字叫亨利。"然后，他指着斜对面那栋漂亮的房子，告诉汤姆那是他家。

然后他问："我可以帮你剪草坪吗？"汤姆打量了一下这个小男孩，他身材瘦小，再看看自己家的花园，有前后院，还有个大草坪，不过，既然是他主动要求做，就点点头说："好啊！"

随后，男孩很高兴地推来剪草机，开始工作。他把笨重的机器推来推去，剪得相当整齐。

等他剪完所有的草后，按照事先说好的，汤姆给了他10美元的报酬，但令汤姆好奇的是这小男孩为什么要挣钱。对此，小男孩说："上个星期我过生日，爸爸送我半辆自行车，我要赚另一半的钱。如果下个星期再让我给你剪草坪，我就可以去买了。"

从那以后，汤姆家剪草的工作就被男孩承包了。慢慢地，附近几家的草地也都包给他了……

的确，责任心对于任何成长阶段的青少年来说都至关重要。一个人应该有许多品质，其中衡量一个人是否成熟的标准就是责任心。事业有成者，无论做什么，都力求尽心尽责，丝毫不会放松；成功者无论做什么职业，都不会轻率疏忽。这就是一份责任。

责任不需要整天挂在嘴边，而是一种意识，你需要明白，在遇到事情的时候必须承担后果。从小学会"担当"，长大了，你自然就会有责任心。

古往今来，先贤志士都很注重责任心的培养。今天，人们呼唤责任感，一个家庭、一所学校、一个社会，都需要责任感。的确，责任，对于任何人来说都是不可推卸的，它体现了一种社会必然性。人活着，就要承担责任。

心灵启示

人是一种社会性动物，责任是一种对人的制约。责任心，指的就是个人对自己和他人，对家庭和集体，对国家和社会所负责任的认识、情感和信念，以及与之相应的遵守规范、承担责任和履行义务的自觉态度。每个人都肩负着责任，对工作、对家庭、对亲人、对朋友，我们都有一定的责任，正因为存在这样或那样的责任，才能对自己的行为有所约束。

每一个青少年朋友，都应该从现在开始承担起各种各样的责任，对此，你需要做到：

1. 要学会帮别人分担一些忧患

当然，这种分担要在自己能够承受的范围内。例如，在家里，我们要负起作为家庭一分子的责任；在班级里，要负起作为学生的责任；在社会上，要负起作为公民的责任……

2. 努力学习，对自己负责

在这个社会上，每个人都肩负着自己的责任。做好自己的本职工作，不仅是对他人负责，更重要的是对自己负责。作为学生的你，现阶段的任务就是努力学习，只有充实自身与内在，才能有所担当，才能在未来做好本职工作，才能实现自我价值。

3. 关心国家，关心社会

我们都生活在一个大集体中，那就是国家和社会，有国才有家，每个孩子都懂得这个道理。那么，从明天开始，不要只关心自己的学习或者最新流行趋势了，多关心国家和周围发生的时事。

的确，在一个人的成长过程中，所要学习的东西有很多。其中学会承担责任，是每一个青少年成长之路上必经的一个过程，是人生旅途中必修的一堂课。

少一点欲求，多一份快乐

现代社会，随着科学技术的发展和物质文化水平的提高，我们的周围充斥着各种各样新奇的人、事、物，我们的生活变得多姿多彩起来。然而，当我们习惯了过奢侈、繁华的生活时，一些人反而迷失了自己，或者失去了正确的价值观判断，甚至有时候为了满足物质的欲望，使得自己疲于奔命，或者心生为非作歹的念头，从而就会造成了社会不安气氛。

青少年朋友，不管你是在温室中成长，还是在艰苦中挣扎，你和成人一样有欲望，欲望可以成为我们的信念，支撑我们渡过难关，但是欲望也像鸦片，容易上瘾。皮埃尔·布尔古说过："人们常常听到这样一句话：'是欲望毁了他。'然而，这往往是错误的。并不是欲望毁了人，而是无能、懒惰或糊涂。"

同样，我们不难发现，随着物质生活水平的不断提高，很多青少年都过上了衣食无忧甚至是奢华的物质生活，而这也滋生了很多孩子贪得无厌的心理，对物质的追求往往难以获得自我满足，这就是贪婪者大多不快乐的根本原因。相反，那些过着简单生活的孩子，得到一件玩具就会玩得十分高兴。因此，青少年要明白，贪念是幸福人生的大敌，你必须在青少年阶段就加以克服。

有这样一个故事：

从前，一家有弟兄三人，老大比较愚钝，四十好几的人，还是光棍一条。整日里破衣烂衫，连一身像样的衣服都没有。有人问他："你最大的心愿是什么？"他脱口而出："要随我意，天天新衣。"

老二则是小康之家，衣食无缺。只是长相太丑陋，又找了一个比他还难看的妻子。所以，当问到他的最大心愿是什么时，他迫不及待地说："要随我心，天天娶亲。"

而老三由于经营有方，再加上天资聪慧和时来运转，已经是远近闻名的富豪了。当人们问他最大的心愿是什么时，他却毫不顾忌地说："要随我心，挖一窖金。"……

这虽然是个故事，但从中足以看出人的贪婪之心。"人心不足蛇吞象"，多么贴切的比喻。贪婪之心，就像一个恶魔，一旦附身，就会让人难以善终。仔细想想，其实我们每个人又何尝不是如此呢？读过这个故事，我们都应该好好地反思一下：我们如何摒弃贪婪之心呢？

哲人说，欲望是人的痛苦根源，因为欲望永不能被满足。一个人离理想越远，自然就会离欲望越近。在现实生活中，我们常常迷失在理想与欲望之中，将欲望当作理想，这是因为它们有时近得只有一线之隔，或者说欲望是感性的，而理想是理性的。

事实上，一个人是否幸福、快乐，不是获得更多的金钱与财富，而是得到最适合自己的东西。因此，如果一个人明确自己真正需要什么，那么，为之努力的过程和获得的结果才能让你产生幸福感。

心灵启示

“贪者，恶之大也”、“祸莫大于不知足”、“非智之不足，非技之不胜，利令智昏，贪婪之心，才是天下祸机之所伏。”贪婪是人性的一大弱点。那么，青春期的孩子们，该怎样克服贪念呢？

1. 避免物质生活过于奢华

人们贪念的形成多半是从物质开始的，有了点钱就想更有钱，住了房子就想住别墅等，同样，很多青少年身上也有这样的缺点，总是想吃高档食物，总想买名牌衣服。假若你从小就注重节俭，怎么会有这样的性格缺点呢？

2. 学会知足，享受简单的快乐

如果你能体会到和同学们一起做游戏、和父母一起享受天伦之乐的快乐，你还会把眼光放在追求物质上吗？

因此，孩子们，在忙碌的学习之余，不妨投身到人际交往中吧，从中获得乐趣，培养阳光心态。

3. 正确看待竞争，不要过于看重竞争结果

有些孩子，眼里容不下别人比自己优秀，为此，他们努力学习，总想赶超第一，这是他们学习的动力，但也会成为他们的心理负担。倘若你获得了好成绩，却变成了一个善妒的人，而且遗忘了什么叫快乐，你会觉得幸福吗？

青少年朋友们，现在你能理解什么是真正的快乐了吗？其实，你不妨想想，现在有疼爱自己的父母长辈、可以坐在宽敞的教室里读书、有一颗知足的心，这不就是一种幸福吗？

中篇

保持阳光心态，成就非凡自己

第4章　相信自己，一切皆有可能

很多时候，我们总是缺乏自信，认为自己的身上存在很多缺点和不足。殊不知，这个世界上并没有绝对完美的人，即使我们有很多的缺点和不足，我们依然是独一无二的。也许，我们在某一方面表现得不够好，没有突出的能力，但是，我们应该相信自己是最出色的，只有这样，我们才能使自己真正变得出色。

成为最优秀的自己

你是那个最优秀的人吗？这个答案需要你自己给出，而不要等待别人给你定论。一个人除了应该戒骄戒躁，保持谦逊之外，还应该正确地认识自己，客观地评价自己，不要妄自菲薄，埋没自己的才华。很多时候，机会只是转瞬之间，一旦你游移不定，机会就会悄然逝去。一个人应该知道自己的能力，正确评估自己的才华，这样才能在机会来临的时候毫不犹豫地抓住，为自己争取美好的未来。

从前，有一个哲学家在自己行将日暮之际，想考验和点化一下自己的助手，使他继承自己的事业。他把助手叫到床前说："我的蜡所剩不多了，要找另一根蜡延续下去，你明白我的意思吗？"

"明白，"那位助手赶忙说，"您的思想光辉是应该很好地传承下去……"

"可是，"哲学家慢悠悠地说，"我需要一位最优秀的传承者，他不但要有相当的智慧，还必须有充分的信心和非凡的勇气……这样的人选直到目前我还未见到，你帮我寻找和发掘一位，好吗？"

“好的，好的。”助手很温顺很尊重地说，“我一定竭尽全力地去寻找，不辜负您的栽培和信任。”

哲学家笑了笑，便不再说什么。

那位忠诚而勤奋的助手，不辞辛劳地通过各种渠道四处寻找。可他领来一位又一位，全被哲学家一一婉言谢绝了。

半年之后，哲学家眼看辞世，最优秀的人选还没有找到。助手非常惭愧，泪流满面地坐在病床边，语气沉重地说：“我真对不起您，令您失望了！”

“失望的是我，对不起的却是你自己，”哲学家说到这里，失望地闭上眼睛，停顿了许久，才不无哀怨地说。“本来，最优秀的人就是你自己，只是你不敢相信自己，才把自己给忽略、给耽误、给丢失了——其实，每个人都是最优秀的，差别就在于如何认识自己，如何发掘和重用自己。”话还没说完，一代哲人就离开了他一直深切关注的这个世界。

那位助手非常后悔，甚至自责了后半生。

心灵启示

张伦如今是大学四年级学生，即将毕业，因此，他马不停蹄地找工作。在一场招聘会上，他发现自己心仪已久的一家大公司居然也在招聘，不由得欣喜若狂。挤过水泄不通的人群，他来到了招聘人员面前，郑重地交上了自己的简历。虽然这家公司要求应聘者至少有两年以上工作经验，但是张伦还是想试一试。幸运的是，一个星期以后，张伦收到了这家公司的面试通知。笔试的题目非常简单，就是“认真阅读我们的招聘启事，如果你觉得你足够优秀，请直接走入隔壁房间面试。”看着这道笔试题目，很多人都走进了隔壁的房间面试，张伦却陷入了沉思。当他决定走进面试房间时，面试人员却走出来通知大家，人员已经招满了。

（1）张伦对这家公司心仪已久，虽然他没有两年的工作经验，但他还是想投递简历。

（2）张伦没有想到笔试的题目如此简单，这道题目完全是让他们主动做出选择，而不是公司选择参与面试的人员。

（3）张伦虽然有一定的自信，但是却不够自信，在自我评定中，他没有坚定地对自己说："我是最优秀的！"

（4）因为一时的犹豫，张伦错过了这个千载难逢的机会。他不知道，面试人员对他的简历印象深刻，一直希望他能够勇敢地走进去参加面试。

（5）不管什么时候，我们都要相信自己是最出色的，否则，机会就会悄悄地溜走。

（6）相信你能够改变自己的一生。

爱，是最好的养料

如果说人生是没有归途的航程，那么，支撑我们在风风雨雨、大风大浪中前行的就是信念。坚定不移的信念，是人生航程的帆，只有扬起风帆，我们才能顺利起航；也只有扬起风帆，我们才能在浩瀚无边的人生之海中把握方向，向着自己既定的目标执着前行。生活不总是一帆风顺的，就像大海有平静也有惊涛骇浪，要想越过坎坷，走出逆境，我们就要坚持，而坚持的力量则源于信念。在广袤无垠的土地上，信念恰如那一粒充满生命力的种子，即使土地很贫瘠，即使天气干旱少雨，它也能默默地忍耐和坚持，直到破土而出，丌花结果。

有一个女孩，高中毕业后没考上大学，被安排在本村的小学教书。

结果，上课还不到一周，由于讲不清数学题，被学生轰下台，灰头土脸地回了家。母亲为她擦眼泪，安慰她说："满肚子的东西，有的人倒得出来，有的人却倒不出来，没必要为这个伤心，找找别的事，也许有更合适的事情等着你去做。"

后来，她又随本村的伙伴一起外出打工，但不幸的是，她又被老板轰了回来，原因是裁剪衣服的时候，手脚太慢，别人一天可以裁制出六七件，她仅能裁制两件，而且质量也不过关。母亲对女儿说："手脚总是有快有慢的，别人已经干了好多年，而你一直在念书，怎么快得了？"说完，便为女儿打点行装，准备让她到另一个地方去试试。

女儿先后当过纺织工，干过市场管理员，做过会计，但无一例外都半途

而废了。然而每次女儿失败沮丧地回来时，母亲总是安慰她，从来没有抱怨过。

30多岁的时候，女儿凭着一点语言的天赋，做了聋哑学校的一名辅导员。后来，她开办了一家属于自己的残障学校。再后来，她在许多城市又开办了残障人用品连锁店，如今是一个拥有几千万元资产的老板了。

有一天，功成名就的女儿向年迈的母亲问道："妈，那些年我连连失败，自己都觉得前途非常渺茫，可你为何对我那么有信心呢？"母亲的回答朴素而简单："一块地，不适合种麦子，可以试试种豆子；豆子也种不好的话，可以种瓜果；瓜果也种不好的话，撒上些荞麦种子也许能开花。因为一块地，总会有一粒种子适合它，也总会有属于它的一片收成……"

听完母亲的话，女儿落了泪。她明白了，实际上，母亲恒久不绝的信念和爱，就是一粒最坚韧的种子，她的奇迹，就是这粒种子执着而生长出的奇迹。

心灵启示

在这个世界上，最无私、最伟大的就是母爱。母亲爱孩子，完全是一种本能，而没有任何功利性，更不求任何回报。只要有母亲在身边遮蔽风雨，孩子的心就总是满溢着幸福，因为他知道，即使天空下起了雨，即使海上刮起了狂风大浪，母亲总能为他找到最安全的港湾。年幼的时候，母亲是我们的天，是我们的地；长大了，母亲是我们永远温馨的港湾，永恒的新的居所。不优秀没有关系，这个世界上总有一个人欣赏我们，她就是母亲；失败了没有关系，这个世界上总有一个人敞开胸怀接纳我们，她也是母亲。在上述事例中，主人公最终之所以能够取得成功，就是因为她的母亲始终默默无闻地支持她，无条件地信任她。

（1）面对被轰下讲台的女儿，母亲没有一句责备，而是让女儿去找更适合她的事情做。此后，直到女儿获得成功，母亲一直这样包容和爱护女儿。这是每一位母亲的职责。在母亲看来，孩子需要的不是求全责备，而是包容、理解和信任。

（2）母亲始终坚定不移地相信女儿一定能够有所成就，只是女儿还没有找到适合自己的事情而已。在母亲耐心的等待中，女儿终于找到了适合自己的领域。母爱，是天底下最耐心恒久的等待。

（3）女儿成功了，她知道，是母亲对她的信心支撑她走到了如今。

（4）母亲恒久不绝的信念和爱是一粒最坚韧的种子，在爱的滋养下，它能够帮助儿女创造生命的奇迹。

选定方向就不会误入歧途

不管在哪里行走，我们都需要一个方向。对于一段旅途而言，如果漫无目的、随心所欲地行走，那么，不管走多久，最终还会回到原点。这是因为，人们总是不由自主地走出大大小小的圆圈。对于人生的漫长旅途也是如此，不管做什么事情，我们首先应该为自己选定一个方向。要知道，只有方向明确，后面的艰苦跋涉才是有意义的。如果没有方向，不管你走出多远，也不管你付出了多少艰辛，它们都是无用功。方向是人生的指明灯，正如在跑步的过程中，所有的运动员都向着终点奋进一样。如果没有方向，不管你跑多少圈，只能离终点遥遥无期。做事情也是如此，只有方向明确，才能更加有效地实现自己的目标，达到人生的目的。所以，当你追求新生活的时候，当你改变自己人生的时候，你首先要为自己制订一个明确的目标。

比赛尔是西撒哈拉沙漠中的一颗明珠，每年都有数以万计的人来到这里旅游。但在它未经开垦以前，只不过是一个封闭落后的地方，这儿的人从小到大从未走出过沙漠。据说，这里的人不是不愿意离开这块贫瘠的土地，而是因为他们无论怎样尝试都走不出去。

有一个叫肯·莱文的人听说了这种奇怪的消息，他来到此地向这里的人打听原因，问了很多人，得到的答案都一样：从这里无论向哪个方向走，最后还是回到出发的地方。真的有这么奇怪的事？肯·莱文决定亲自尝试一下，他做了一个试验，从比赛尔村往北走，结果用了三天半的时间走了出来。但是比赛尔人为什么却那样说呢？肯·莱文怎么也想不通，最后他雇了一个当地人，让他带路，看看究竟是为什么。他们带了足够半个月的食物和水，牵了两匹骆驼，肯·莱文什么也不说，跟在那个当地人身后。

10天过去了，他们走了大概400千米的路程，第11天早晨，他们果然又走回了比赛尔。不过这次肯·莱文明白了，比赛尔人之所以走不出沙漠，是因为他们根本不认识北极星，他们只是按照自己所想的一直走。

在一望无际的沙漠里，一个人如果只凭着感觉往前走，他会走出许多大小不一的圆圈，最后的足迹十有八九是一把卷尺的形状。比赛尔村位于浩瀚的西撒哈拉沙漠中央，方圆上千千米没有一点参照物，若不认识北极星，又没有任何辨明方向的工具，想要走出沙漠，确实是不可能的。

试验结束后，肯·莱文告诉当地人：只要你白天休息，夜晚朝着北面那颗星星走，就一定能走出沙漠。当地人照此去做，果然走到了大漠的边上。从此，当地人奉肯·莱文为比赛尔的开拓者，他的铜像被竖在小城的中央。铜像的底座上刻有一行字：新生活，从选定方向开始。

一个人赶路，如果不选定方向，很容易误入歧途。人生之路也是如此。如果你想改变自己的生活，就从选定一个新的方向着手吧。

心灵启示

因为没有方向，比赛尔村民无论如何也走不出西撒哈拉沙漠，并非他们没有能力走出去，只是他们总回到原点。其实，解决这个问题很简单，那就是学会辨识方向，为自己确定方向，然后朝着一个方向不停地走，这样就不会再回到原点了，而是奔向新的生活领域。凡事都是如此，不管你是真真正正地走路，还是做其他事情，你都要为自己确立方向。

（1）首先要学会辨识方向。走路的时候，我们一定要分清东南西北，要知道自己去往哪个方向。在人生的旅途中，我们一定要知道自己想要什么，知道自己的人生想要达到怎样的目的。

（2）其次是要确立方向。方向是根据目的确定的，如果你想去遥远的海南，那么你当然要一直往南走；如果你想去东北密林，那么你就要朝着东北方向走。人生中，如果你只想过着平淡安然的生活，那么你应该给自己制定一个安稳的生活目标，并且为之努力；如果你想出人头地，那么你必然要设立高远的目标，并且不遗余力地为自己的目标而努力奋进。

（3）不管遇到多少困难我们都要坚定不移地朝着自己设定的方向努力，

因为成功总是青睐那些有着顽强毅力的人。

（4）只要选定方向，并且为之不懈努力，你就一定能够创造出属于自己的新生活！

机会就在转弯处等待你

不管什么时候，成功总是青睐那些有坚定信念和远见卓识的人。当然，这个世界上并没有所谓的先知，很多时候，人们之所以能够实现自己的宏伟志向，正是因为坚定不移的信念支撑他们不断地走向成功。众所周知，自信的人更容易成功。和悲观怯懦的人相比，自信的人更容易充满希望和信心，在举步维艰的逆境中，他们有更大的力量和勇气坚持下去。试想，如果人们一遇到困难就唉声叹气，就绝望地放弃，又如何能够获得成功呢？要想成功，就必须坚定自己的信念，鼓足勇气，满怀信心，向希望奋进。自古以来，关于自信者成功的例子比比皆是，激励着无数人向自信者学习，向成功迈进。早在15世纪，伟大航海家哥伦布就凭着坚定不移的信念在茫茫大海上发现了新大陆。

伟大的航海家哥伦布曾先后4次率领船队横渡大西洋，发现了加勒比海内所有的岛屿，以及中美洲海峡和南美洲大陆，这一切成就的取得，都源于他坚定的信念和远见卓识。

1492年8月的一天，哥伦布带领着一批人从西班牙出发了，他们受西班牙国王的派遣，去寻找“新大陆”。船队在无边无际的大海上航行了一个多月，始终看不到陆地的影子，放眼望去只是一望无际的海水。船上的水手纷纷感到沮丧至极，没有人不后悔和这个叫哥伦布的疯子来探索什么新陆地！水手们都离开了自己的岗位，有的人懒洋洋地躺在甲板上，嘴里不停地骂骂咧咧；有的则忍不住去质问哥伦布，问他究竟要把这么一船人带到哪里去，“陆地在哪里？”“鬼才知道！”“这样的日子什么时候到头？”“我不干了，我要回去！”这样的喊叫声此起彼伏。然而，哥伦布从未因此动摇过，他信心百倍地对水手们说：“我向大家保证，3天之后我们就能够找到陆地，到那时，我将给大家双倍的奖励。”

果不出所料，3天后的早晨，一名水手站在高高的桅杆上惊喜地叫了起来：“陆地！陆地！大家快来看！”大家借着初升的太阳，看见了不远处平坦的沙丘。他们拥抱着、跳跃着，更有人兴奋得跳起舞来。这块陆地被哥伦布命名为圣萨尔瓦多，意为“救世主”。曾经抱怨连连的水手因此对哥伦布崇拜不已。

坚定的目标和信心是一个人在成功路上扬帆远航的最好指南针，有了它，没什么困难可以让你止步不前。

哥伦布之所以能够获得成功，正是因为他始终坚持。15世纪，茫茫的大海无异于危险之地，科学技术还不够发达，很多设备都原始且落后。在苍茫无边的大海上，充满着未知的危险。但是，哥伦布却毫不畏惧，他始终坚信自己很快就能看到陆地。正是在他的坚持和鼓励下，那些原本灰心和绝望的水手才能坚持下去，直到第三天早晨惊喜地看到陆地。在现实生活中，没有人的人生是一帆风顺的，在遇到困难的时候，你是像哥伦布一样凭借坚定不移的信念坚持到最后，还是毫不犹豫放弃，这几乎决定了你能否走向成功。看看那些成功人士的历史，他们的成功经历几乎都是百转千回的，因为没有人能够轻而易举地获得成功。除此之外，我们还要富于远见卓识，不要被现实的框架所限制。要知道，那些能够取得成功的人都有着发散性的思维和长远的眼光。他们不会因为眼睛只能看到寸土之地而使自己的思维受到局限，而是放眼未来，努力使自己站得更高，看得更远。

心灵启示

大学毕业以后，张晓明回到家乡开了一家婴儿游泳馆。那个时候，家乡人对于婴儿游泳的观念还不能接受，所以，张晓明的婴儿游泳馆生意十分清淡。接连几年，他都勉强支撑着，见此情形，父母都劝他放弃这个行业，改行做其他的。面对这种情况，张晓明始终坚持着，因为他坚信随着年轻父母的增多，生意会越来越好。果然，随着80后父母的异军突起，游泳馆的生意一夜之间变得火爆起来。年轻的父母育儿观念更加超前，再加上这几年的积累，游泳馆的会员越来越多。张晓明几年的坚持终于得到了回报，父母都夸赞他有眼光。

（1）第一个吃螃蟹的人总是需要卓越的眼光、十足的勇气、超前的意识和坚持不懈的毅力的。

（2）即使遇到困难，也不要放弃，因为，只有坚持，才能获得成功。

（3）很多时候，机会就在转弯处等待你，所以，你需要坚持，坚持，再坚持。

（4）当别人都不看好你的时候，恰恰就是你获得成功的机会。

（5）当大家都蜂拥而至做一件事情的时候，机会已经悄然远逝了。

认可自己，改变自己

很多时候，阻碍我们发展的力量并非其他人发出的，而是我们自己的局限性，因此，要想突破自己，超越自己，首先应该发现自己具有无穷的力量，认可自己，相信自己，这样才能油然生出改变一切的力量，因为它就在我们的心里。我们必须首先释放自己的内心，使自己的内心变得无比强大，才能释放出内心深处的力量，改变我们的未来，改变我们的人生。假如你始终不相信自己，而把生活的希望寄托在别人身上，那么，你就无法释放自己的力量，最终会限制自己的发展，一生默默无闻。这也就是人们经常说的“心有多大，舞台就有多大”。原来，一切都取决于我们的内心。曾经有位名人说过，一个人的成就绝对不会超过他内心的高度，这句话是有道理的。认可自己，改变自己，你准备好了吗？

1947年，美孚石油公司董事长贝里奇到开普敦视察工作。偶然间，他看到一位黑人小伙子正跪在地板上擦拭，奇怪的是，他每擦完一块地板，就要虔诚地叩一下头。贝里奇百思不得其解，就问小伙子是怎么回事。这位黑人小伙子回答说，他在感谢圣人。

贝里奇还是有点奇怪，他要感谢的圣人到底是谁呢？黑人继续解释说，他之所以能找到这份工作，一定是有圣人帮助他，是圣人让他有了饭吃。贝里奇笑了，他告诉黑人小伙子说：“我也曾经遇到过一位圣人，这位圣人使我成了美孚石油公司的董事长，我可以引见你认识他，你愿意去拜访他吗？”黑人说：“我是个孤儿，从小靠教会抚养，我很想报答教会的养育之恩，如果这位

圣人能让我在养活自己的同时，还有余钱来了却心愿，我非常愿意去拜访他。可是，如果我离开去拜访圣人，我的饭碗就保不住了。”

贝里奇说：“你知道南非有一座很有名的大温特胡克山吗？我所说的圣人，就住在那里。他能为人指点迷津，所有经过他点化的人都会有一个大好前程。20年前，我到南非登上了那座山，找到了那位圣人并得到了他的指点，所以我才有了今天的地位。如果你愿意去，我可以替你向你们的经理说情，准你一个月的假。”

于是，黑人小伙子向南非出发了。在那30天里，他一路披荆斩棘，风餐露宿，过草地，穿森林，历尽艰辛，最后终于登上了白雪皑皑的大温特胡克山。他在山顶徘徊寻找了一天，除了自己，他什么都没看到。

黑人小伙子失望地回到了开普敦，当贝里奇问他看到了什么时，他懊丧地说：“很抱歉，董事长，我在山顶上找了一天，可是我发现，除了我自己以外，根本没有别人。”

贝里奇大笑道：“你说得对！除了你自己之外，根本没有别人能给你指点迷津。”

20年后，这位黑人小伙子成了美孚石油公司开普敦分公司的总经理。2000年，他作为美孚石油公司的代表参加了在上海举办的世界经济论坛大会。在一次记者招待会上，记者让他谈谈自己传奇般的经历，他只说了这么一句话：“当你认可自己的那一天，就是你遇到圣人的时候。”

很多人期待会有别人来帮助自己，其实在这个世界上，能帮助你成功的就是你自己。当你发现自己的那一天，也就是你拨开迷雾、走向成功的那一天。

心灵启示

如果不是贝里奇的启示，黑人小伙子也许时至今日还在为自己拥有一份清洁地面的工作而感恩。这是因为他的心始终局限于这个地方，局限于这份工作，而眼睛受到了蒙蔽，无法看到更加开阔的未来。幸运的是，他遇到了贝里奇，并且知道了那个能够改变自己命运的圣人正是自己，因此，20年之后，他才得以成为美孚石油公司开普敦分公司的总经理。身居高位之后，再次回忆起自己传奇般的经历，他必然感慨万千。是的，我们也应该记住他的传奇经历，

记住：认可自己的那一天，就是你遇到圣人的时候。

（1）这个世界上，唯一能够掌握你命运的就是你自己，你就是自己的圣人。

（2）不管什么时候，我们都应该立志高远，应该规划自己的未来，而不要只盯着眼前的那块地。

（3）当你发现了自己，并且坚持不懈地努力开拓自己的人生，你离成功也就不远了。

（4）不管什么时候，都要相信自己是命运的主宰，都要牢记自己的命运握在自己的手中。

相信自己，没有什么做不到

很多时候，我们不相信自己，因而放弃了很多我们原本有能力实现或者完成的事情。其实，只要我们坚持一下，给自己鼓鼓劲，我们就能够战胜自己，超越自己，创造出生命的奇迹。要想获得成功，要想使生活变得更加从容，我们就应该从相信自己开始，你会发现，生命在你面前展开了坦途，一切都变得开阔，生活充满了希望。

洛克·里兹是一个5岁的小男孩。有一天，他和母亲开着小货车走在阿拉巴马的乡间小路上。他悠闲地睡在前座，脚舒服地放在母亲凯丽的大腿上。

凯丽小心地将小货车从两车道的乡村小路转向狭窄的小桥。没想到路上有一个坑，使整辆车滑出路面，冲向路边，右前轮也因此凹陷了。凯丽害怕整个车子翻了，于是赶紧用力踩油门，并把方向盘转向左边，试图把车子拉回路上。但不幸的是，洛克的脚被卡在凯丽的腿和方向盘中间，因此车子失去了控制。

小货车跌跌撞撞地掉到20米深的峡谷中，洛克这时醒了过来：“妈妈，发生什么事了？为什么车子会四脚朝天了？”这时的凯丽满脸是血，车子的变速杆插进了她的脸，从额头到嘴唇都被撕裂了，牙龈残破，肩膀也被压碎了。一段粉碎的骨头竟从她的腋下穿出，整个人则被支离破碎的车门压得动弹不得。

而洛克竟奇迹般地毫发未伤，虽然他也很害怕，不过他想自己已经是个小

男子汉了，于是他说道："妈妈，我会带你出去的。"他从凯丽的下面爬了出来，从车窗爬出了小货车，并试图将母亲拉出车子，但凯丽一动也不能动。凯丽在昏昏沉沉中只能哀求儿子："不要管我了，让我睡一下吧。"洛克则大声叫道："妈妈，你要坚持住，千万别睡着！"

洛克又钻进了小货车，并努力将凯丽推出车子的残骸，他告诉凯丽，他要到马路上去拦车子求救。由于担心这么小的孩子会遇上居心不良的人，凯丽不让洛克一个人去。母子二人只好慢慢地爬上堤防，洛克用瘦小的身躯将重自己两倍半的母亲往上推。就这样，一寸一寸地往上爬。凯丽感到十分疼痛，几次想要放弃，但是洛克始终鼓励她。洛克给妈妈讲起了小火车的故事，这个故事讲述了小火车虽然只有小小的引擎，但是却能爬上陡峭的山头。为了让妈妈振作起来，洛克不断地重复故事中的话，"我相信你能做到，我相信……"

仿佛过了一个世纪，他们终于爬到了路边。洛克看着母亲满脸是伤，泪流满面，他挥舞着双手，对着过路的车喊道："请停下来，救救我的妈妈！"

凯丽被送到了医院，总共花了8个小时，缝了344针。虽然现在她的鼻子是扁的、脸颊塌陷，但是她活下来了，而且对正常生活几乎没什么影响。

5岁的洛克立刻成了小英雄，但洛克却说："这一切都在意料之外，我只是相信我能救出我的妈妈，我也相信妈妈一定可以坚持下来。"

心灵启示

最近，陪伴儿子一起去练习跆拳道，他有点儿胖，不过力气比较大，因此，每节课的动作练习对他来说不算难点，但是到了身体素质练习，他就觉得有点儿痛苦了。每节课的最后他都要在木质地板上做30个仰卧起坐，做3~5分钟的双腿悬空动作，做整个身体趴在地上然后尽量背部翘起的动作30个，做头部和腿部都尽量往背部靠近的动作，支撑3~5分钟。儿子不擅长做仰卧起坐，尤其是在坚硬的地板上，没有任何弹性。所以，做30个对他来说很难。好不容易坚持做完，还要做那个双腿悬空的动作3~5分钟，这个动作更是难上加难，完全需要依靠腹部和臀部的力量支撑。儿子坚持了很短的时间就开始哽咽起来，令我欣慰的是，虽然他忍不住流眼泪，但是却没有放弃，虽然过程中手部和腿部的肉都有点儿哆嗦，但是他一直坚持到了最后。后面的两个动作也是这样的。跆拳道课程结束之后，儿子每晚回家都坚持练习这两个动作。现在，他已经能够在不流泪的情况下做完这些身体素质练习了，我想，他会渐渐感到轻松的。

（1）很多时候，并非我们的能力真的达不到，只是缺乏坚持再坚持的毅力，缺乏对自己的信任，缺乏那满满的希望和力量。

（2）跆拳道课上，素质练习的时候，虽然儿子哭了，但是他却坚持着做完了，这就是一种自信。因为自信，他不放弃。

（3）因为相信自己一定能做好，儿子回家之后每晚都坚持练习。

（4）我想，儿子不仅仅在跆拳道方面战胜了自己，他在其他方面也会越来越自信的。

（5）心有多大，舞台就有多大，只有相信自己，你才能为自己找到最广阔的舞台。

拥有坚定的信心，你才能获得成功

只要你有信心，那么，一切皆有可能。是的，信心能够创造奇迹，而且是这个世界上唯一能够创造奇迹的力量。可想而知，如果你没有信心，那么，成功必将离你远去，你将沉沦于困境中。在生活中，很多看似不可能的事情最终得以实现，恰恰是信心创造的奇迹。信心与成功之间的关系似乎很微妙，我们总是说不要好高骛远，不要手高眼低，而实际上，信心与这些截然不同。假如说好高骛远是空想，手高眼低是不付诸实践，那么信心则是对一件事情满怀必胜的信念，并且为此而付出执着的努力。只有这样，你才能获得成功。那么，你做到了吗？你成功了吗？

1949年，一位年仅24岁的年轻人走入了社会。因为他的父亲常跟他说“通用汽车公司是一家经营良好的公司”，因此他决定到通用去看看。

这位年轻人充满自信地走进美国通用汽车公司的大门，应聘会计一职。面试时，他的自信给应试考官留下了非常深刻的印象，而通用良好的工作作风也让他更加坚定了留在这里的决心。不过当时会计的职务只有一个空缺，考官

告诉他做会计工作十分艰苦，一个新手可能很难应付。不过当时他只有一个念头，就是无论如何也要进入通用汽车公司，他认为只有这里才能展现他的能力和才华。

后来，这位年轻人的坚定信念感动了应试考官，并决定录用他。考官对自己的秘书说："也许你很难相信，我刚刚录用了一个想成为通用汽车公司董事长的年轻人。"

这位年轻人就是1981年出任通用汽车公司董事长的罗杰·史密斯。

与史密斯同在通用公司的阿特·韦华金后来回忆道："在我们最初开始合作的一个月中，罗杰一本正经地告诉我，他将来一定会成为通用的董事长。我当时觉得他真是在说笑话，没想到他真的成功了。"

心灵启示

当然，在这个世界上，并非每个人都能成为通用的董事长，毕竟，这种巨大的成功并非谁都能获得的。不过，幸运的是，成功的定义有很多，并非只取决于一个标准。如果你是一名学生，也许，熟练地记住100个单词就是你的成功；如果你是一名营业员，也许，在一天里销售出去一定数量的商品就是成功；如果你是一名科学家，也许，研究出一种能够造福人类的科技产品就是成功；如果你是一名环保专家，也许，使人们更加热爱环境、珍惜环境就是成功……总而言之，成功的定义有千千万万种，只要你能够获得自己的成功就足够了。

毋庸置疑，要想获得成功，不管在哪个领域，你首先应该充满信心。试想，如果一个人刚开始就怀疑自己，否定自己，那么，他还能获得成功吗？当然不能。因为没有人愿意相信一个不自信的人，更没有人愿意帮助一个不自信的人。只有相信自己，充满自信，别人才会相信你，慷慨地帮助你，辅佐你，使你最终获得成功。

在上述事例中，罗杰·史密斯1949年进入通用公司，1981年才得以升任通用公司的董事长。他之所以能够取得成功，完全是因为他在这整整31年里始终坚定不移地相信自己一定能够成为通用公司的董事长，正是在这种信念的支撑下，他才能够几十年如一日地努力，从未放弃。可以想象，他在这31年里肯定遇到过很多困难，但是，因为信心，他战胜了一切困难和阻碍，最终实现了自己的梦想。从罗杰·史密斯的身上，我们不难得到一些启示：

（1）一定要为自己树立一个远大的目标，并且有计划地向着自己的目标奋进。

（2）一定要对自己有信心，只有坚定的信心，才能助你坚定不移地向着自己的目标前行。

（3）即使遇到困难，也不要放弃，让信心成为你的支柱，支撑着你渡过重重难关，最终抵达胜利的彼岸。

（4）只要你坚定信心，成功就一定会降临。

与众不同的人从不随声附和

在生活中，面对各种各样的事情，人们总会发出不同的声音。这是因为，每个人的成长经历、教育背景和观念不同。在这种情况下，我们是从谏如流呢，还是固执己见呢？其实，不管是从谏如流，还是固执己见，都并非最好的选择。面对不同意见，如果不假思索地采取，就会失去自我，成为别人的附庸；如果一概而论地否定，就会犯固执的毛病，也许还会因此而犯错误。因此，最重要的是，开动我们的脑筋，认真分析与思考，最终得出自己认为正确的结论，并且坚持自己所认为正确的结论。

细心的人不难发现，在人类的历史长河中，那些能够在历史上刻上浓重一笔的人物，都有自己的想法和原则。他们虽然很宽容，也善于采纳别人的意见，但却从来不会迷失自己。他们有自己的想法，坚持自己的原则，并且善于分析问题，得出最正确的结论。一旦他们认为自己是正确的，就不会轻易被别人的想法所左右，而是坚持自己的想法，努力证实自己是正确的。这种人从来不随波逐流，而是始终在自己的轨道上运行。这种人不管在哪里，都像一颗钉子，假以时日，总会崭露头角，引人注目。作为普通而又平凡的我们，未必人人都能在历史上留下浓墨重彩的一笔，也应该坚持己见，坚持原则。要想变得与众不同，你就应该拒绝随声附和，而要坚持做最真的自己。

小泽征尔的名字如雷贯耳，他是20世纪最杰出的音乐家之一。很早以前，

小泽征尔在中国演出时，无意中听到了盲人阿炳的《二泉映月》。他哭了，当场跪下！他感慨地说：“这样的音乐应该跪着听！”于是，许许多多的中国人深深地记住了这个日本人的名字。同时，被整个世界认识和记住的，还有他充满挑战性的自信心。

在小泽征尔成为世界著名的交响乐指挥家不久，在一次世界优秀指挥家大赛的决赛中，评委会随即抽取了一份乐谱给他，然而，这份乐谱的难度非一般人能够指挥的。他按照评委的要求指挥演奏，但刚演奏不久，他就敏锐地发现了不和谐的声音。起初以为乐队演奏出了问题，就停下来重新演奏，但还是不对。他大声地对台下的评委说：“我觉得乐谱有问题。”这时，在场的作曲家和评委会的权威人士坚持说乐谱绝对没有问题，是他错了。面对一大批音乐大师和权威人士，他思考再三，最后斩钉截铁地说：“不！一定是乐谱错了！”话音刚落，评委席报以热烈的掌声，祝贺他大赛夺冠。

原来，这是评委们精心设计的“圈套”，以此来检验指挥家在发现乐谱错误并遭到权威人士“否定”的情况下，能否坚持自己的正确主张。前两位参加决赛的指挥家虽然也发现了错误，但终因没有坚持自己的观点，随声附和权威们的意见而被淘汰。小泽征尔却因充满自信摘取了世界指挥家大赛的桂冠。

心灵启示

小泽征尔之所以能被很多人记住，不仅是因为他被中国的《二泉映月》感动得泪流满面，当场下跪，更是因为他在世界优秀指挥家大赛中出色的表现。面对乐谱的错误，他先是反省自身，重新演奏，经过再三思考，确定是乐谱出错了。面对大赛评委的质疑，他丝毫没有退步，而是坚持说乐谱错了，最终在大赛中荣获冠军。虽然在他之前的两位参赛的指挥家也曾发现了乐谱上的错误，但是，在大赛评委的质疑声中，他们没有坚持自己的判断，而是选择接受大赛评委的意见。由此可见，错误是很容易被发现的，最重要的是坚持。

其实，不仅仅参加比赛的时候需要坚持，在生活中，当面对很多事情的时候，我们也应该向小泽征尔学习，首先反省自身，在确定自己是正确的前提下，学会坚持。

（1）发现错误的时候，我们首先应该从自身寻找原因。

（2）在确定自己是正确的前提下，我们应该勇敢地发出不同的声音，而不要被权威的意见左右，更不要迷信权威。

（3）即使别人都说你是错的，你也应该认真地验证自己正确与否，从而更加有力地坚持自己的意见和观点。

（4）在反复验证自己是正确的情况下，你一定要坚持，再坚持，不要随声附和。

（5）只有坚持，你才能获得最终的胜利，才能成为一个与众不同的、有独特见解的人。

让梦想为人生引航

梦想就像一盏引航灯，指引着我们的人生之舟朝向既定的方向航行，帮助我们实现梦想。然而，在现实生活中，大多数人都没有实现自己的梦想，究其原因，是因为他们没有坚持自己的梦想，没有将其当成自己人生的引航灯，只是把它作为一个纯粹的梦想，一个说说而已的梦想，说完了，就抛诸脑后了，就忘记了。而那些凤毛麟角的成功者，他们之所以成功，恰恰是因为他们坚持了自己的梦想，始终为了自己的梦想而不懈地努力。也许，你会说你也有梦想，但是，你切实去做了吗？因为，梦想的实现不仅仅源于口头或者一时的想法，而是源于长久不懈的努力，源于一点一滴的积累和一步一步的跋涉。

有个叫罗迪的英国退休教师，一天，他在阁楼上整理自己的物品，发现了一叠练习本。这是他50年前所教的那批学生的作文，题目叫做：未来我是……

罗迪随便地翻着，很快他就被孩子们那些五花八门甚至出奇的梦想吸引住了：一个小家伙说，未来的他会成为一个海军大将，指挥着全国的海军部队，威风得很；有一个说自己将来会成为法国总统，因为他的爷爷是个法国人；有一个小姑娘说，她将来会成为王妃，和王子坐着南瓜车，还住在城堡里；有一个盲童，说自己想成为内阁大臣；还有想成为海豚训练师的，有想当领航员的，有想成为香水制造师的……孩子们的梦想千奇百怪，天马行空。

看着看着，罗迪忽然产生了一个想法：曾经有过梦想的这些孩子，现在在

做什么呢？他们是否实现了当初的梦想呢？他想把这些本子还给50年前的那些孩子。于是他在很多报纸上刊登了这则启事。

一年过去了，那叠练习本渐渐地被人领走了。他们感谢老师还留着50年前的作文，他们看到自己当初的梦想，都感动得流下了眼泪。可是，他们谁也没有实现自己的梦想。最后，还剩下一个练习本没人认领，它的主人就是那个想成为内阁大臣的盲童大卫。罗迪想，也许大卫无法看到报纸，不知道这个消息吧。

就在罗迪想把那个本子收藏起来的时候，他收到了内阁总理大臣布伦克特的一封信。他在信中说："亲爱的罗迪老师，那个叫大卫的孩子就是我。感谢你还为我们保存着儿时的梦想，但是我想我不需要那个本子，因为从种下那个梦想后，它就一直存在于我的脑海中，我一天也没有忘记。50年过去了，我可以自豪地说，我实现了那个梦想！"

梦想和现实总是有很大的差距，只有终生怀有希望并不断努力的人，才能实现自己的理想。

心灵启示

毫无疑问，每个人的心目中至少有过一个瑰丽的梦想。我们梦想着自己成了天边那颗最璀璨的星星，甚至梦想着成为万众瞩目、群星环绕的月亮。也有些人的梦想很卑微，他们也许仅仅幻想着自己的生活会比父辈更加富裕、幸福，幻想着自己能够在一个领域之中做出一番成就，或者幻想着自己能有一份安稳的生活，过着平淡的日子。不管你的梦想是绚烂夺目，还是平实可触，要想实现这些梦想，有一点是共同的，那就是你必须把你的梦想种在心里，让它生根发芽，不断地指引你在人生之路上前进、奋斗。

作为老师，罗迪一定认为那个盲童的梦想在所有学生的梦想中是最难实现的，因为他的双目看不到任何东西，这就注定了他即使像常人一样生活，也必须付出加倍的努力，更何况成为内阁大臣呢？出乎他的意料，在所有健全的学生之中，没有任何人实现自己的梦想，只有这个盲童，成了内阁总理。因为一直把梦想刻在自己的脑海里，他甚至超越了自己的梦想。从大卫的身上，我们应该得到启迪，从今天开始也把自己的梦想刻在心里。

（1）不要因为有些事情遥不可及就放弃。随着时间的流逝，只要你不断地努力，它终将被实现。

（2）梦想即使非常遥远，只要你一步一步地跋涉，终有一天，你会实现自己的梦想，甚至超越自己的梦想。

（3）你想成为怎样的人，你最终就会成为怎样的人。你的未来取决于你的梦想和决心。

（4）从今天开始，为自己树立一个远大的理想，并且将其深深地刻在脑海中吧，它会指引你不断地走向成功！

坚定的自信是成功的基石

所谓自信，就是自己相信自己。在生活中，自信所起到的作用是非常重要的，尤其对于我们的事业、爱情、工作等。无论在哪个领域，自信都能给人以积极向上的力量，给人以纯粹的简单的快乐。正因为有了自信，人们才会充满睿智，充满希望。正因为有了自信，在人生的泥泞之中，人们才能鼓起勇气踯躅前行，才能坚持到成功的那一刻。

西方有位哲人曾经说过："一个人，从充满自信的那一刻起，上帝就开始伸出无形的手帮助他。"中国也曾有句古话："自助者，天助也。"也许人们会怀疑在这个世界上有没有上帝存在，当然有，上帝就是我们的自信心！自信是一种积极乐观的生活态度，当我们遭遇失败和困厄的时候，我们会质疑自己，甚至会感到自卑。而一旦我们建立了自信，就会变得乐观、豁达，笑对生活中接踵而至的灾难和困境。很多时候，生活并非真的很美好，而完全取决于你以一颗怎样的心对待生活。由此可见，对待生活，我们一定要有自信心。只要你自信，困难就会像弹簧一样退缩，使你得以展示自己的力量。

在美国历任总统中，有一位总统格外受到人们的尊重，他就是布朗·德拉诺·罗斯福，美国第32任总统。当罗斯福还是参议员时，他潇洒英俊，才华横溢，深受人们的爱戴。

有一天，罗斯福在加勒比海度假，游泳时突然感到腿部麻痹，动弹不得，

幸亏旁边的人发现和挽救得及时才避免了一场悲剧的发生。经过医生的诊断，罗斯福被证实患上了“腿部麻痹症”。医生对他说：“你可能会丧失行走的能力。”罗斯福并没有被医生的话吓倒，反而笑呵呵地对医生说：“我还要走路，而且我还要走进白宫。”这种坚定的自信，感染了在场的每一个人。

在第一次竞选总统时，罗斯福对助选员说：“你们布置一个大讲台，我要让所有的选民看到我这个患麻痹症的人，可以‘走到前面’演讲，不需要任何拐杖。”当天，他穿着笔挺的西装，充满自信，从后台走上演讲台。他的每次迈步都让每个美国人深深感受到他的意志和十足的信心。

在罗斯福首次履任总统的1933年年初，正值经济大萧条风暴席卷美国，到处是失业、破产、倒闭、暴跌情景，随处可见美国的痛苦、恐惧和绝望。罗斯福却表现出一种压倒一切的自信，他在宣誓就职时发表了一篇富有激情的演说，告诉人们：我们唯一害怕的就是害怕本身。

正是由于罗斯福的自信和坚强的信念，使得他成为美国政治史上唯一连任四届的伟大的总统。

心灵启示

罗斯福是美国政治史上唯一蝉联四届的总统，是美国最伟大的三位总统之一。而这一切，他都是在自己身患“腿部麻痹症”的情况下实现的。年轻有为、意气风发的他，当面对突如其来的疾病时，非但没有像大多数人一样沮丧绝望，自暴自弃，反而发出了豪言：“我还要走路，而且我还要走进白宫。”这是何等的气魄？这是何等的自信？正是因为这份自信，造就了他这位美国历史上最伟大的总统。

面对命运的沉痛打击，面对生活的困厄，我们应该像罗斯福学习，学习他的积极乐观，学习他的谈笑风生。

（1）在平淡的日子里，我们要自信地面对生活中的诸多事情。

（2）在灾难面前，我们要用自信战胜突如其来的沉重打击，使自己勇敢地站起来。

（3）自信是一种顽强的力量，能够帮助我们度过艰难的时刻，迎来美好的未来。

（4）既然坚强的自信能够造就一位伟大的总统，那么，你的梦想自然能够实现，只要你足够坚强，足够自信。

勇敢迈出第一步

在这个世界上，没有任何一个人想像一棵默默无闻的小草那样度过自己的一生。基本上，每个人都希望自己能够成为璀璨的星星，进入大多数人的视野。从地上的小草，到天上的星星，简直遥不可及。很多时候，有些人终其一生也无法走完这漫长的行程，于是就默默无闻地度过了自己的一生。与此相反，有的人却能够轻而易举地走完这段行程，成就自己辉煌的一生。区别是什么呢？对于有同等能力的人而言，能否摆脱平庸，成为天上的星辰，关键在于能否自信、果敢地行动。大家都知道，自信是采取一切行动的推动力，而果敢则决定了你能否抓住转瞬即逝的机会，实现自己的宏伟志向。在生活中，有能力的人很多，自信的人很少，曾经面临机会的人很多，但是能够果敢地抓住机会、采取行动的人却很少。这就注定了这个世界上平庸的人太多，而功成名就的人太少。

布鲁金斯学会是美国一家著名的培训机构，它以培养最杰出的推销员著称于世。从这里走出了数以百计的亿万富翁。该学会有一个传统，就是在每期学员毕业时，设计一道最能体现推销员能力的实习题，让学生去完成，完成的人会得到一只刻有“最伟大推销员”的金靴子。

这一年，恰逢克林顿当政，他们出了这么一个题目：请把一条三角裤推销给现任总统。8年间，尽管有无数学员为此绞尽脑汁，可是没有一个人成功。克林顿卸任后，布鲁金斯学会把题目换成：请把一把斧子推销给小布什总统。

学员们得知8年来都没人能完成这个任务，都觉得自己也不可能做到，不希望在这件事情上浪费时间，许多人都放弃了争夺金靴子奖。他们认为，现任总统什么都不缺少，即使缺少也用不着他们自己去购买，即使推销的物品换了也是一样。然而出人意料的是，2001年5月20日，一位名叫乔治·赫伯特的推销员成功地把一把斧子推销给了小布什总统，他得到了空置26年的金靴子奖。

这是自1975年以来，该学会的一名学员成功地把一台微型录音机卖给尼克松后，又一位学员获此殊荣。

一位记者在采访乔治·赫伯特的时候，他是这样说的："我认为，把一把斧子推销给小布什总统是完全可能的。因为布什总统在得克萨斯州有一所农场，里面长着许多树。我相信我自己能够做到这一点。于是，我给他写了一封信，信中说，有一次我有幸参观您的农场，发现里面长着许多大树，有些已经死掉，木质已变得松软。我想，您一定需要一把小斧头。现在我这儿正好有一把这样的斧头，很适合砍伐枯树。假如你有兴趣的话，请按这封信所留的信箱，给予回复。最后，小布什总统果然给我汇来了15美元。"

布鲁金斯学会在表彰乔治·赫伯特的时候说，金靴子奖已经空置了26年。在这26年间，布鲁金斯学会培养了数以万计的推销员，造就了数以百计的亿万富翁。金靴子奖之所以没有授予他们，是因为我们一直在寻找这么一个人，这个人不因别人说某一目标不能实现而放弃，不因某件事情难以办到而失去自信。

心灵启示

不管什么事情，我们都应该勇敢地去尝试，这样才能真正地知道自己能否成功。在现实生活中，我们经常看到有些人因为与成功失之交臂而追悔莫及，实际上，这些人原本离成功只有一步之遥，他们所差的就是没有亲自去做。毋庸置疑，凡事在切实去做之前，都会存在一些可以预见的困难和阻碍，我们需要做的是想办法消除这些困难和阻碍，迎难而上，而不是被困难吓倒，知难而退。在这个世界上，倘若人人都被预见的困难吓得放弃，那么，就没有真正的成功者了。了解那些成功者的历史我们不难发现，大多数成功者都是知难而上才获得成功的。成功就如馅饼，从来不会从天而降。

乔治·赫伯特之所以能够获得金靴子奖，其实很简单，就是他没有像大多数人一样放弃，而是给小布什总统写了一封推销小斧头的信。试想，这样的一封信是谁都会写的，然而，只有乔治·赫伯特写了，所以他才能获得布鲁金斯学会空置了整整26年的金靴子奖。

（1）不管别人说一件事情多么难，我们都应该亲自尝试。要记得小学课文《小马过河》中告诉我们的道理，因为每个人的情况是不同的，所以，别人的经验不一定适合我们。

（2）做任何事情都有可能遇到困难和阻碍，我们不应该被这些虚幻的困难和阻碍所吓倒，而应该迎难而上，征服一切困难和阻碍。

（3）很多事情，只要开始了，就相当于成功了一半，因为成功从来不青睐空想家，而只青睐那些敢想敢干的人。

（4）你是一棵小草，要想变成璀璨的星辰，就要勇敢地迈出第一步。

坚信自己是一颗与众不同的明珠

在这个世界上，没有人是十全十美的，因为这个世界根本就不存在十全十美的人。面对众多的审美标准，你觉得自己美吗？只怕即使再美丽的人，也无法得到所有人的认可与喜爱。既然如此，我们为什么非要得到别人的认可呢？要知道，对于一个人而言，即使他再怎么美丽，一旦失去了自己的特色，也就变成了一副没有灵魂的躯壳。所以，与其逢迎别人，不如做真实的自己。因为对于一个人来说，最重要的是与众不同，而不是与别人整齐划一。试想，假如这个世界上每个人都长着一模一样的美丽的面孔，那么，何所谓美丽呢？那就是既没有美，也没有丑，有的只是枯燥和乏味。上帝造人的时候之所以让每个人都长得不一样，甚至连每片树叶都不一样，正是为了使这个世界变得更加绚丽多彩。

安德森是美国的一名普普通通的模特经纪人，20世纪80年代，他当时的生活虽不至于穷困潦倒，但也日渐拮据。就在他对生活渐渐失去希望的时候，他看中了一名大一女生。这个女孩来自美国伊利诺伊州的一个蓝领家庭，平时身穿廉价衣服，也从不化妆，唇边还长了一颗触目惊心的大黑痣，对时尚话题更是一点也不感兴趣。每年夏天，这个女孩都要和朋友一起，在家乡的玉米地里剥玉米穗，以赚取第二年的学费。

安德森说服了她和她的父母，将这位带着田野气息的女孩介绍给各个模特经纪公司，但却遭到了一次次的拒绝。有的人说她粗野，有的人说她没有气质，不过归根结底所有人都说她唇边的那颗大黑痣太难看了。后来，安德森给

女生拍了一系列照片，并且把唇边的那颗痣小心翼翼地隐藏起来，果然，这次公司觉得满意了。很多模特界的前辈劝告安德森，把痣除去以后，说不定她会成为一个抢手的模特。但是这个自信而坚定的女孩子说："算了吧，我没觉得它不好看，我就是不拿掉它！"

安德森被这个女孩的坚持感动了，而且他有一种预感，这个女孩日后一定会成功，于是，他坚定不移地对女孩说："你要相信自己，有一天你一定会出名，到时候全世界都要靠这颗痣来认识你！"

几年后，这个不起眼的女生果然成为炙手可热的模特，她就是超级名模辛迪·克劳馥。她的长相被人评价为"超凡入圣"，她的嘴唇被人称作芳唇，芳唇边赫然入目的就是那颗今天被视为性感象征的大黑痣。

辛迪·克劳馥在回忆她的成名之路时感慨道，幸亏当年遇到了安德森，他告诉她要相信自己，保住了她脸上的这颗痣。若没有了那颗痣，她只能算作一个通俗的美人，拍几次廉价广告，也许会有一点小小的名气，但用不了多长时间就会被淹没在众多美女中，然后她依然要回到家乡的玉米地里剥玉米穗，为第二年的学费奔波忙碌。

心灵启示

辛迪·克劳馥的唇边长着一颗大黑痣，而很多人的心里长着一颗朱砂痣。因为坚持，坚持不去掉这颗无辜的大黑痣，辛迪·克劳馥成了众人瞩目的世界名模。然而，遗憾的是，很多人过不去心里的坎，为了去掉心里的那颗朱砂痣而纷纷整形、美容。近年来，整形美容医院如雨后春笋般拔地而起，很多爱美的女性都去为自己的容貌而动刀子。古人云，身体发肤受之父母，想来他们都对于父母的馈赠不满意才进行二次加工的。其实，一个人美不美并不在于外貌，更重要的是心灵。只有心灵美，人的美才能长久不衰。正如人们常说的，人不是因为美丽才可爱，而是因为可爱才美丽。

不仅仅容貌如此，当我们面对很多外在或者内心条件的时候，都应该怀着一颗宽容的坦然接受的心。因为每个人都有缺点，都有不足，我们要学会接受自己。试想，如果一个人连自己的不完美都不能接受，又怎么能宽容地对待别人呢？学会宽容，首先要宽容自己。学会自信，首先要相信自己，坚信自己是一颗与众不同的明珠。

（1）不管你的外貌是美还是丑，那都是父母赐予你的，你要爱惜它。

（2）不管你有怎样的缺点，你都要尽量改正，但是不能因此嫌恶自己，因为，那个缺点有一天也许会变成优点，当然，前提是你足够自信。

（3）你想拥有一张明星脸吗？其实，千篇一律的明星脸远远没有你天然纯粹的脸更能吸引别人的注意。

（4）真正的门槛在你的心里，而不在别人的眼睛里。

（5）只有坚信自己是一颗明珠，你才能绽放出与众不同的光彩。

即使是一张白纸，也能让人充满力量

很多时候，我们总是过于在意别人的看法和想法，而忽略了自己的内心。一旦别人没有及时地肯定我们，我们就会忐忑不安，甚至开始怀疑自己。其实，所谓的自信，是自己给自己的，而不是别人给自己的。依靠别人的评价才能正确评估自己的人并非真正的自信，只有发自内心地对自己的信任，才是真正的自信。真正自信的人，在面对困难的时候，能够坦然相对，而不会惊慌失措。真正自信的人，不会患得患失，更不会怀疑自己。有的时候，我们因为缺乏自信而打起了退堂鼓，依靠别人给我们的支撑才得以渡过难关，殊不知，别人所给的支撑只是一张白纸，真正的自信其实来源于你的内心。

从前，在法国的南部有一位年轻的姑娘，她天资聪颖、酷爱唱歌，但很少有登台表演的机会。这一天，机会终于来了，他被一个音乐团看重，邀她一起参加演出。这是她第一次登台演出，内心十分紧张。站在后台，想到自己马上就要上场，面对上千名观众，她的手心都在冒汗，心想："要是在舞台上一紧张，忘了歌词怎么办？"越想，她心跳得越快，甚至产生了打退堂鼓的念头。

就在这时，一位前辈笑着走过来，随手将一个纸卷塞到她的手里，轻声说道："这里面写着你要唱的歌词，如果你在台上忘了词，就打开来看。"她握着这张纸条，像握着一根救命稻草，匆匆上了台。也许有那个纸卷握在手心，她的心里踏实了许多。她在台上发挥得相当好，完全没有失常。观众给予她热

烈的掌声，她成功走出了歌唱事业的第一步。

她高兴地走下舞台，走到那位前辈跟前向他致谢。前辈却笑着说：“你不用感谢我，是你自己战胜了自己。你拥有自信，一切都可以实现。其实，我给你的，是一张白纸，上面根本没有写什么歌词！”她展开手心里的纸卷，果然上面什么也没写。她感到惊讶，自己凭着一张白纸，竟顺利地渡过了难关，获得了演出的成功。

“你握住的这张白纸，并不是一张白纸，而是你的自信啊！”前辈说。她拜谢了前辈，并深深地记住了人生的第一次演出，她知道，在自己以后的演出生涯中，再也不需要那张歌词纸了。在以后的人生路上，她凭着自信，战胜了一个又一个困难，取得了一次又一次成功。

心灵启示

当你知道自信只是一张白纸的时候，你就再也无所畏惧了。所以，很多时候，我们必须揭开自信的面纱，让自己真切地意识到，真正的自信其实来源于我们的内心。在上述事例中，如果不是前辈塞给了年轻姑娘一份所谓的歌词，她在表演时一定会非常紧张，甚至真的出现忘词的现象。而正是前辈的这张白纸，给了她一颗定心丸，使她坦然从容地唱完了整首歌。而当她知道自己手中握着的犹如救命稻草的只是一张白纸时，她的心中顿时充满了自信，因为她知道了，她的自信来源于她的内心。在生活中，我们也应该尽量抛弃这张自信的白纸，有勇气独自面对一切挑战。

（1）当你觉得不自信的时候，你不妨问问自己怕的是什么？因为，自信的那张白纸不仅仅别人能够给你，你也可以为自己准备。

（2）当你发现为自己准备的自信白纸其实毫无用处的时候，你就有了自信，有了独自面对挑战的勇气。

（3）两手空空地登上自己的舞台吧，只要你从容应对，你就能发挥出自己最真实的水平，意外的失误是不存在的。

（4）从此，你抛开了自信的白纸，成了一个真正充满自信的人。

第5章 成就自己，从决定要做的那一刻开始

在这个世界上，没有任何成功是一蹴而就的，我们总是看到别人如何辉煌，却忽略了他们曾经的努力和他们所尝试的无数艰辛。其实，一个人，不管他获得了多么大的成功，他的开始都是非常简单的，甚至是微不足道的。正是因为他从不自轻自贱，而是坚定不移地做着自己想做的事情，所以，他最终获得了万人瞩目的成功。所以说，成就自己，始于你决定要做的那一刻。

成功是从做好最简单的事情开始的

很多时候，我们的人生理想看起来遥不可及，这直接导致很多人经常立志，但是却没有勇气坚持到最后。而有些人却始终坚持下去，直到实现自己的远大理想，甚至超越了自己的理想，取得了更为辉煌的成就，这些人就是普通人眼中的成功者。那么，为什么有的人能够实现自己的理想，有的人却总是空立志呢？究其原因，就在于他们能否坚持下去。确实，要想实现一个看似遥不可及的理想是很难的，尤其是在遇到重重困难很难坚持下去的时候。在这种情况下，我们完全可以把这个无比远大的理想分解成一个个比较容易实现的目标，然后，逐一完成这些小目标，直至实现那个远大的理想。从心理学上来说，这是对人们的一种激励机制。人们总是很容易放弃那些看似无法实现的事情，因为实现的过程过于漫长，使人无法坚持。而对于那些比较容易实现的阶段性目标，人们则能够从实现的过程中获得对自己的认可，从而更加不懈努力。由此可见，许多人并非一蹴而就地取得成功的，而是从最简单的事情做

起，一步一个脚印地走向成功的。那些被众人无限敬仰的成功者，都是从最简单的事情做起的，他们的成功，贵在坚持做那些不起眼的小事情，滴水石穿。

汉姆患有严重的恐高症，可是他却在1983年徒手攀登上了位于纽约的帝国大厦，并创造了徒手攀登人工建筑物的吉尼斯世界纪录，赢得了“蜘蛛侠”的称号。

美国恐高症康复联合会主席诺曼对此感到大为惊讶，一个连站在一楼阳台上都会心跳加速的人，竟然能徒手攀登上四百多米高的大楼，这真是一个令人难以相信的事实，他决定亲自去拜访汉姆，想向他请教一下登上帝国大厦的秘诀。

诺曼来到汉姆家，他们正在举行一个庆祝会。十几名记者正围着一个老太太进行采访。原来汉姆97岁的老祖母听说他创造了一项吉尼斯世界纪录，特地从100千米外的家赶来，而且这位老人居然是徒步走来的，她想以这个行动为汉姆祝贺，谁知老人在无意之间又创造了一项耄耋老人徒步行走的吉尼斯世界纪录。

《纽约时报》的一位记者向老人提问：“老人家，当你决定徒步前来的时候，是否想过这一百多千米的路途对你的体力是个很大的考验呢？”

“小伙子，”老人笑了笑，接着说道，“当你打算一口气跑100千米的时候，确实是需要勇气的，但是走100米是不需要勇气的，只要你走100米，接着再走100米，然后再走100米，100千米就这样走完了。”

诺曼站在一旁，听到老人的这番话，豁然间知晓了汉姆攀登上帝国大厦的秘诀。

心灵启示

对于一个97岁的老人来说，徒步行走100千米几乎是不可能实现的事情，但是，老人却将100千米分成了若干个100米，最终达到了这个目的地，并且创造了耄耋老人徒步行走的吉尼斯世界纪录。由此可见，对于有毅力的人而言，成功就是坚持不懈地做好每一件简单的事情。从这个意义上来说，患有恐高症的汉姆登上帝国大厦也就不足为奇了，因为，即使汉姆患有恐高症，1米对他也是轻而易举就能够攀登到的高度。假如他把帝国大厦的高度分解成若干个1

米，那么，他只要坚持爬到一个又一个的1米就可以了。

如此简单的道理，在现实生活中，很多人却不明白，所以，他们总是在实现自己理想的过程中半途而废。倘若我们也能够借鉴汉姆和其祖母的方法，分解自己的远大理想，使其变成一个个容易实现的目标，那么，我们就更容易实现自己的理想，获得成功。

（1）成功并非我们想象中的那般艰难和遥不可及，只要我们能够从最简单的事情做起，我们就离成功越来越近。

（2）要学会分解自己的目标，使远大的理想变成一个个易实现的阶段性目标，这有助于你坚持实现自己的理想。

（3）想想100米和100千米之间的距离吧，你离成功也是这个距离。不过，年轻力壮的你显然比97岁的老祖母精力更旺盛，所以，坚持对于你来说应该更容易做到。

（4）只要你有恒心和毅力，你就能战胜一切困难，实现那看似无法企及的梦想。

抱怨生活没有用，改变自己才可行

不管我们如何抱怨，从本质上来说，生活给予我们的一切都是平等的。它给予每个人足够的阳光、空气和水，使我们获得了生存下去的基本条件。在广袤的大自然中，有各种各样的食物供我们食用，使我们得以存活。在满足了最基本的生存条件之后，为什么有的人活得很幸福快乐，而有的人却活得那么艰难和痛苦呢？有人说这是因为生活的不平等，对于这种人而言，活着从来不是一件使人开心的事情；有的人说这是自己的心态问题，这个答案很好，给出这种答案的人往往生活得很幸福，因为他们意识到了生活的幸福与否取决于我们的内心。我们很难改变生活，生活中的困难和苦难总是接踵而至。我们唯一能够改变的就是自己，只有自己改变了，我们才更有力量去为自己创造幸福的生活。所以，不要抱怨生活，而要尝试改变自己。

一个女儿向身为厨师的父亲抱怨她的生活，抱怨事事都那么艰难。她的父

亲把她带进厨房。他先烧开三锅的水，然后往一只锅里放些胡萝卜，往第二只锅里放一只鸡蛋，往最后一只锅里放入碾成粉末状的咖啡豆。他将它们浸入开水中煮，一句话也没有说。大约20分钟后，他把火闭了，把胡萝卜捞出来放入一个碗内，把鸡蛋捞出来放入另一个碗内，然后又把咖啡舀到一个杯子里。做完这些后，他才转过身问女儿，“孩子，你看见什么了？”

“胡萝卜、鸡蛋、咖啡。”女儿回答。父亲让她靠近些并让她用手摸摸胡萝卜。她摸了摸，注意到它们变软了。父亲又让女儿拿一只鸡蛋并打破它。将壳剥掉后，他看到了那是只煮熟的鸡蛋。最后，他让她喝了咖啡。品尝到香浓的咖啡，女儿笑了。她怯怯地问道：“父亲，这意味着什么？”

父亲解释说，这三样东西面临同样的逆境——煮沸的开水，但其反应却各不相同。胡萝卜入锅之前是强壮的、结实的，毫不示弱；但进入开水之后，它变软了、变弱了。鸡蛋原来是易碎的，它薄薄的外壳保护着它呈液体的内脏。但是经开水一煮，它的内脏变硬了。而粉状咖啡豆则很独特，进入沸水之后，它们倒改变了水。“哪个是你呢？”父亲问女儿。“当逆境找上门来时，你该如何反应？你是胡萝卜，是鸡蛋，还是咖啡豆？”

心灵启示

面对同样的沸水，胡萝卜、鸡蛋和咖啡出现了截然不同的反应。它们就犹如生活中不同类型的人。有的人虽然看起来很坚强，但是却没有韧性，一旦经过生活的磨炼，他们就会变得很软弱，这种人就像胡萝卜；有的人虽然看起来非常坚硬，却有着一颗柔软的心，经过生活的磨炼，他们的内心不再柔软，变得非常坚硬，变得麻木，被动地顺从地接受生活的磨难，这种人就像鸡蛋；有的人则与前面两种人截然不同，虽然他们看起来没有固定的形状，也不够坚硬，但是他们却能够融入生活。当生活的湍流变急，他们就顺势改变自己；当生活的水流变得平缓，他们就奔向自己的目标；当生活是冰水，他们就保存自己仅有的热量；当生活是沸水，他们就顺势融入生活。他们反倒改变了生活，使生活越来越接近于自己所期望的那样。毫无疑问，第三种才是真正适应生活的人，他们不但适应了生活，而且顺势改变了生活。他们活得从容而又坦然，从不怨声载道，反而生活得顺心如意。面对生活的沸水，你愿意成为哪种人呢？

（1）我们无法完全按照自己的意愿改变生活，在这种情况下，不如相机而动，顺势而为，迅速融入生活。

（2）要想改变生活，首先要改变自己的心态，生活是不愿意为一个整日愁眉苦脸的人展开笑颜的。

（3）既然抱怨无济于事，你不如微笑着面对生活。

（4）生活就像一面镜子，折射出来的是你的内心。

不走寻常路才能获得成功

在心理学上，有一种从众心理。所谓从众心理，指的是独立的个体很容易受到外界人群的影响，从而改变自己的行为，使其符合公众舆论或绝大部分人的行为方式。在现实生活中，从众现象非常普遍，大多数人都有从众心理。为了研究从众心理，学者阿希曾经做过一个实验，结果证实，测试人群中只有极少数的被试者能够保持独立性。一般情况下，比较独立、有主见的人很少发生从众行为，而发生从众行为的人大都缺乏主见，喜欢随大溜。我们不能说从众心理是好的还是坏的，然而，唯一确定的是，大多数成功者都是独辟蹊径、与众不同的。那些成功者往往能够跳出寻常的思维定式，有着使人耳目一新的做法以及想法。毫无疑问，假如一个人墨守成规，就不会有什么大作为。鲁迅先生曾经说："吃别人嚼过的馍是没有味道的。"确实，在茫茫无边的大千世界中，只有冒出尖来的钉子才能引人注目。

美国的杰克先生原先从事过沉船寻宝工作，在遭遇那只高尔夫球之前，他的日子过得很平凡。一天，他偶然看到一只高尔夫球因为打球者动作的失误而掉进了湖水中，霎时，他仿佛看到了一个机会。他穿好潜水服，跳进了郎伍德"洛岭"高尔夫球场的水障湖中。

在湖底，他惊讶地看到白茫茫的一片。足足散落堆积了成千上万只高尔夫球。这些球大部分都跟新的没什么区别。球场经理看了这些球后，答应以10美分一只的价钱收购。他这一天捞了两千多只，得到的钱相当于他一周的薪水。

后来，他每天把球捞出湖面，带回家让雇工洗净、重新喷漆，然后包装，按新球价格的一半出售。没多久，其他的潜水员闻风而动，从事这项工作的潜水员多了起来，杰克干脆从他们手中收购这些旧球，每只8美分，每天都有8万～10万只这样的高尔夫球被送到他设在奥兰多的公司。现在，他的高尔夫球回收利用公司一年的收入已达800万美元。

对于掉入湖中的高尔夫球，别人看到的是失败和沮丧，杰克却说："我主要是从别人的事物中获得益处的。"

心灵启示

世界始终处于变化之中，凡事都在不断地发展，所以，我们应该用发展和变化的眼光去把握身边的一切事情，做出最正确的决断。举一个最简单的例子，现在有两片桃林，绝大多数人都走进了其中的一片桃林，只有极少数人走进了另外一片桃林，那么，你跟随谁呢？从众者会选择跟随大多数人，然而，因为前面有很多人摘过桃子，所以你能摘到的桃子很少。与此相反，虽然只有少数人进了另外一片桃林，但是，因为前面摘桃子的人少，所以你反而能够得到更多的收获。虽然这个例子非常浅显，然而道理却是明白无误的。由此可见，不管遇到什么事情，我们都应该认真思考和分析，从而做出最正确的判断，千万不要因从众心理而影响自己的决断。

传说，公元前233年的冬天，马其顿亚历山大大帝出兵攻打亚细亚。当他抵达亚细亚的弗尼吉亚城的时候，听到城里的居民们说有个非常著名的预言：几百年前，弗尼吉亚的戈迪亚斯王在他的牛车上系上了一个非常复杂的绳结，并且当众宣告，只要有人能够解开它，这个人就能够成为亚细亚王。从此，每年都有很多人特意赶来看戈迪亚斯的绳结。虽然各个国家的武士和王子都曾试图解开这个绳结，但却总找不到绳头，他们甚至不知从哪里下手。

出人意料的是，亚历山大轻而易举地解开了这个难题。人们带他去朱庇特神庙里看了这个神秘的绳结，亚历山大观察片刻之后，直接挥剑展开了绳结，彻底解开了这个保存了数百载的难解之结。

在面对难题的时候，你能够像亚历山大一样挥剑斩开绳结吗？

（1）马上展开行动，不要被固有的思维所局限，而要打破常规，突破禁锢。

（2）要有创造思维，为生活注入全新的活力。

（3）不要从众，要独辟蹊径，这样才能别有洞天。

（4）当断则断，不要优柔寡断，要像亚历山大一样有决断力，有魄力。

不要因为畏惧艰苦，就放弃自己的价值

很多人都喜欢鲜花，尤其是在寒冬腊月的时候，如果屋子里能够有一盆盛开的鲜花，那简直是一种莫大的享受，毕竟，物以稀为贵。而且，鲜花能使人心情愉悦。为了使人们在严寒的季节里也能够享受春天般的惬意，温室应运而生了。在植物界，温室里的鲜花当然是价格昂贵的。殊不知，在生活中，也有温室里的鲜花。去动物园的时候，人们会惊讶地发现老虎温柔得如同大猫，懒洋洋的，没有丝毫野性。究其原因，是它们的野性在人类驯养的过程中渐渐消失了。毫无疑问，这是老虎的悲哀。除了在温室里的老虎以外，很多孩子也是在温室里长大的。他们家庭条件优越，始终在家庭、学校的关怀下成长，根本没有机会接触社会的另一面。长期在这种优越的环境中成长，使他们犹如温室中的鲜花一样，只能适应温暖舒适的环境，一旦走入社会，他们就无法适应。很多父母原本是出于爱孩子的心理才无微不至地照顾孩子，但是，当孩子长大之后无法适应复杂多变的社会时，这种爱显然变成了害。其实，养育孩子应该将其放置在比较自然的环境之中，而不要给予孩子过多的保护。否则，就会限制孩子各项能力的发展，甚至丧失很多能力。要知道，能够搏击长空的鹰才是真正意义上的鹰，动物园鹰山上的鹰已经不是一只合格的鹰了。

动物园里的小骆驼问妈妈：“妈妈，妈妈，为什么我们的睫毛那么长？”

骆驼妈妈说：“当风沙来的时候，长长的睫毛可以让我们在风暴中看到方向。”

小骆驼又问：“妈妈，妈妈，为什么我们的背那么驼，丑死了！”

骆驼妈妈说：“这个叫驼峰，可以帮我们储存大量的水和养分，让我们在

沙漠里耐受十几天的无水无食条件。”

小骆驼又问：“妈妈，妈妈，为什么我们的脚掌那么厚？”

骆驼妈妈说：“这可以让我们重重的身子不至于陷在软软的沙子里，便于长途跋涉啊。”

小骆驼高兴坏了：“哇，原来我们这么有用啊！可是妈妈，为什么我们还在动物园里，不去沙漠远足呢？”

骆驼妈妈说：“因为这里安全、舒服，虽然外面的世界很精彩，沙漠也是最能实现我们价值的地方，但那里有艰辛，更有苦难，难道你不畏惧吗？”

小骆驼一脸迷茫地看着妈妈，不知道该说些什么。

心灵启示

骆驼号称“沙漠之舟”。假如一只骆驼只能生活在动物园里，那么，它原本为了遮蔽风沙的长睫毛、储存水和养分的驼峰、厚厚的脚掌还有什么用处呢？要知道，只有在沙漠之中，骆驼的价值才能够得以实现。为了安逸的生活环境而放弃自己的价值，使自己变成供人玩赏的东西，就会渐渐地迷失自我。

其实，不仅仅是骆驼，人也是如此。人的本性就是趋利避害，毫无疑问，每个人都喜欢安逸的生活环境，人人都喜欢享乐。然而，如果人生只剩下享乐，那么，活着又有何意义？我们千万不要像骆驼妈妈那样，因为畏惧沙漠的艰苦，就放弃自己的价值，而应该勇敢地实现自己的价值，为整个社会做出贡献。

（1）古人云，由奢入俭难，由俭入奢易。生活也是如此，一旦沉迷于安逸的生活环境之中，人们就会失去斗志。正因为如此，越王勾践才会卧薪尝胆，以便使自己时刻牢记国恨家仇。

（2）人生来都是有价值的，我们应该选择属于自己的地方，实现自己的价值。

（3）如果生活只剩下享乐，就会变得毫无意义。

（4）不要成为动物园里的骆驼，而要成为“沙漠之舟”。

克服恐惧的最好办法就是“马上去做”

从内心深处来说，几乎每个人都有自己的理想和追求，或者是名望，或者是权势，或者是金钱，或者是爱情，或者是真理等。然而，这些人最终的成就却是截然不同的。在所有人中，只有极少数人通过努力获得了成功，而绝大部分人不是止步不前，就是惨遭失败，甚至还有人始终处于犹豫之中。原因是什么呢？唯一的区别就在于是否敢想敢做。通过考察成功人士，我们不难发现，但凡成功人士都是敢想敢做的。世界首富比尔·盖茨曾经说过：“就算拿走我所有的财产，我也能够依靠我的大脑重新变得富有。”这句话听起来十分简单，但是却说出了一个发人深省的道理，即财富的创造取决于一个人的思维和理念。敢想，一则是说要有明确的目标，二则是说要有强烈的欲望。当然，除了想之外，马上去做也是至关重要的。不管多么好的设想，假如没有行动作为支撑，那么，就只能停留在空想的阶段。行动是改变一切的力量，只有行动，才能推动我们的生活不断前行。在生活中，大多数人面对恐惧的时候最常采用的方法就是“不做”，其实，克服恐惧的最好办法就是“马上去做”。只要你马上去做了，恐惧和不安就会烟消云散。

有一位年轻的大学生，有一天，他突然发现，大学的教育制度有许多弊端，便马上向校长提出。他的意见没有被接受，于是他决定自己办一所大学，自己当校长来消除这些弊端。他算了一下，当时办学校至少需要100万美元，这可是一笔不小的数目。他是一个穷学生，如果等毕业后去挣，那就太遥远了。于是，他每天都在寝室里冥思苦想如何筹得100万美元。得知他的想法后，同学们都劝他放弃，但年轻人不以为然，他坚信自己可以筹到这些钱。

终于有一天，他想到了一个办法。他打电话到报社，说他明天举行一个演讲，题目叫《如果我有一百万美元怎么办》。第二天，他的演讲吸引了许多商界人士参加。面对台下诸多成功人士，他在台上全心全意，发自内心地说出了自己的构想。演讲完毕，一个叫菲利普·亚莫的商人站起来，说：“小伙子，你讲得非常好。我决定给你100万美元，就照你说的办。”

就这样，年轻人用这笔钱创办了亚莫尔理工学院，也就是现在著名的伊利诺理工学院的前身，而这个年轻人就是后来备受人们爱戴的哲学家、教育家冈

索勒斯。

心灵启示

在生活中，几乎每个人都曾产生过形形色色的想法，却只有极少数的人成功地把自己的想法变成了现实，而大多数人都距离自己的梦想越来越遥远。这是因为拖延。在拖延之中，无数人使自己曾经为之激动的想法彻底地变成了一个空想，使自己的一生耗费在无限的拖延之中。一次次拖延，使我们一次次落后于人。所以，当有了好的想法或者设想的时候，我们一定要抓紧时间将其付诸行动。只有开始行动了，你的想法才可能变得有意义。

对于一个年轻的穷学生而言，筹集100万美元去建一所大学，几乎是不可能做到的事情，但是，冈索勒斯却做到了。这一切都得益于他在产生想法之后马上去做。如果你也能够像冈索勒斯一样立即开始行动，那么，你就一定能够获得成功。

（1）一定要敢于设想，虽然“人有多大胆，地有多大产”的说法是不正确的，但是，从某种意义上来说，你的想法还是决定了你的方向。

（2）我们应该执着于自己的想法，不管遇到什么困难，都不要轻易放弃。

（3）一旦想到了，想好了，就不要拖延，而应该立即去做。

（4）哪怕只迈出了第一步，你也相当于成功了一半。

要想成就自己，先要准确定位自己

有人曾经说过，“垃圾是放错了位置的宝贝。”由此可见，找准位置是一件非常重要的事情。对于垃圾而言，放在垃圾桶里就是一堆令人人绕道而行的垃圾，若是分门别类地放在垃圾回收箱中，那么，就能够被再利用，甚至变废为宝。其实，假如进行详细的定义，那么，位置有三重含义：一是所在或者所占据的地方，二是地位，三是职位。当然，位置只是相对而言的。对于同样一个位置，从后面看它的人觉得它在前面，从前面看它的人觉得它在后面，从上面看它的人觉得它在下面，从下面看它的人觉得它在上面。在生活中，不仅仅垃圾需要找准自己的位置，人更需要找准自己的位置。只要找准了位置，你才知道自己想要做什么，想要过怎样的生活，从而成全自己。倘若一个人浑浑噩噩地过日子，那么，他根本不可能有所成就。做人，既不应该妄自尊大，也不应该妄自菲薄。我们应该正确地评价自己，找准人生定位。倘若一个很有能力的人只想过平淡的日子，那么，他的一生也许就是平淡无奇的；假如一个能力和其他条件都不错的人想成为大富豪，那么，他必然会向着发财致富的方向努力；假如有人想变得有权有势，那么，他就一定会在仕途上大费心思。因为努力的方向不同，他们所得到的结果也不尽相同。所以说，要想成就自己，我们一定要准确定位自己。

大家都知道，李斯是秦朝的丞相，辅佐秦始皇统一并管理中国，立下汗马功劳。可鲜有人知，李斯年轻时只是一名小小的粮仓管理员，他的立志发奋，竟然是因为一次上厕所的经历。

那时，李斯26岁，是楚国上蔡郡府里的一个看守粮仓的小文书。他的工作是负责仓内存粮进出的登记，将一笔笔斗进升出的粮食进出情况，认真记录清楚。

日子就这么一天天过着，不能说李斯浑浑噩噩，但他也没觉得这有什么不对。直到有一天，李斯到粮仓外的一个厕所解手，竟改变了李斯的人生态度。

李斯进了厕所，尚未解手，却惊动了厕所内的一群老鼠。这群在厕所内安身的老鼠，个个瘦小枯干探头缩爪，且毛色灰暗，身上又脏又臭，让人恶心至极。

李斯看见这些老鼠，忽然想起了自己管理的粮仓中的老鼠。那些家伙，一个个吃得脑满肠肥，皮毛油亮，整日在粮仓中大快朵颐，逍遥自在。与厕所中这些老鼠相比，真是天上地下啊！人生如鼠，不在仓就在厕，位置不同，命运也就不同。自己在上蔡城里这个小小的仓库中做了8年小文书，从未看过外面的世界，不就如同这些厕所中的小老鼠吗？整日在这里挣扎，却全然不知有粮仓这样的天堂。

李斯决定换一种活法，第二天他就离开了这个小城，去投奔一代儒学大

师荀况，开始了寻找“粮仓”之路。20多年后，他把家安在了秦都咸阳的丞相府中。

心灵启示

在现实生活与工作中，你是“在仓”还是“在厕”呢？倘若李斯没有从老鼠身上得到启发，也许他一生注定是个默默无闻的小官吏。然而，正是这个偶然的发现，使他意识到即使是老鼠，因为所处位置不同，命运也是截然不同的。所以，他才当机立断地改变了自己的人生，最终取得了辉煌的成就。

比尔·盖茨创业的故事众所周知。其实，当初，比尔·盖茨曾经邀请一名大学同学与自己一起休学创业，但是，那位同学却以学业没有完成、时机不成熟为由拒绝了比尔·盖茨的邀请。结果，若干年后，比尔·盖茨成了一代富豪，而那位大学同学，则在学成之后留校任教。倘若当初他也具备长远的眼光，与比尔·盖茨一起奋斗，那么，今日的他定不可同日而语。由此可见，处在什么样的位置上，往往决定了我们所取得的成就。

（1）一定要摆正自己的位置，只有站得高，才能看得远，只有看得远，才能走得远。

（2）只要想好了做什么，就马上去做。不要犹豫，不要拖延。

（3）向着既定的方向不断努力，你就一定能够获得成功。

（4）赶快为自己找一个平台吧，成功在向你招手！

多想一些，多做一点

随着经济的发展，社会步入了“方便面”时代。人们每天都奔波忙碌，匆匆地生活着，还有几个人能够静下心来看看路边的野花和小草？与此同时，人们也变得更加急功近利，他们恨不得马上就获得成功，而不愿意用心去浇灌成功的小苗，耐心地等待它开花结果。在生活中，很多平庸的人都愤愤不平，他们觉得自己付出了很多，得到的却很少，因此，他们总希望自己能够付出很

少，而得到很多，却没有用心反省自身，看看自己为什么没有像别人那样得到赏识，获得成功。

汤姆和杰克差不多同时受雇于一家超级市场。开始时大家都一样，从最底层干起。可不久汤姆受到总经理的青睐，一再被提升，从领班一路升到部门经理。杰克却似乎被人遗忘了，还在最底层混。终于有一天杰克忍无可忍，向总经理提出辞呈，并痛斥总经理用人不公平。总经理耐心地听着，他了解这个小伙子，工作肯用功也很卖力，但似乎缺少点什么。缺什么呢？

他忽然有了个主意。“杰克先生，”总经理说，“请您马上到集市上去，看看今天有卖什么的？”杰克很快从集市上回来，说刚才集市上只有一个农民拉了一车土豆在卖。“一车大约有多少袋？”总经理问。杰克又跑去集市，回来说有10袋。“价格多少？”杰克再次跑到集上。总经理望着气喘吁吁的他说：“请休息一会儿吧，你看看汤姆是怎么做的。”

说完，总经理叫来汤姆，对他说：“汤姆先生，请你马上到集市上去，看看今天有卖什么的？”汤姆很快从集市回来了，汇报说到现在为止只有一个农民在卖土豆，有10袋，价格适中，质量很好，他带回几个让经理看。这个农民过一会儿还弄几筐西红柿上市，依他看价格还公道，可以进一些货。这种价格的西红柿总经理可能会要，所以他不仅带回了几个西红柿样品，还把那个农民也带来了，他正在外面等着回话呢。

汤姆比杰克多想了几步，所以才能在工作上取得成功。

心灵启示

成功并非天上掉下来的馅饼，而是我们一点一滴积累起来的劳动成果。在工作的过程中，你付出了多少，别人都是有目共睹的。假如你觉得自己的付出和收获是不平等的，那么，你首先应该看看自己和别人相比差在哪里。在上述事例中，虽然杰克的各个方面和汤姆都相差无几，但是汤姆却青云直上，杰克则始终原地踏步。经过总经理的考察之后，杰克与汤姆的差距显而易见。原来，汤姆之所以能够取得成功，就在于他比杰克多想了一些，多做了一些。反观自身，在工作中，你是汤姆还是杰克呢？也许有人会说，汤姆只不过多问了几句，杰克反倒多跑了几趟市场呢。事实的确如此，不过，总经理需要的是一

步到位的高效率的人，而不是几次三番也无法完成工作的人。

（1）在完成上司交代的种种工作的时候，我们应该想得比上司更长远更周全一些。

（2）上司也是人，时间和精力有限，他需要一个能够为他分担的得力助手，而不是拉一下动一下的木偶人。

（3）要有自己的想法，要尽量为上司多想一些，争取把工作一步做到位。

（4）也许仅仅多问了几句，你却能够把工作做得更加出色。

走自己的路，摆正自己的位置

这个世界上没有完美的人，每个人都有自己的长处和短处，我们应该扬长避短，更好地发展。在生活中，很多父母总要求孩子要学习好、体育好，或者要求孩子具备其他各种各样的特长。其实，每个人的天赋是不同的，我们无法要求一个人在任何方面都表现良好。因此，我们应该客观地评价别人，评价自己，这样才能更好地了解自己，为自己找到合适的发展领域。假如你在学习方面不太好，那么，你是不是很擅长艺术呢？假如你跑步跑不快，那么，你是不是很擅长举重呢？假如你没有良好的记忆力，那么，你是不是很擅长推理和逻辑思维呢？不管怎样，你肯定擅长某一方面，那，就是你的特长。以己之短比人之长是不明智的。只有找准了特长，我们才能更好地确定自己的路，从而顺利地走下去。作为父母，对待孩子也是如此，千万不要苛求孩子，而应该顺应孩子的天性让他长足地发展。

邓肯上高中时，校长对他的母亲说：“邓肯或许不适合读书，他的理解能力差得让人无法接受。他甚至弄不懂两位数以上的计算。”母亲很伤心，她把邓肯领回家，准备靠自己的力量把他培养成材。然而邓肯对读书不感兴趣。一天，当邓肯路过一家正在装修的超市时，他发现有一个人正在超市门前雕刻一件艺术品，邓肯产生了兴趣，他凑上前去，好奇而又用心地观赏起来。

不久，母亲发现邓肯不管看到什么材料，包括木头、石头等，必定会认真而仔细地按照自己的想法去打磨和塑造它，直到它的形状让他满意为止。母亲很着急，她不希望邓肯玩弄这些而耽误学习。

邓肯最终还是让母亲失望了，没有一所大学肯录取他，哪怕是本地并不出名的学院。母亲对邓肯说："你已长大，走自己的路吧！"

邓肯知道他在母亲眼中是一个彻底的失败者，他很难过，决定远走他乡去开创自己的事业。许多年后，市政府为了纪念一位名人，决定在政府门前的广场上置放名人的雕像。众多的雕塑大师纷纷献上自己的作品，以期自己的大名能与名人联系在一起，这将是无比的荣耀和成功。最终一位远道而来的雕塑大师获得了市政府及专家的认可。

在开幕式上，这位雕塑大师说："我想把这座雕塑献给我的母亲，因为我读书时没有获得她期望中的成功，我的失败令她伤心失望。现在我要告诉她，大学里没有我的位置，但生活中总会有我的位置，而且是成功的位置。我想对母亲说的是，希望今天的我至少不让她再次失望。"

这个人就是邓肯。在人群中，邓肯的母亲喜极而泣。她终于明白自己的儿子不笨，只是当年她没有把他放对位置而已。

心灵启示

因为没有发现孩子的特长，邓肯的母亲对自己的儿子感到非常失望。令她万万想不到的是，学习成绩不够优秀的邓肯却在雕塑方面有着独特的才能。其实，这个世界上有很多种行业，读书并非我们唯一的出路。即使再怎么不起眼的行业，只要我们能够将其做到极致，我们同样会使自己荣耀，使母亲荣耀。

（1）永远不要放弃自己，要尝试找出自己的优点和长处，使其得到长足发展。

（2）即使你在某一个方面表现得不够优秀，也不要自暴自弃，要相信，你的身上一定有别人所没有的闪光之处。

（3）造物主是公平的，你要相信自己有某种特殊的才能，要相信自己一定能在某个领域取得独特的成就。

（4）作为父母，一定要相信自己的孩子；作为孩子，一定要相信自己。

勇敢抓住戴着面具而来的机会

当机会来临的时候，很多人并不能意识到那是一个千载难逢的机会。倘若你能够抓住机会，那么，你就相当于成功了一半。然而，遗憾的是，现实生活中，并非人人都有这样的魄力，或者说，生活中的绝大多数人都没有这样的魄力，而是任由机会悄悄地从身边溜走。所以，这也就注定了大多数人只能平庸地度过一生。

有一次，一个名叫摩根的年轻人被公司派往古巴的哈瓦那采购海鲜货物。回来的时候，货船在新奥尔良码头作了短暂的休憩。闲来无事，摩根便在码头上信步闲逛。

突然，一位陌生的白种人从后边拍了一下他的肩膀，并问他是否有兴趣购买一船咖啡。对任何事都感兴趣的摩根就跟他交谈起来。从谈话中得知，此人是一艘巴西货船的船长，为一个美国商人运来了一船咖啡。可是，货到了，收货人却破产了，无法接收，只好就地贱卖抛售。

摩根看了看船长拿出的样品，觉得咖啡的成色还不错，于是果断地全部买下。

要知道，对一位职员来说，做出这样的决定要冒极大风险。第一，摩根初出茅庐，还没有商业实践经验，万一判断失误怎么办？第二，摩根还没有找到合适的买家，万一这批货卖不出去，后果不堪设想。第三，此事还未经过公司批准，万一上面怪罪下来怎么办？

但摩根凭着自己的直觉，果敢买下这批咖啡，然后用电报通知公司。他很快接到公司的回电：赶快退货。这样，摩根陷入进退两难之境。但是，他相信自己的直觉没错，并没有畏惧退缩。于是，他决定向自己的父亲求援。他的父亲也是一个冒险家，对儿子的行为十分赞赏，当即决定投资。受到父亲的支持，摩根索性大干一场，把码头上其他几条船上的咖啡也以很便宜的价格买下来。气魄之大，令人惊叹。不久，巴西咖啡因为受到寒潮侵袭而产量骤减，市场供应量猛然少了许多。物以稀为贵，摩根收购的咖啡价格一下子涨了好几倍。

摩根由此大赚特赚，取得了第一笔巨额的风险收益。

此后，摩根创办了自己的公司，进行了一次又一次令人惊叹的“风险投资”，大获其利，并最终成为左右美国经济达半世纪之久的金融巨擘。

心灵启示

对于初出茅庐的摩根而言，能够果断地买下一船咖啡，是需要极大的勇气与魄力的。对于摩根的父亲而言，能够在关键时刻决定投资儿子，也是非常有魄力的。这样两个有魄力的人通力合作，所以才使摩根抓住机会，借助于一船咖啡的机遇狠狠地赚了一笔，为自己未来的发展赚取了第一桶金。这就是机遇。面对公司“赶快退货”的回电，摩根没有犹豫，而是决定以个人的名义买下这船咖啡，这可以说是一个冒险家的直觉，也可以说是成就大事者的勇气与决断力。其实，在大多数人眼中，这一船咖啡绝对不是一个显而易见的好机会。殊不知，机会不会贴着标签出现。只有那些有着火眼金睛的人，才能从形形色色的面孔下找到真正的机会。与此恰恰相反的是，在现实生活中，很多人无法识别出哪些是真正的机会，于是，他们总是等到大家蜂拥而上的时候，才明确意识到那是个好机会，然而为时晚矣。如果所有人都知道了一个机会，那么这个机会就不是机会了。所谓机会，最重要的就是抢占。

（1）学会分析，准确辨识出哪些是真正的机会。

（2）提升速度，做足准备，一旦机会出现，就要果断地抓住。

（3）机会往往戴着面具来到我们身边，在别人都没有意识到这是个好机会的时候，你一定要果断下手。

（4）机会总是转瞬即逝的，你要牢牢把握住机会。

为自己列一张志愿清单

燕子去了，有再飞回来的时候；桃花谢了，有再开的时候；小草枯了，有再次返青的时候；只有时间，就像一去不返的流水，再也不会流回来了。时间

是组成生命的材料，而生命则是一趟不知道终点的旅程。没有人知道自己的生命究竟有多长，因此，生命是无与伦比的宝贵。虽然如此，却依然有很多人在浪费自己宝贵的生命。正是因为时间的流逝使人毫无觉察，所以，我们才在不知不觉中浪费时间。保尔·柯察金曾经说过，对于每个人来说，生命都只有一次。朱自清曾经也在散文中写道：洗手时，时间从脸盆里溜走；吃饭时，时间从饭碗里过去；默默时，时间便从凝然的双眼前过去；我躺在床上时，时间便伶伶俐俐地从我的身上跨过，从我脚边飞走了；伸出手遮挽时，它又从我遮挽的手边飞走了……这就是时间，这就是我们的生命。

关于生命，关于漫长而又短暂的一生，几乎每个人都有自己的构想。我们有太多的梦想还没有来得及实现，我们有太多的风景还没有看过，然而，不经意间，时间已经悄然流逝了。对于人生，每个人都有自己的规划和人生蓝图，而要想使自己的梦想逐一实现，我们就应该抓紧时间了。

美国探险家约翰·戈达德15岁的时候，只是洛杉矶郊区一个没见过世面的孩子，他把自己一辈子想干的大事列了一个表：他把那张表题名为“一生的志愿”。表上列着：“到尼罗河、亚马孙河和刚果河探险；登上珠穆朗玛峰、乞力马扎罗山和麦特荷恩山；驾驭大象、骆驼、鸵鸟和野马……”每一项都编了号，一共有127个目标。

当戈达德把梦想庄严地写在纸上之后，他就开始抓紧一切时间来实现它们。16岁那年，他和父亲到了乔治亚州的奥克费诺基大沼泽和佛罗里达州的埃弗格莱兹去探险。这是他首次完成了表上的一个项目，他还学会了只戴面罩不穿潜水服到深水潜游，开拖拉机，并且买了一匹马。20岁时他已经在加勒比海、爱琴海和红海里潜过水了。他还成了一名空军驾驶员，在欧洲上空做过33次战斗飞行。他21岁时已经到过21个国家旅行。22岁刚满，他就在危地马拉的丛林深处发现了一座玛雅文化的古庙。同年他就成为“洛杉矶探险家俱乐部”有史以来最年轻的成员。接着他就筹备实现自己宏伟壮志的头号目标——探索尼罗河。戈达德26岁那年，他和另外两名探险伙伴来到布隆迪山脉的尼罗河之源。尼罗河探险之后，戈达德开始接连不断地加速完成他的目标：1954年他乘筏漂流了整个科罗拉多河；1956年探察了长达2700英里的刚果河；他在南美的荒原、婆罗洲和新几内亚与那些食人生番、割取敌人头颅作为战利品的人一起生活过；他爬上阿拉拉特峰和乞力马扎罗山；驾驶超音速两倍的喷气式战斗机飞行；写了一本叫《乘皮艇下尼罗河》的书；担任专职人类学者之后，他又萌发了拍电影和当演说家的念头，在以后的几年里，他通过讲演和拍片为他下一步的探险筹集了资金。

将近60岁时，戈达德看起来依然年轻、帅气，他不仅是一个经历过无数次探险和远征的老手，还是电影制片人、作家和演说家。戈达德已经完成了127个目标中的106个。他获得了一个探险家享有的所有荣誉，其中包括成为英国皇家地理协会会员和纽约探险家俱乐部的成员。沿途他还受过许多人士的亲切会见。

戈达德在实现自己目标的征途中，有过18次死里逃生的经历。他说："这些经历教我学会了百倍地珍惜生活，凡是我能做的我都想尝试。"

他指出，差不多每个人都有自己的目标和梦想，但并不是每个人都去努力实现它们。"检查一下你的生活，并对自己提出这样一个问题是很有好处的：'假如我只能再活一年，那我准备做些什么？'我们都有想要实现的愿望，那就别延宕，从现在就开始做起！"

心灵启示

一生之中的127个宏伟志愿，约翰·戈达德已经实现了106个。对于他而言，实现这些志愿的经历无疑是一笔非常宝贵的财富。而他之所以能够实现这么多的志愿，关键是因为他想到了就马上去做，没有一刻耽误。其实，每个人都应该为自己列一张志愿的清单，因为谁都无法确定今天是不是自己生命的最后一天，今年是不是这辈子的最后一年。

（1）把今年当成今生的最后一年，完成自己一生的计划。

（2）把今天当成今生的最后一天，完成自己的夙愿。

（3）想到什么事情就马上去做。

（4）列一张清单，把自己想完成的事情都列举出来，一一完成。

一百次心动，抵不上一次行动

人们常说，“想一尺不如行一寸。”这句话的意思与本节的标题有着异曲同工之妙。很多时候，即使我们有很多的想法，无数的计划，假如不落到实际行动上，那么，这些想法和计划就是没有任何意义的。克雷洛夫曾经说过：“现实是此岸，理想是彼岸，此岸与彼岸之间隔着湍急的河流，行动则是架在河上的桥梁。”要知道，只有行动才能缩短我们与目标之间的距离；只有行动，才能把我们的计划和理想变成现实。虽然做一件事情，心动是必要的前提，但是，心动并不能帮助我们实现自己的计划，只有行动，才能使我们离成功越来越近。由此可见，一百次心动也不如一次行动。当然，这并非让我们盲目地采取行动，而是让我们在三思之后果断地采取行动。即使想得再多，若不付诸行动，就永远只是空想。有一位哲人曾经说过，想得好是聪明，计划得好更聪明，但是，只有做得好是最聪明又最好的。

哈里是美国海岸警卫队的一名厨师，他在空余时间帮同事们写情书，写了一段时间以后，他突然发现自己爱上了写作。于是，他给自己定了一个目标：用两到三年的时间写一部长篇小说。定下这个目标之后，哈里就开始行动起来。

每天晚上，别的同事都去娱乐了，只有哈里躲在屋子里写个不停。两年过去了，虽然哈里还没有写出一部长篇小说，但是他已经积累了很多写作经验。就这样整整写了8年，哈里终于第一次在杂志上发表了自己的作品，虽然那只是一个小小的豆腐块而已，稿酬也不算多，但是哈里没有灰心，因为他从中看到了自己的潜能。

从美国海岸警卫队退休以后，哈里仍然写个不停。稿费没有多少，欠款却越来越多了，有时候，他甚至连买一个面包的钱都没有。尽管如此，他依然坚持不懈地写着。朋友们见他实在太穷了，就给他介绍了一份到政府部门工作的差事，可是哈里拒绝了，他说：“我要做一个作家，我必须坚持不停地写作。”

又经过几年的努力，哈里终于实现了当年的愿望。为了完成这本书，他整整花费了12年的时间，忍受了常人难以忍受的痛苦。因为不停地写作，他的手指已经变形，视力也下降了很多。不过，这一切都是有回报的。这本书出版以后引起了巨大的轰动，仅在美国就发行了160万册精装本和370万册平装本，这部小说还被改编成电视连续剧，观众数量超过了一亿三千万。哈里因此获得了普利策文学奖，收入一下子超过500万美元。这部小说就是我们耳熟能详的《根》。

心灵启示

在大多数人看来，厨师与作家之间无疑隔着千山万水，需要不停地跋涉。然而，自从萌发了当一名作家的念头，厨师哈里就坚持不懈地努力着。在漫长的岁月中，他的付出没有得到任何回报，但是，他却始终坚持着。直到12年以后，哈里的付出才得到了巨大的回报，他一举成名。相反，假如他像大多数人一样在开始行动之前就搁置自己的梦想，那么，他将永远是一名厨师，而与作家无缘。

一句广为流传的广告词说，心动不如行动，尽管行动了未必能够获得成功，但是不行动则是万万不会获得成功的。生活不会因为你知道什么而回报于你，也不会因为你想做什么而回报于你，要想从生活那里得到回报，只有一点，那就是你真正做了些什么。在面对困难或者障碍时，一个主动行动的人会积极地改变现状，尽自己所能地克服困难。总而言之，只有行动才能产生切实的结果，只有行动才能助你走向成功。一切伟大的目标和计划，最后都必须落到实际行动上才能得以实现，所以说，行动是实现梦想的保证。

（1）即使空想一万次，也只能是空想。

（2）即使只行动一次，也比空想容易成功。

（3）心动只是虚幻的，行动才是实实在在的开始。

（4）想到了，就立即去做，不要有丝毫的犹豫与迟疑。

认清事情的本质再行动也不迟

生活就是一个接一个的问题和意外，这些问题和意外带给我们的，有的是

惊喜，有的是惊吓。那么，遇到突发的情况，我们应该如何做呢？毫无疑问，惊慌失措只会使问题越来越糟糕，只有保持冷静，进行理智的分析，才能找到问题的症结所在，从而更好地解决问题。

美国华盛顿广场有一座非常有名的杰斐逊纪念大厦，因年深日久，墙面出现裂纹。为了保护好这幢大厦，找出出现裂纹的原因，有关专家进行了专门研讨。

最初，大家认为损害建筑物表面的“元凶”是酸雨的侵蚀。专家们进一步研究，却发现对墙体产生侵蚀最直接的原因，是每天冲洗墙壁所含的清洁剂对建筑物有酸蚀作用。那么，为什么要每天冲洗墙壁呢？是因为墙壁上每天都会有大量的鸟粪。为什么会有那么多鸟粪呢？是因为大厦周围聚集了许多燕子。为什么会有那么多燕子呢？是因为墙上有许多燕子爱吃的蜘蛛。为什么会有那么多蜘蛛呢？因为大厦四周有蜘蛛喜欢吃的飞虫。为什么有那么多飞虫呢？是因为飞虫在这里繁殖得特别快。而飞虫之所以繁殖得特别快，是因为这里的尘埃最适宜飞虫繁殖。为什么会这样？因为光充足，因此大量飞虫聚集在此，超常繁殖……

最后的结论可以说是惊人的，要避免大厦墙面出现裂纹，解决的办法只是拉上整幢大厦的窗帘。此前专家们设计的一套套复杂而又详尽的维护方案也就成了一纸空文。

心灵启示

在上述事例中，如果不通过层层分析，那么大厦出现裂纹的问题必将兴师动众。然而，当一层层剥开问题表面的原因之后，人们才惊讶地发现避免大厦墙面出现裂纹原来是件非常简单的事情，只要把整幢大厦的窗帘拉上就可以了。由此可见，遇到问题时的冷静分析是非常重要的，它可以帮助我们理清思绪，避免走弯路。

一个猎户家中养了一只非常忠诚的爱犬。有一天，外出打猎的他回家突然发现爱犬的嘴角边满是血迹，浑身上下也沾满了血迹，最重要的是，爱犬还像发疯一样狂吠着。

爱犬撕扯着猎户的裤脚，带他来到新生婴儿的卧室中。看到新生儿的摇篮里血迹斑斑，猎户不由得大惊失色，他惶恐地发现，婴儿不见了。再看嘴角沾满血迹的爱犬狂吠的模样，猎户怒不可遏，当场用猎枪射死了猎犬。随着枪声响起，婴儿的哭声从另一个房间传来，猎户发现，婴儿正躺在另外一个房间的墙角，房间的正中则是一只已经死去的浑身伤痕的狼。至此，真相大白了，看着忠心护主的猎犬被自己亲手杀死，猎户悔恨不已。假如他能够控制自己的冲动，冷静地寻找婴儿的下落，弄清楚事情的真相，忠心耿耿的猎犬就不会含冤而死了。

在生活中，尤其在情况危急的时候，我们更应该保持内心的冷静和理智，从而更好地分析和解决问题，避免错误和悲剧的发生。

（1）当自己陷入激动的情绪中时，一定要告诉自己冷静。

（2）遇到危急情况，着急并不能解决实质性问题，并且会使事情变得越来越糟糕。

（3）越是情况危急，我们越应该保持冷静和理智。

（4）冲动是魔鬼，我们要学会控制自己的情绪。

第6章　坚持做梦想的开拓者

生活常常赐予我们很多惊喜，这里面有的是“惊”，有的是“喜”。我们该如何面对呢？当生活给予我们接踵而至的磨难和打击时，放弃只会使我们一蹶不振，萎靡低落，陷入绝望的深渊。要想战胜它们，我们就必须鼓起勇气正面对待，让自己变得更加坚强。就像一餐饭总要有很多的调味料，我们暂且把磨难当成生活的调味料吧，只要我们用心烹饪，这些磨难就会为我们的生活增加与众不同的味道。在生活中，只有坚持做梦想的开拓者，最终才能实现自己的梦想。

风雨是对生命的洗礼

《孟子》中记载，天降大任于斯人也，必先苦其心志，劳其筋骨，饿其体肤，空乏其身，行拂乱其所为，所以动心忍性，曾益其所不能。这句话的意思是说，上天要降落重大的责任在这种人身上，必须先使他的内心感到非常痛苦，使他的筋骨感到劳累不堪，使他经受饥饿的煎熬，导致他肌肤消瘦，使他遭受贫困的折磨，使他所做的事颠倒错乱，不能顺心如意，从而通过这些磨难使他的内心保持警觉，使他的性格越发坚定，增加他所不具备的才能。其实，从那些成功人士的经历中我们不难看出，大凡有所成就的人，无一不是遭遇了很多波折。他们虽然在坎坷的命运之旅中艰难跋涉，但却从来没有放弃，命运的风浪越汹涌，他们的斗志就越昂扬，从来不曾自暴自弃。正是因为具备这种精神，他们才创造了奇迹。

布鲁克林大桥因其独特的设计堪称机械工程的奇迹。然而，这座大桥的建造过程更是一个奇迹。

当年，约翰·罗布林接手了这座大桥的设计工作。约翰的头脑极富创新精神，他提出了一个在当时看来几乎不可能实现的设想。所有桥梁专家都劝他放弃这个近似于天方夜谭的想法，只有他的儿子华盛顿·罗布林支持他。于是父子俩共同完成了这个设计方案，并设法找到银行家投资建设，然后他们组织了施工队伍，开始建造这座大桥。

然而遗憾的是，大桥开工仅仅几个月，施工现场就发生了一起灾难性的事故：约翰·罗布林不幸身亡，华盛顿·罗布林受重伤，经过一番努力后，仍旧无法讲话，全身瘫痪。因为只有罗布林父子才了解这座大桥的全部构想，因此人们都认为这座大桥的建造从此会被搁浅。

值得庆幸的是，华盛顿·罗布林虽然丧失了说话和行动的能力，但是他的大脑仍是健全的，思维仍和往常一样敏锐。一天，当他躺在病床上的时候，忽然想到了一种和别人进行交流的方式。他用他唯一能动的那根手指敲击他妻子的手臂，通过不同的力度和敲击方式表达不同的意思，然后由他的妻子将他的意图传达给参与大桥建设的工程师们。华盛顿·罗布林就用这种办法将他的设计理念传递了出去，布鲁克林大桥就这样建造成功了。

心灵启示

在全身瘫痪、仅有大脑存在思维活动的情况下，华盛顿·罗布林完成了布鲁克林大桥的建造工作，而他所采取的方式更是匪夷所思，即用唯一能动的手指敲击妻子的手臂，从而实现与参与了大桥建设的工程师们的交流与互动。换作一般的人，在面对如此沉重打击的情况下，早就自暴自弃了，但是华盛顿·罗布林却没有改变自己的心意，为了实现自己和父亲的梦想而不懈努力着。这正是华盛顿·罗布林与寻常人的不同之处，也正因为此，他才能完成布鲁克林大桥的设计与建造工作，创造了生命的奇迹。

其实，人生就是一个又一个的风浪，而这些风浪正是人心的试金石。那些坚强勇敢的人，在面对风浪的时候，能够鼓足勇气战胜苦难，扬帆远航；而那些胆怯畏缩的人，面对风浪的时候只会哭泣逃避，不是被风浪打倒，就是眼睁睁地看着风浪把自己淹没。其实，风浪恰恰是考验我们信心的好时机。

因为苦难，我们更加深刻地认识自己，了解自己，改变自己，超越自己。所以，敞开胸怀迎接生活的苦难吧，只有经过苦难的洗礼，你才能茁壮成长，创造奇迹。

（1）没有人的一生是一帆风顺的，只有经历过苦难洗礼的人，才能得到生活的馈赠。

（2）假如一遇到困难就一蹶不振，那么，你的人生注定与成功无缘。

（3）面对苦难，优秀的品质闪烁出更加耀眼的光芒。

（4）苦难是人生的试金石，能够区分出强者与弱者。

机遇隐藏在绝境之中

早在南宋时期，伟大诗人陆游就在《游山西村》中写道："山重水复疑无路，柳暗花明又一村。"陆游在这首诗中既描写了山西村山环水绕、花团锦簇的美好春景，又告诉了人们一个深刻的道理，即逆境中总是蕴含着无限的希望，不管前面的路多么难走，只要我们坚定自己的信念，勇敢地去开辟属于自己的路，我们的人生就一定能够"绝处逢生"，拥有充满希望和光明的美好未来。这个道理，放在今日，依然适用。在生活中，我们经常会遭遇困境，甚至还会身陷绝望的境地。在这种情况下，我们应该怎么做呢？如果放弃，那只能是死路一条。如果能够采取积极的措施，那么，也许还能绝境逢生，甚至扭转局面，创造奇迹。不管什么时候，我们都不应该放弃希望，尤其是身处绝境的时候。

20世纪90年代，日本经济处于大萧条时期，很多中小企业相继破产。东京一家经营水果的公司其业绩也大幅下滑，公司处于破产边缘。

但是，这家公司的老板不甘心自己一手经营的公司就这么倒闭，于是每天绞尽脑汁。终于有一天，这位老板想到了一个好办法。他去一个上好的苹果产地预购了一批苹果，在这些苹果还处于成长阶段时，就将一种标签纸贴在苹果的表面，这样当苹果红了之后，贴有标签纸的地方就会留下相应的空白。

预购完苹果，他就从自己的客户名单中挑选出大约二百名大订单客户，把他们的名字写在透明的标签纸上，然后请人一一贴在苹果表面，等到苹果熟了之后送给相应的客户。结果几乎所有的客户收到这一礼物时都非常感动，随即增加了与这家水果公司的订购量。

一年后，许多经营水果的公司相继倒闭，只有这家公司的生意反而越来越好，营业规模非但没有萎缩反而扩大了几倍。

心灵启示

在上述事例中，如果那个老板因为悲观绝望而选择放弃，那么等待他的必是倒闭的命运。与此相反，他积极地想办法与老客户取得联系，最终，他的营业规模非但没有萎缩，反而出人意料地扩大了好几倍。这就是机遇，机遇隐藏在绝境之中。

前段时间看了《少年派的奇幻漂流》，感慨良多。其实，这部影片是用唯美的画面为我们阐述了一个深刻的哲学定义：在绝境之中，人到底应该怎样面对自己。正如电影中所说的，那只孟加拉虎其实就是派自己，在救赎虎的时候，派实际上也在拯救自己。从开始时的躲避，放弃，到试图与虎沟通，派其实一直试图与自己的内心沟通。现实中，几乎每个人都会遭遇各种各样奇幻的、扑朔迷离的境遇，其实也包括绝境。当身处绝境的时候，人类凭借自己渺小的力量根本无法抗衡自己的命运，而唯一能做的就是满怀希望，以便争取到最好的结果。要记住，绝境只在心中，而不在脚下。假如你能像派征服那只孟加拉虎一样征服自己的心，那么，你的人生中就没有所谓的绝境。

其实，这个世界上并没有真正使人绝望的处境，而只有对处境感到绝望的人。大文豪巴尔扎克曾经说过，绝境，是天才的进身之阶，是信徒的洗礼之水，是能人的无价之宝，是弱者的无底之渊。由此可见，面对所谓的“绝境”，关键在于你拥有怎样的心态。绝境不只是一场磨难，更是人生的一种升华。很多时候，顺境使人们丧失斗志，沉迷于温柔乡中不思进取，甚至使人贪图享乐，自甘堕落，而绝境却能激励成功者斗志昂扬，始终坚持不懈地努力，直至改变命运为止。面对人生的各种境遇，我们没有其他的选择，只能学会从容地驾驭自己的人生。

（1）面对绝境，只有积极地采取措施，才使你有可能创造奇迹。

（2）绝境之中往往蕴含着机遇，关键在于你能否把握住这个千载难逢的时机。

（3）人生没有真正意义上的绝境，使你陷入绝境的是你绝望的心。

（4）不管什么时候，都要怀有希望，不要放弃，这样才能创造生命的奇迹。

挫折吓不倒真正的强者

人们常说，“失败是成功之母”。对于这个老生常谈的话题，却很少有人能够使自己的行动和言语保持一致。当你的工作上频频亮“红灯”的时候，当你不断遭遇意料之外的困难的时候，你的心中是否非常沮丧？你是否意识到失败之中孕育着成功？对于这个问题，想必每个人给出的答案都是不一样的。其实，在这个世界上，大多数人的一生都伴随着无数个失败，面对失败，有的人能够鼓起勇气重新来过，所以他们成功了；而有的人只知道悲观绝望，这就注定了他们的一生必然碌碌无为。纵观那些“发明家”“文学巨人”的成功史，我们可以发现，大多数功成名就的伟人，都有着坎坷挫折的人生，而他们最终之所以能够获得成功，正是因为他们从不放弃，更不会自暴自弃。他们能够正确地对待失败，从失败中吸取经验和教训，从而踏上成功的康庄大道。例如，伟大的发明家爱迪生在一生之中有很多项发明，同时经历了无数次失败，他的每一项发明成果都是建立在失败的基础之上的。即使那些举世瞩目的诺贝尔文学奖的获得者，也都有失败的经历，他们的成功，完全得益于他们在失败之中的坚持。

有一家专业杂志统计了一些诺贝尔文学奖得主曾经的遭遇，以此鼓励那些在困难面前意志消沉，容易放弃的人。

叶芝，1923年诺贝尔文学奖得主，爱尔兰诗人，被退回的作品为1895年的《诗集》，编者对这部作品的评价是：读起来毫不悦耳，又不燃烧想象力，而且不启迪思考。

肖伯纳，1925年诺贝尔文学奖得主，英国剧作家，被退回的作品为其代表作《人与超人》，出版商对他的评价是：他永远不会成为一般人心目中的流行作家，甚至一点钱都赚不到。

高尔斯·华绥，1932年诺贝尔文学奖得主，英国小说家，被退回的作品为其代表作《福尔赛世家》第一部，退稿人说的是：作者写这部小书纯属自娱，全不理会广大的读者，因此可以说毫无畅销因素。

福克纳，1949年诺贝尔文学奖得主，美国小说家，被退回的作品为其代表作之一《避难所》，出版商的评价是：老天爷，如果这本书也能出版，我们还不如一块去坐牢呢。

海明威，1954年诺贝尔文学奖得主，美国小说家，被退回的作品为短篇小说集《春潮》，出版商说：如果出版这本书，我们不仅会被视为品质恶劣，甚至会被视为异常残忍。

贝克特，1969年诺贝尔文学奖得主，爱尔兰戏剧家及小说家，被退回的作品为其小说代表作《马龙死了》，编辑部认为：这部小说毫无意义，又不吸引人。

辛格，1978年诺贝尔文学奖得主，美国犹太小说家，被退回的作品为《在父亲那里》，评论是：太过平凡。

戈尔丁，1983年诺贝尔文学奖得主，英国小说家，被退回的作品为其成名作《蝇王》，出版商的评论是：你未能将看起来有潜质的构思成功地发挥出来。

心灵启示

在上述列举的这些诺贝尔文学奖的获得者之中，假如他们在失败之后一蹶不振，不再勤于笔耕，那么，他们必将与诺贝尔文学奖无缘，甚至还会脱离文学创作的轨道。值得庆幸的是，他们没有，即使面对失败，他们依然能够坚持在文学创作的道路上走下去，最终获得了巨大的成功。虽然我们不能像他们一样获得诺贝尔文学奖，但是，我们还是有很多平凡的事情可以坚持的。例如，当工作上遭遇挫折的时候，我们应该坚持再坚持。哪怕一时被误解，或者得不到认可，或者努力没有获得成功，我们也应该激励自己，继续为之努力。在生活中，那些自暴自弃、悲观绝望的人总是为自己的命运自哀自叹，其实，他们的失败并非源于命运的不公，而是他们没有战胜困难和挫折的勇气。要知道，挫折只能击退弱者，真正的强者是不会被挫折吓倒的。

（1）失败是成功之母，也许，下一次失败之后就是成功。

（2）遭遇挫折不是自暴自弃的借口，真正的强者是不会被挫折吓倒的。

（3）世界上没有一帆风顺的人生，我们要学会调整心态，坦然面对人生的坎坷和挫折。

（4）不经历风雨，怎能见彩虹。坚持到底就是胜利！

希望，是心灵的一剂良药

莎士比亚说，“治疗不幸的药，只有希望。”希望，是心灵的一剂良药。很难想象没有希望的生活将是怎样的沮丧、悲观，而希望之于人生，恰如机油之于汽车。一辆汽车，只有拥有好的机油，才能拥有强劲的动力。希望，带给人生以活力、企图、坚强与生命力。希望，是一种发自内心的情绪和期冀。对于每一个人来说，生活都是一面镜子，你对它微笑，它便对你微笑；你对它愁眉苦脸，它便以哭脸对待你。只有满怀希望的人，才能够从内心深处绽放希望的笑颜，才能够得到生活回报的笑脸。只要你的内心深处怀有希望，不管处境多么糟糕，生活的镜子都会为你折射出光芒，照耀你的人生。

法国小男孩布莱耶7岁那年，不小心被利器刺伤了眼睛，不久便双目失明了。

几年后，布莱耶就读于一家盲人学校，开始学习用手指摸读26个字母。当时用于盲人摸读的字母很大，一篇短文就得用几个大本子刻写，非常不方便。布莱耶下定决心要发明一种使用方便的摸读法。后来，他听说一位法军上尉能在黑暗中写字，认为这对他非常有帮助，于是就专程去求教。经过潜心研究和反复探索，布莱耶终于发明了一种简便科学的摸读法。

在布莱耶的精心辅导和帮助下，一个双目失明的姑娘熟练地掌握了这种摸读法，并将它用于弹奏钢琴。在一次音乐会上，这位姑娘的钢琴独奏引起了轰动，人们的掌声经久不息。在致感谢词时，她说道：“在这里，我首先要感谢的就是布莱耶先生，是他教会了我这个盲人认字，这样我才有可能弹奏钢琴。”

当人们对布莱耶报以热烈的掌声时，他激动得热泪盈眶，说道：“这是我一生中第三次流泪，第一次是7岁失明时，那时我感到前途一片黯淡；第二次是我发明了这种简单的摸读法，感到重新燃起了生活希望；而这一次，是因为我觉得我不是一个失败者。一个人只要拥有希望，就永远不会无路可走。”

心灵启示

对于一个人而言，最大的资产是希望，最大的破产是绝望。张强大学毕业后去了一家电脑公司工作，和他一起进公司的还有一个叫李明的应届毕业生。进入公司以后，经理安排他们在销售部门工作。因为没有经验，两个月过去了，张强和李明毫无业绩。渐渐地，张强失去了信心，他每天都唉声叹气，愁眉苦脸，李明呢？虽然努力了两个月都没有业绩，但是他始终坚持不懈着，每天依然出去拜访客户。三个月过去了，张强已经做好了离职的准备，但是李明却迎来了自己职业生涯的第一个大客户。原来，这个大客户李明已经维护了两个多月，虽然多次吃闭门羹，但是他始终没有放弃。最终，这个客户被李明感动了，和李明签订了一个大单。看着满心欢喜的李明，张强不得不垂头丧气地办理了离职手续。

希望是生活的风帆，如果没有希望，我们就会失去人生的方向。只有充满希望，才能够在人生的大风大浪之中扬帆起航。如果一个人的内心被绝望的乌云笼罩，那么，他就无法看到生命的光芒，人生也会暗淡无光。

（1）希望是人生最大的财富，如果没有希望，即使有再多的钱，也是贫穷的人。

（2）一个内心充满绝望的人，不管做什么事情，都很难获得成功。

（3）希望，是心灵的一剂良药，能够治愈人生的疾病。

（4）不管什么时候，只要满怀希望，命运就不会弃你于不顾。

跌倒了，依靠自己的力量站起来

跌倒了，怎么办？在人生的道路上，我们不止一次地会跌倒，每到这个时候，我们是坐在地上哇哇大哭，还是擦干眼泪坚强地站起来？如果等着别人扶起你，那么，下一次跌倒的时候，你依然不会自己站起来。因此，跌倒时，我们应该自己站起来，这样一来，我们就会变得更加勇敢和坚强。人生就像一条坎坷不平的路，有的地方平坦，有的地方凹凸不平，需要我们一步一步耐心地去走。也许，我们会摔得鼻青脸肿，也许，我们会碰得头破血流，但是，只要我们勇敢地站起来，就能够战胜一切坎坷和挫折。很多事情，仅仅依靠言传身教是没有用的，我们必须亲自去体验，才能够获得最好的体验，才能够吸取更多的经验和教训，才能够在未来的人生之路上走得更好。

小马驹刚生下来的时候，就像从水里捞出来的一根木棒一样，使劲地支撑着前腿，试图站起来，但是用不了多久小马驹就倒下了。就这样站起来，倒下，再站起来，再倒下，一次又一次。

这时，母马走上前去，用鼻子对着湿漉漉马驹喷出气来。小马驹嗅到母亲的气味，顿时有了力量，两条后腿也跟着支了起来。四条腿弯弯地叉开着，然后重重地摔倒。这样反复多次，小马驹终于可以摇摇晃晃地站起来了，并向妈妈走近几步，接着又摔倒了，而且母马看到小马驹再向它走近一步，它就退后一步。小马驹倒下了，母马就站在那里不动。

这时如果有人看到这一幕，一定认为母马在故意折腾小马驹，想到这么小的生命遭受如此痛苦，可能会去搀扶一把。养马人会拦住他说："别扶，一扶就坏了。一扶这马就成不了好马了，一辈子都跑不好，只能跟在别的马身后。"

心灵启示

一匹小马驹，如果想成为一匹好马，就必须在刚刚降临世间的时候依靠自己的力量站起来，获得独特的体验。相比依靠自己的力量站起来的小马驹，一定对于生命的历程有着更加深刻的体验。它知道，必须经过一次又一次的努力，必须依靠一次又一次的尝试，才能够勉强依靠自己的力量站起来。这使它在未来的生命旅程中学会了依靠自己的力量去战胜困难，从而直立于世间。

有两个空布袋，它们都很想站起来，因此，它们就一起去问上帝如何才能站起来。上帝笑了笑，和颜悦色地告诉它们，要想站起来，一种方法是移开别人的力量把它们提起来，一种是充实自己，依靠自己的力量站起来。听了上帝的话，一个空布袋竭尽所能地往自己的肚子里装东西，快要装满的时候，它就稳稳当当地站起来了。而另外一个空布袋觉得不停地往自己的肚子里装东西很辛苦，所以它就跑到路边舒舒服服地躺了下来。果然，不久，一个行色匆匆的路人就发现了它。路人高兴地把空布袋提了起来，但却失望地发现袋子里空空如也，因此又不屑地把空布袋扔到了路边。就这样，空布袋只站起来几秒钟，就又无可奈何地倒下了。

你想成为哪只空布袋呢？是依靠别人的力量站起来，还是充实自己站起来？结果是显而易见的，依靠别人站起来的空布袋只能是短暂的，只有依靠自己的力量站起来才能更长久，无须别人摆布。

（1）跌到时，不要哭泣，因为哭泣无济于事。更不要等待，因为你的命运掌握在自己手里。

（2）跌倒时，必须依靠自己的力量站起来，因为别人给予你的力量不足以支撑你始终站立着，只有你才能给自己这样的力量。

（3）跌倒时自己站起来能够获得一种独特的体验，有了这次体验之后，当再次遭遇挫折的时候，就会更加富于经验。

（4）每一次跌倒，都是为了下次走得更好做准备。

物随心转，心态改变命运

佛说，物随心转，境由心造，烦恼皆由心生。也有一位伟大的艺术家曾经说过，“你无法延长生命的长度，但是你可以扩展生命的宽度；你无法改变天气，但你可以控制自己的心情；你无法控制环境，但你可以调整自己的心

态。”由此可见，拥有怎样的心态往往决定了一个人拥有怎样的精神状态，拥有怎样的生活，这一点是毫无疑问的。在生活中，心态不好的人往往愁眉苦脸，遇事很容易陷入悲观绝望之中；而心态好的人，则往往乐观豁达，即使面对艰难的处境，也能够积极乐观地对待。在人类几千年的文明史中，但凡拥有健康、财富和幸福等人生财富的人，都是心态积极的人。

艾柯卡一直在福特汽车公司辛辛苦苦地工作，通过自己的不懈努力，他终于成了福特公司的总经理。然而，在1978年的7月13日，艾柯卡被大老板亨利·福特开除了。在福特工作了32年，当了8年总经理的艾柯卡难以接受这样的打击，对自己几乎失去了信心，他开始酗酒，认为自己已经完了，再没有什么前途了。

就在这时，克莱斯勒汽车公司的董事长邀请艾柯卡出任总经理，艾柯卡接受了这一挑战。艾柯卡上任后，凭借自己的智慧、胆识和毅力，对当时名不见经传的克莱斯勒进行了大刀阔斧的整顿和改革。在艾柯卡的领导下，克莱斯勒公司争取到了政府的巨额贷款，在公司就快经营不下去的惨淡日子里推出了K型车计划，这一计划的成功让克莱斯勒起死回生，并一举成为与通用汽车公司、福特汽车公司并列的美国三大汽车公司之一。

5年后，艾柯卡将一张高达8.13亿美元的支票交到银行代表手里，还清了克莱斯勒的所有债务。事后，艾柯卡深有感触地说：“哪怕时运不济，也要奋力向前！”

心灵启示

对于任何人来说，生活都不可能是一帆风顺的。人生既有顺境也有逆境，既有巅峰也有谷底。面对生活中的坎坷和挫折，你是选择积极地面对，还是消极地逃避，这从某种意义上来说决定了你一生的命运。因为顺境而扬扬得意，或者因为逆境而悲观绝望，这都是肤浅的人生。面对挫折，假如你一味地抱怨，那么，你将永远是个弱者。与此相反，只有调整好心态，改变自己，才能改变命运。实际上，人与人之间并没有太大的区别，唯一的区别就在于心态。从这个意义上，我们完全可以说，一个人能否成功，在很大程度上取决于他的心态。在上述事例中，假如艾柯卡始终消极下去，继续酗酒，陷入低迷绝望的情绪之中，那么，非但他的一生与成功无缘，克莱斯勒公司的前景也不容乐观。而这一切，都得益于艾柯卡在逆境中的崛起而改变。

阿基米德曾经说过，给我一个支点，我就能撬起整个地球。事实确实如此，很多时候，推动这个世界的力量就在你的心里，而不是任何人给予你的。因此，在面对困境的时候，我们要想改变自己的命运，改变外在世界，就只能从自身出发，从而获得改变自身、改变世界的力量。

（1）给我一个支点，我就能撬起整个地球。记住阿基米德的话，正是因为有如此的信念，他才能够成为古希腊伟大的哲学家、数学家、物理学家。

（2）不管身处何种境遇，都不能自暴自弃，而应该坚持自己的理想，并为之不懈努力。

（3）生活就像大海，既有波峰，也有波谷；既有风平浪静的时候，也有波浪滔天的时候，我们应该学会面对种种境遇，调整好自己的心态。

（4）记住，唯一能够影响和改变你命运的，就是你的心态。不管什么时候，都要拥有好心态。

从容地面对失败，毫不气馁地从头再来

在生活中，我们难免会遇到很多困境，每当这个时候，我们觉得自己已经筋疲力尽、走投无路了，甚至想要放弃努力，随波逐流。然而，不管是顺境还是逆境，不管是荣耀还是耻辱，随着时间的流逝，这一切都会过去。倘若能够想到这一点，你就会意识到，生命所沉淀下来的远远不是那些浮华的东西。也正是因为想到了这一点，你才能够在艰难困厄的时候坚持，再坚持，一直到摆脱逆境为止；你才能够在顺境之中不耀武扬威，不扬扬得意；你才能平实淡定，从容不迫。

古希腊有一位国王，他拥有至高无上的权势和享用不尽的荣华富贵，但是他却不快乐。他可以主宰自己的臣民，却难以控制自己的情绪，不断袭来的种种莫名的焦虑和忧郁常常让他闷闷不乐。

终于有一天，国王再也承受不了这种无形的压力，于是他召来了当时最有

名气的智者苏菲，要求他找出一句人间最有哲理的箴言，而且这句浓缩了人生智慧的话必须一语惊人，能让人无论在什么情况下，都能保持一颗平常心，得意但不忘形，失意但不伤神。苏菲只沉思了一下，就答应了国王，条件是国王要将佩戴的那枚戒指赐予他。

几天之后，智者苏菲就将戒指还给了国王，并再三叮嘱他，不到万不得已，别轻易取出戒指上镶嵌的宝石，否则它就不灵验了。

没过多久，邻国大举入侵，国王亲自率领部下拼死抵抗，然而寡不敌众，最终整个城邦沦陷敌手，国王只得逃亡。有一天，为躲避敌兵的搜捕，国王藏身在河边的茅草丛中，当他掬水解渴时，猛然看到自己的倒影，不禁伤心起来——当初那个气宇轩昂、威风凛凛的国王，现在变成了蓬头垢面、衣衫褴褛的乞丐模样，这怎能不让人难过呢？国王越想越伤心，后来竟双手掩面准备投河自尽。这时他想到了那枚戒指，于是急忙抠下了上面的宝石，只见宝石里侧刻着一句话——这都会过去！

看到这句话，国王的心头重新燃起了希望的火花。是啊，没有什么大不了的，这一切终究都会过去的。从此，他忍辱负重，重新召集部下并东山再起，最终赶走了外敌，赢回了国家。当他重返王宫后，第一件事就是将“这都会过去”五个字镌刻在象征王位的宝座上。

后来，这位国王无论遇到什么事情，都能妥善处理。据说，他在临终前特意留下遗嘱：死后，他的双手要空空地露出灵柩之外，以此向世人昭示那句五字箴言。

心灵启示

倘若不是隐藏在戒指中的“这都会过去”五字箴言，也许，国王很难经受国破家亡的沉重打击。然而，当看到这五个字的时候，他幡然醒悟，不管是成功还是失败，不管是顺境还是绝境，只要坚持，就终将过去。意识到这个道理后，国王变得无比豁达，因而从容地面对失败，毫不气馁地从头再来。

在生活和工作中，我们也应该时时牢记这五个字——“这都会过去”。只有牢记这五个字，我们才能坦然地面对此时此刻的无限荣耀，我们才能淡定地面对工作和生活的困窘，我们才有勇气继续在人生的道路上踯躅前行。

（1）不管是成功还是失败，不管是顺境还是逆境，一切都会过去。

（2）不管是哭泣还是微笑，不管是悲戚还是喜悦，一切都会过去。

（3）坦然面对你现在的处境吧，因为一切都会过去。

（4）只要你能够坚持下去，再艰难的处境也会转好的！

只有源自内心的付出才能得到最美的回报

很多人不喜欢给予，而喜欢索取，因为他们觉得索取比给予更加使人感到幸福；很多人不喜欢索取，只喜欢给予，因为他们觉得给予与付出才是一种真正意义上的幸福。其实，很多时候，给予并不需要昂贵的付出，只需要你发自内心，使人感到温暖。也许有人会说，我付出了很多，却没有得到任何回报，但是却有人说，我只付出了很少，就得到了最美的回报。这是为什么呢？究其原因，付出应该是源自于发自内心的爱，应该是心甘情愿的，而不是被动，心不甘情不愿的。大凡乐于付出的人，无一不是心中充满爱的人。得到的人因为感受到了你的付出之中裹挟着浓浓的爱，所以也以自己的真心回报于你。这一切，与金钱、财富和物质没有任何关系。

有一个出生在密西西湖畔的乡下女孩，她从小的梦想就是要当一名全世界知名的歌星。于是，她怀揣美好的梦想来到了大都市纽约。出到纽约闯荡，她的生活非常拮据，常常因为拖欠房租而被房东责难。为了实现自己的梦想，她只好白天学习声乐，晚上在一个小餐馆当服务生赚取生活费。

一天，室外狂风大作，一个面容憔悴、神情凄苦的老人为躲避狂风走进餐馆。所有的人都用异样的眼光看着他，甚至有人想赶这位寒酸的老人出去，只有这个女孩动了恻隐之心。她知道，在美国很多老人的晚年都很孤独凄苦。于是，她搬了一把椅子让老人坐下休息，并为他点了一杯热饮，当然，饮料钱由女孩付。为了让老人开心，她还专门给老人唱了一首美国乡村歌曲，并热情邀请老人参加她和朋友们的聚会。渐渐地，老人的心情好像舒畅了许多，也露出了开心的笑容。

两个月后的一天，女孩收到老人的一封加急邮件，里面装有一串钥匙和一张巨额支票，看到这些东西女孩惊愕万分，她连忙打开了信。信的内容如下：

“孩子，我年轻的时候收养了三个孤儿，为此我一直没有结婚。可当我含辛茹苦地抚养他们长大成人并扶持他们创建了自己的事业之后，他们却抛弃了我这个养父。我退休前在一家公司当工程师，有着丰厚的收入，但是钱对于我这个历经沧桑、快要入土的老头子来说有什么意义呢？我需要的是亲人的爱与温暖。孩子，只有你给过我这种金钱难以买到的感觉。现在，我已回到了生我养我的故乡，我要把我这一生的积蓄和房子都留给你，希望这些钱能帮助你实现你的梦想。”

女孩看完这封信十分感动，心情久久难以平静。为了告慰老人，她用这笔钱出了自己的第一张音乐专辑。随即，这张唱片风靡全球，女孩真的成了一名全世界知名的歌星。她就是当今世界乐坛上鼎鼎大名的歌星——麦当娜。

心灵启示

麦当娜所做的只比别人多了一点点，就得到了丰厚的回报，除了物质和金钱上的回报以外，她最大的收获是老人的真心。其实，麦当娜所做的，其他很多人都能做到，但是，之所以麦当娜做到了而别人没有做到，是因为别人没有麦当娜那样发自内心的善良与友爱。

对于生活中那些总是抱怨自己的付出没有回报的人而言，付出总是有回报的，如果没有回报，那么只能说明付出的还不够。我们应该学会真诚地付出，人与人之间的关系并非只是简单的物质与金钱的关系，而是心与心的交流与沟通。只有发自内心地关爱别人，发自内心地打动别人，你才能够得到别人无私的馈赠与回报。这一切的出发点，都源自于我们的内心。

（1）给予并非大量的物质与金钱的给予，有的时候，给予只是一个慷慨的微笑，一声贴心的问候。

（2）有的时候，给予很多，回报很少；有的时候，给予很少，回报却很丰厚，这一切完全取决于你所给予别人的东西是否是别人所需要的。

（3）给予是一种美好的行为，我们要学会给予。

（4）对于陌生人，我们应该怀有一颗仁爱的心，用自己的爱去温暖他人。

失败是继续奋斗的起点

面对失败，你是选择放弃，还是选择越挫越勇，这决定了你将拥有怎样的人生。在平顺的生活之中，人们只能看到鲜花和笑脸，日久天长，终将导致自己的心灵浸润喜悦，而无法承受失败的打击。在逆境中，人们不畏艰难地直面挫折，使自己鼓足勇气战胜困难，从而对生活有了更深的领悟。古人云，“塞翁失马，焉知非福！”遭遇失败的时候，成功者从来不畏惧，不逃避，而是借助失败的机会磨炼自己的意志，使自己变得意志坚强。大树不与暴风骤雨搏击，就无法变得根深蒂固；人不经历挫折的磨难，就无法真正地走向成熟，变得无所畏惧。面对失败，真正的强者勇于把“失望”变成“动力”，更能够像蚌壳那样，把给自己带来无限痛苦的沙砾孕育成珍珠。要记住，挫折和失败都是成功的母亲，正是它们，孕育了成功。在挫折这所学校里，假如你采取正确的态度学习，就会使自己变得越来越强大，假如采取怯懦的态度逃避，那么，你就会变得越来越软弱无能。心理学家认为，每战胜一次失败和挫折，你对失败和挫折的恐惧感就减少一分，你的信心和勇气就增强一分。

一位高三女生因为无法忍受高考的压力，所以决定跳楼来结束自己的生命。她爬上15层高的教学楼顶层，跨坐在楼顶平台边，在生死之间徘徊。

这时，楼下已经聚集了很多人围观，也有人报了警。一个路人自告奋勇，说他能劝服女生，说完他就上了楼。

女生听到身后有脚步声，就回头大声喊道：“你不要过来，再过来我就跳下去了。”这个人仿佛没听到女生的话，依旧往前走，说道：“其实我也是来跳楼的，我真的觉得我活不下去了。”

女生听到这话很吃惊，就问他为什么也想跳楼。这个人缓缓地说道：“其实我有这个想法很久了，只不过一直缺乏勇气，刚才我在下面走，看到你正坐在这里，我想难道我还没有一个小女孩有勇气吗？所以我就上来了，这样即使我一时缺乏勇气，你也会鼓励我的。”女孩更好奇了，就追问他到底有什么事想不开，这个人说道：“唉，真是一言难尽啊。我在我们单位辛辛苦苦地干了十年，结果忽然改革我就彻底回家了，我已经一年多没工作了，老婆受不了这样的日子，就带着孩子走了，我好几个月没看到孩子了。更不幸的是，就我这种条件居然还被小偷光顾了，我现在真是一穷二白，要什么没什么了，我的父母不在了，我也没有兄弟姐妹，你说我还活着干什么，还不如早点死了去找我爹娘呢！”说完他开始大哭起来。

女生静静地听着，劝道：“你不要哭了，既然现在的你是一穷二白，那以后不就会比现在好了吗？跳楼有什么用，你想做一个逃避责任的父亲吗？”那人想了想，点了点头说：“你说得对，以后的日子再差也不会比现在差了。别光说我了，那你呢？你既然能开导我，那你的遭遇一定比我惨，说说看。”

女生沉思了一会儿，说：“现在我已经没什么事为难了。”说完就站了起来，向楼梯走去。

心灵启示

人生的天空不可能永远都是晴天，当遇到风雨的时候，我们应该反问自己：不经历风雨怎能见彩虹？人生不可能是一帆风顺的，更不可能一直阴云密布，要想拥有相对完美的人生，我们首先应该学会面对失败，战胜失败。只有经历过失败的锤炼，我们才能更深刻地了解成功的意义，对成功有更深刻的感悟。要知道，正是在这一次又一次的感悟中，你才能铸就完美的人生。哲学家科林斯曾经说过，倘若一个人不经历挫折的考验，那么成功于他而言只能是暂时的表象，不管对谁来说，只有历经挫折和磨难，成功才能像纯金一样发出熠熠的光芒。每一个人都应当记住，挫折并不可怕，最可怕的是，面对挫折只知道逃避，却不知道总结经验和教训。一时的挫折和失败不应该成为你消沉堕落的借口，而应该成为你继续奋斗的起点。

（1）失败了，不要哭泣，不要逃避，更不要放弃，而应该勇敢地迎接失败，从失败中吸取经验和教训。

（2）失败是成功之母，没有失败，就没有成功。

（3）没有任何人的人生是与失败绝缘的，就像没有任何人能够拒绝阴雨的天气。我们唯一能做的就是做足准备，坦然面对。

（4）每失败一次，我们就离成功更近一步，当然，前提是你越挫越勇，有勇气重新来过。

苦难是人生的调味剂

人生在世，每个人都难免遭受苦难。所谓苦难，指的是那种给人带来巨大痛苦的境遇和突发事件。它既包括人力所无法抗拒的天灾人祸，也包括个人在社会生活中所遭遇的巨大挫折。例如，四川突发地震是一种苦难，挚爱亲人的突然离世是一种苦难，事业的不顺利是一种苦难，感情生活的波折也是一种苦难。即使有人是命运的宠儿，始终与苦难绝缘，那么，他也无法逃脱人生最大的苦难，即生老病死。由此可见，一个人首先应该学会面对苦难，这是摆在每个人面前的重大人生课题。

在静静流逝的岁月中，我们总是一厢情愿地希望岁月静好，但是，生活却不是一条平静的河流，它有浅滩，有深渊，有滩涂，有湍流。事实上，生活中总会发生各种各样的意外，使我们原本平静的生活波澜突起，甚至导致我们生活的列车脱离轨道。这时，那些消极绝望的人注定要随着命运的波折而流荡，而只有那些坦然面对苦难的人，才能够战胜苦难，获得成功。正是因为苦难的浇灌，成功的光芒才越发耀眼夺目。

贝多芬堪称人类历史上最值得称道的德国音乐家，他的一生经历了常人难以想象的苦难，也正是这些苦难给了他无比的勇气，促使他写出了那些不朽的交响曲。

贝多芬小的时候生活贫困，父母不和，悲惨的童年让他养成了严肃、孤僻、倔强和独立不羁的个性。他12岁开始作曲，14岁参加乐团演出，17岁他因母亲病逝花光了家里所有的钱，只和两个弟弟和一个妹妹相依为命。贝多芬就靠参加演出的微薄工资支撑着这个家。不幸的是，不久贝多芬又得了伤寒和天花。尽管如此，他还是挺过来了。

正当贝多芬刚刚迈入音乐创作的黄金时代，他竟然发觉自己的听力开始衰

退。谁都知道，对于一个音乐家来说，失去听力将是多么可怕的一件事，年仅26岁的贝多芬简直难以面对这样的打击。最初，贝多芬极力掩饰听力迟钝的缺陷，他尽量避免参加任何社会活动，为了不被人发现。后来他完全失聪，于是他隐居到维也纳郊外。残酷的命运令这位年轻的音乐家痛苦万分，他也曾绝望过，想过结束自己的生命，但最终他决定向悲惨的命运挑战，他在写给朋友的信中这样说道："我要扼住命运的咽喉，它休想使我屈服！"这句话也成了贝多芬一生的座右铭。

从此，贝多芬比以前更加发奋、努力。他向朋友们描述自己耳聋后的生活："我没有任何休息时间，除了睡眠之外，我不知道还有什么理由让我休息。如果我有时让艺术之神瞌睡，也只是为了让它醒后更兴奋。"虽然耳朵听不见了，可这段时期正是贝多芬一生中创作力量最旺盛、成就最辉煌的时期，他创作了《英雄交响曲》、《命运交响曲》、《田园交响曲》等杰出的作品。

心灵启示

对于一名音乐家来说，没有听力无疑是致命的打击。面对如此沉重的打击，贝多芬没有被命运扼住咽喉，而是死死地扼住命运的咽喉，使命运屈服。贝多芬一生的命运是非常坎坷的，但他始终没有放弃自己的音乐创作，在耳聋之后创作了大量的音乐作品，为世人留下了宝贵的音乐财富。正是因为这种特殊的身体状况和创作背景，贝多芬的《命运交响曲》系列震撼了世人的心灵，给人以不屈的力量。

生活中，每当遇到灾祸的时候，人们就会以"天有不测风云，人有旦夕祸福"这句话来安慰自己。这句话虽然听起来平淡无奇，简简单单，但是却蕴含着人生的大智慧。没有任何人能够逃离命运的安排，没有任何人能够成为独立于灾难之外的个体。其实，苦难和幸福一样，都是直接关系到人们心灵的独特感悟。不管是谁，要想从苦难中获得启迪，就应该利用困难赐予我们的独特感悟，紧扼命运的咽喉。只有这样，我们才能像贝多芬一样创造出属于自己的"命运交响曲"。

（1）苦难是人生的调味剂，正是因为有了苦难，人生才有了酸甜苦辣咸。

（2）如果能够正确地对待苦难，我们就能够在苦难中获得成长，使苦难成为我们进步的阶梯。

（3）人们常说，先苦后甜，正是因为有了苦难的衬托，成功的果实才显得分外甜。

（4）不管什么时候，我们都要勇敢地扼住命运的咽喉，成为自己命运的主宰！

有心人从绝境之中寻找生机

一生之中，有些机遇，我们抓住了，有些机遇，我们没有抓住。这是为什么呢？因为，机遇是一枝枝带刺的玫瑰，它们以各种各样的面孔出现，有的我们认识，有的我们不认识。很多千载难逢的好机遇往往伴随着失败出现，它们以失败伪装自己，使人们无法辨识出它们的真面目。每当这种时候，无数人就眼看着机会悄悄地从自己的身边溜走。为了抓住这些大好的机会，我们应该端正自己的态度，正确地对待失败。很多时候，失败并非一败涂地，同时也是一次好机会。很多时候，很多事情，不是我们没有能力做到，而是我们根本没有想到，或者即使想到了，也不勇于尝试。很多中国父母教育孩子的时候总是过于管制和约束，他们不允许孩子做这个，不允许孩子做那个，唯一的理由就是担心孩子做不好，因此，中国的父母最常说的一句话就是："这个不能做，很危险。"或者"那个不能做，没有成功的可能性。"与此相反，美国的父母却总是对孩子说："你没有试过，怎么知道结果呢？""你应该大胆地去尝试。"在这两种截然不同的教育模式下，孩子长大后拥有了完全不同的做事态度。中国的孩子大多数故步自封，不敢尝试，美国的孩子大多数勇于实践，执着于自己的目标。从现在开始，我们不应该再畏惧失败，而应该勇敢地接受失败，拥抱失败，只有这样，我们才能够把失败变成一次机会。

"王致和"臭豆腐是许多人都喜欢的食物，但鲜有人知道，这个天下闻名的臭豆腐却来自于王致和的一次失败经历。

相传康熙年间，王致和从家乡安徽赴京应试。落第后，王致和决定留在京城，一边做豆腐谋生，一边继续攻读准备再考。不过，他毕竟是个读书人，没什么做生意的经验。夏季的一天，豆腐做多了，一天下来还剩了不少，他只好用小缸把豆腐切块用盐腌好。但是过了几天，他就把这缸豆腐给忘了，一直到上秋的时候才想起来，这时一缸的腌豆腐早就臭了。王致和一阵懊悔之后想把这缸"臭气熏天"的豆腐扔掉，但是出于节俭的心理，他想扔掉太可惜了，虽然不能卖了，但是将就一下，自己吃还是可以的吧。于是，王致和就忍着臭味尝了一下，可奇怪的是，这臭了的豆腐虽然闻起来让人恶心，但是吃起来却非常香。

王致和拿着这些臭豆腐去给朋友们品尝，每个人都勉强吃一口，然而所有人吃过以后都赞不绝口，一致认为这种豆腐美味可口。从此，王致和改行做起了臭豆腐，生意越做越好，甚至连慈禧太后也慕名来尝，并大为赞赏。

从此，王致和与他的臭豆腐身价倍增，还被列为御膳菜谱。因为一次失败，王致和改变了自己的一生。

心灵启示

我们常说，天无绝人之路，这并非一句安慰人的话，而是蕴含着深刻的道理。的确，不管在什么情况下，我们总是有路可走的。正如人们所说的，条条大路通罗马。不管遇到什么情况，我们都应该学会变通，而不要一条路走到黑。其实，只要能够实现自己的最终目标，你穿着什么鞋子走什么路是不重要的，重要的是你到达了终点。尤其是在遭遇困境的时候，也许我们看似困境，但是却暗藏生机。在绝境之中，最重要的不是哭泣，不是绝望，而是冷静理智地分析问题，为自己寻找一线生机。只要你开动脑筋，用发散性思维思考问题，不惧怕改变，那么，你就肯定能绝处逢生。

（1）所有事情都不止有一个结果，当出现不同的结果时，我们应该接受。

（2）只有保持冷静和理智，你才能从容面对与预期完全不同的结果，你才能从中发现新的机会。

（3）大家都爱吃的王致和臭豆腐居然源于一次失败的腌制，这是大多数人都想不到的。那么，既然了解了这个故事，你肯定深受启发。

失败是成功的垫脚石

在生活中，人们常说，真金不怕火来炼，意思是说，如果是真正的金子，就不怕经过烈火的淬炼。其实，这个道理不仅仅适用于金子，也同样适用于人。在生活中，一次次的坎坷和挫折就是练就真金的烈火，使人们如凤凰涅槃般浴火重生。试问，有哪个人的人生是一帆风顺的？大多数时候，人们的成功就是在一次次的挫折和坎坷中获得的。当然，成功并不是失败的简单累积，而是对失败的总结与超越。只有在此基础上，我们遭受挫折的次数越多，我们才能离成功越近。

杰林曼是英国的一位律师，他刚刚打输了一场官司，委托人也因为受不了打击而自杀了，他感到非常失落。

虽然辩护失败这种事对于一个律师来说应该是习以为常的，而类似自杀的事件也不是人为所能控制的，但是杰林曼还是觉得很难过。他从事律师这个职业的初衷就是想帮助那些在商业行为中受到挫折、遭遇不幸的人，所以遇到这样的事情他不知道该怎样排解自己。

一天，杰林曼到英国国家船舶博物馆参观。当他看到那些年代久远的轮船时，忽然被一艘经历不凡的船吸引住了。这艘船原来属于荷兰福勒船舶公司，于1894年下水首航，在大西洋上航行的时候，曾138次遭遇冰山，116次触礁，13次起火，207次被暴风扭断桅杆，然而它并没有沉没。英国劳埃德保险公司基于它不可思议的经历，将这艘变了形、创痕累累的船从荷兰买回来捐给国家，放置在这个博物馆里。

这位律师看到这艘船的经历后，产生了一个想法：为什么不让那些商场上或其他失意者也来参观参观这艘船呢？说不定会对他们有一些启发。于是，他就把这艘船的历史抄了下来，连同这艘船的照片一起挂在他的律师事务所的显著位置。每当有委托人或朋友来他这里，他都会建议他们去看看这艘船，而且他能明显地感到看过这艘船的人士气都不会消沉，类似自杀的事件更不会发生。

后来，据英国《泰晤士报》报道，截止到1987年，已有一千多万人参观过这艘船了。

心灵启示

在上述事例中，杰林曼从一艘轮船上得到启发，从而帮助了很多失意落魄的人正确地对待人生的坎坷境遇。其实，很多伟大的人物之所以能够取得巨大的成就，都是从挫折中走出来的。伟大的发明家爱迪生小的时候并没有特殊的天赋，只是一个非常普通的孩子。有一天，老师让每个同学都做一张小板凳。当看到爱迪生交上来的那张小板凳时，老师非常失望，因此，讽刺道："在这个世界上，还有比这张小板凳更差的小板凳吗？"出乎他的意料，爱迪生一本正经地回答道："有。"他一边说，一边把自己之前做的两张板凳拿出来。原来，爱迪生交给老师的是他做的第三张板凳，在这张板凳之前，他已经做了两张板凳。正是因为具有这种精神，爱迪生才能在科学的道路上越走越远，最终成为世界上最伟大的发明家。从爱迪生的经历中我们不难看出，失败是成功的垫脚石，它能够为成功积累很多宝贵的经验，从而不断激励我们向前。对于有探索和总结精神的人而言，他们总能够从坎坷和失败中吸取宝贵的经验，从而为自己走向成功铺平道路。

（1）失败了，不要气馁；遭受挫折了，要耐心地分析并寻找原因。

（2）只有善于总结失败教训的人，才能为自己的成功铺平道路。

（3）成功是建立在无数次失败的基础之上的，你应该做一个有心人。

（4）不管做什么事情，我们都需要坚韧不拔的决心和持之以恒的毅力。

挑战自己，超越自己

人生的高度是永无止境的，人生就是一个阶梯又一个阶梯不断地上升，而挑战，则是人生进步的阶梯。假如没有挑战，人生就会止步不前，始终处于原地；假如没有挑战，人生就没有进步，因而时刻面临退步。

生物学家达尔文从小就是一个乐于接受挑战的孩子。小时候的达尔文特别好奇，他对学校里那些陈旧的课程一点也不感兴趣，而是喜欢读课外书，尤其是和生物有关的课外书。

后来，父亲送他到爱丁堡大学学医。在这座“医学博士的摇篮”里，达尔文依然对学业提不起兴趣，相反，他喜欢上了图书馆，在那里如饥似渴地读着一本本生物学书籍。闲暇时间，达尔文还到爱丁堡海滨和渔民一起下海捕鱼，将打捞上来的鱼虾、牡蛎等做成标本。父亲看达尔文做医生无望，又将达尔文送到了神学院，希望他将来能成为一名牧师。可是从小就喜爱冒险的达尔文并不甘于做一名牧师，他不断给自己创造机会，他跟随一支地质考察队进行了一次野外考察。为了检验自己的胆量和独立工作的能力，达尔文还独自穿越了荒无人烟的斯诺登山区。经过多次冒险，他获得了一次环球航行考察的机会。

航行开始后，达尔文就迫不及待地投入考察工作中去。他在船尾安上了一张大网，用来考察水生生物。他把捕捉到的生物逐个鉴定，然后分别登记，有的还做了解剖，画上了解剖图。轮船每到一地，达尔文就登陆考察，当地的地质结构、风土人情、生物种类等情况都被达尔文记录在他那厚厚的笔记本上。1832年，达尔文终于登上了令他向往已久的南美土地。他在这块热带土地上整整考察了3年，获得了许多书本上没有的知识和很多第一手资料。

达尔文的环球航行，走过了许多别人没有走过的地方，吃了许多别人没有吃过的苦。他有晕船的毛病，一上船就呕吐不停，有时严重到只能被别人搀扶回舱内休息。船上的条件也十分艰苦，平时只能吃面包、南瓜和豌豆。就是在这样艰苦的条件下，5年后，达尔文回到了故乡，带回了几百万字的考察笔记和数不清的生物标本。达尔文的付出没有白费，《物种起源》一书终于诞生了。

心灵启示

达尔文始终不断地挑战自己，超越自己，所以创造出了举世闻名的《物种起源》一书，为生物领域做出了杰出的贡献。其实，不管从事什么职业，也不管在哪个领域工作，我们都应该像达尔文一样不断挑战自己，超越自己，这样才能有所成就。

一位音乐系的学生跟随一名指导教授练习弹钢琴。他刚刚走进练习室，就发现钢琴上摆着一份全新的乐谱。“超高难度……”他一边翻动，一边喃喃自语，觉得眼前的这份乐谱对于他而言简直是无法逾越的高度。三个月以来，指

导教授每次上课之前都要在钢琴上放一份高难度乐谱，让他练习。虽然他每次都非常刻苦地练习，但是始终无法顺利地演奏教授为他准备的乐谱，最使他感到压力的是，教授每次上课前都会为他准备一份更难的全新的乐谱。终于，他再也忍不住了，问教授为什么要这么为难他。对于他的质疑，教授微笑不语，只是拿出了第一份乐谱，让学生演奏。学生开始演奏，却惊喜地发现原本弹得非常生涩的乐谱如今特别纯熟了，完全有种驾轻就熟的感觉。后来，学生又行云流水般地演奏了第二节课堂上教授为他准备的那个乐谱，依然非常熟练。

原来，教授正是以这种方式来训练自己的学生，他一次次地提高难度，让学生主动地提升自己，日久天长，学生演奏的水平不知不觉变得越来越高了。

在生活中，不管你是学生还是职员，不管你是白领还是老板，只要你想提升自己的水平和能力，你就不妨采取同种办法来挑战自我，使自己的水平得到突飞猛进的发展。

（1）适当地为自己制定一些需要努力才能实现的目标，这样有利于督促你不断地提高自己。

（2）当觉得吃力的时候，一定要坚持下去，正是在你竭力的学习过程中，你的水平越来越高。

（3）挑战是人生进步的阶梯，只有不断地接受挑战，战胜苦难，我们的人生才能进步。

（4）只要你勇于挑战自我，你就一定能够获得成功。

沉湎过去，只会让你逃避现实生活

当对现状不满意的时候，人们就会陷入怀旧的情绪之中。原本没有那么完美的旧事，在浓浓的怀旧情绪中变得无比完美，使人们无限怀念逝去的时光，又因为陷入怀旧的情绪之中，沉湎于旧事之中，所以，我们更加没有勇气面对残酷的现实。长此以往，我们必将陷入一个怪圈，即更加喜欢怀旧，更不愿意面对现实，更加消极遁世。

大家都知道，时光如逝水，一旦逝去，就很难回头。既然如此，我们又为

什么怀念以前的时光呢？这非但于事无补，反而会使事情更糟糕。古人云，好汉不提当年勇，这句话的意思就是说，不管过去多么辉煌，都已经成为历史，我们应该且唯一能做的，就是面对现实，憧憬未来。

一个夏天的下午，在纽约的一家中国餐厅里，奥利森·科尔正在等一个朋友。这时的他沮丧而消沉，由于他在工作中出现了失误，因此没有完成一项非常重要的项目。即使正在等一位最好的朋友，他也难掩心中的不快。

过了一会儿，他的朋友来了，他是一名精神科医生，他所在的诊所就在附近，他刚和最后一名病人谈完话。

“怎么了，科尔？”医生直接问道，“有什么事让你这么不开心？”对他这种洞察别人心事的本领，科尔早就见怪不怪了，所以他也直截了当地说出了自己的烦恼。听完，医生说：“来吧，到我的诊所去，我们来做个小实验。”

到了诊所后，医生从一个硬纸盒里拿出一卷录音带塞进录音机里，他说：“在这卷录音带里，是三个来我这的病人所说的话。你不用知道他们的名字，我希望你仔细听他们的话，看看你能不能挑出支配这三个案例的共同因素。我可以提醒你，只有四个字。”

第一个是男人的声音，他说他刚遭受了生意上的损失。第二个是女人的声音，她因为照顾寡母的责任太重，而一直没能结婚，她心酸地诉说她错过了很多结婚的大好机会。第三个是一位母亲，因为她十几岁的儿子和警察起了冲突，为此她一直在责备自己。科尔听起来，这三个声音的共同特点就是不快乐。而且科尔注意到，他们一共6次用到相同的四个字“如果”“只要”。

他将这一发现告诉了医生。医生微笑着说，“你一定感到很惊奇吧。你知道吗？我每天都会听到很多次用这四个字开头的内疚的话。很多时候，他们都在不停地说，直到我让他们停下来。我对他们说，如果你们不再说‘如果只要’，也许你们就能把问题解决。”

看科尔好像不太明白，医生进一步解释道：“‘如果’‘只要’这四个字的问题，在于这四个字不能改变既成的事实，只能使我们朝着错误的方向走去。你依然沉浸在过去所犯的错误中，并没有从这些错误中学到什么，而是不断地重复过去的灾难，甚至还以此为乐。如果你已经习惯用这四个字，它们就会成为你不再努力的借口。”

在医生的不断开导下，科尔终于意识到，自己还沉浸在过去失败的阴影中，而没有积极地去改变现在的处境，这是一种“怀旧症”的体现。一个人适当怀旧是正常的，也是必要的，但是一味地沉湎于过去而否认现在和将来，就会陷入病态。

心灵启示

“如果”“只要”，在现实生活中，我们是不是也经常说起这四个字。经常说这四个字的人，不愿意面对现实，有着浓浓的怀旧情绪，总是企图逃避现状，因为，他们对待生活的态度是非常消极的。假如我们能够改变自己的思维方式，改变自己的说话方式，不再说“如果”“只要”，那么，我们就能够更加坦然地面对现实，接受现实，这更加有助于我们解决问题。

在鲁迅的《祝福》中，祥林嫂失去儿子的遭遇本来是值得人们同情的，但是，就因为她逢人就说自己的惨痛遭遇，所以，人们日渐麻木，对她越来越厌烦。其实，现代社会中也有很多“祥林嫂”，一味地沉浸在过去的阴影中，不管是悲痛还是荣耀，长此下去，都将使人感到厌烦。所以，我们应该学会立足现在，放眼未来，因为，没有人能够永远活在过去。即使你一时逃避了现实，也终究有一天必须面对残酷的现实。

（1）过去的事情已经成为历史，时间不可能倒流，过去的事情也不可能完全地再现。

（2）不管你的过去是光荣的还是惨痛的，没有人愿意听你老生常谈、喋喋不休。

（3）世界上没有后悔药，更没有时光穿梭机让你回到过去，所以，不要说“如果”“只要”。

（4）遭遇困难不可怕，最重要的是把握现在和将来。

第7章 肯定自己，每朵花都有自己的芳香

快乐不是别人给的，而是发自我们内心的。只有拥有一颗快乐的心，才能拥有快乐。一个人，假如总是抱怨多多，怨天怨人怨父母，那么，他就永远不会快乐。古人云，知足常乐，今天我们要说，只有拥有阳光的心态，平和宽容地对待一切事情，你才能够拥有快乐。而在阳光心态中，我们首先要肯定自己。要知道，每朵花都有自己的芳香，肯定自己，才能成为一朵盛开的花儿。

做一个心态端正的人

很多时候，我们抱怨命运不公，抱怨自己付出得太多，得到的太少，因此，我们郁郁寡欢，总是觉得不快乐。其实，要想获得快乐，我们首先应该改变自己的心态。要知道，幸福和快乐是发自内心的一种感受，是别人所不能给予的。

心灵启示

如果一个人是正确的，那么，他的世界也就是正确的。原本非常简单的一个道理，很多人却无法领悟，更无法让这个道理去指导自己的人生。假如我们能够正确认识到这个道理，那么，我们的人生就会少走很多弯路。

张杰是一名刚刚毕业的大学生，他在学校期间非常优秀，获得了老师和同学们的一致好评。然而，大学毕业以后，也许是因为现实太残酷，也许是因为

张杰的心态不够好，总之，面对现实生活中的工作状态，张杰非常痛苦。曾经在学校担任学生会主席的他，面对工作的种种不如意，心里落差很大。一年多过去了，张杰的工作丝毫没有进展，他的心情随之越来越糟糕。最终，他决定休息一段时间，去西藏旅游。

常言道，人有旦夕祸福。在西藏旅游的过程中，张杰乘坐的客车发生了侧翻，张杰身受重伤。卧床养病几个月之后，张杰终于恢复了健康。身边的人惊讶地发现，痊愈之后的张杰仿佛变了一个人似的。他不再愁眉苦脸，虽然工作的状态依然，但是他却以饱满的热情投入了生活和工作之中。当人们问张杰为何会有如此巨大的变化时，张杰说："我已经死过一次了，突然间看开了很多。对于我而言，这生活中的一切，都是命运给我的馈赠。我要爱生活，爱我身边的一切人和事，认真地活着。"

自从心态改变了以后，虽然外界的环境没有发生任何改变，但是，张杰却变成了一个心态积极、乐观的人。

改变自己，寻找并获得快乐，你准备好了吗?

（1）不要再怨天尤人、自艾自怨啦，从今天开始，闻闻花香，听听鸟叫，享受生活的馈赠。

（2）改变自己的心态，只有你能给自己真正的快乐！

（3）快乐是发自内心的，不是别人给予的，要主动地寻找快乐。

（4）先改变自己，再寻找快乐，你就一定能够获得快乐！

为自己的烦恼找个栖身之所

人生总有诸多不如意，所以，人生总是充斥着烦恼。例如，考试没有考出好成绩，这对于一个学生而言是莫大的烦恼；工作的业绩得不到上司的肯定，这对于职场人士而言是莫大的烦恼；自己所爱的人却不爱自己，与别人结成了夫妻，这是失恋的烦恼；想吃一块棒棒糖妈妈却不给买，这是一个幼童的烦恼。假如换一个角度，那么，这些烦恼就不再是烦恼。例如，考试没有考好有什么关系，工作以后，谁还会在乎你当时的考试成绩呢？大家在乎的是你真实的能力。工作的业绩得不到认可，那就不必忧心忡忡，我们是为自己而活的，而不是为了别人活着的，况且，并非所有的成功都是用官职或者权利来界定的。自己所爱的人不爱自己，那么，就去找一个爱自己的人吧，要相信，在这个世界上，每个人都有属于自己的菜，他不喜欢你，自然有别人喜欢你，这恰巧可以帮助你结束痛苦的单相思。想吃棒棒糖，妈妈不给买，那就玩玩新买的玩具吧，那可是最新版的战斗陀罗呢！只要我们学会换一个角度，原本困扰你的烦恼就会瞬间烟消云散了。也许有人会说，我不想换个角度思考问题，那么，不妨把烦恼像满身的尘埃一样驱逐心房。你可以为自己准备一棵“烦恼树”，或者是一个“烦恼盒”，每天都把自己的烦恼单独搁置起来，从而使自己一身轻松地去迎接新生活。没错，就是烦恼树或者烦恼盒，危地马拉的土著人就是这么做的，屡试不爽！

如果你去过危地马拉土著人的家中，一定会看到一种色彩亮丽的盒子，他们称之为“烦恼盒”。

在“烦恼盒”中，依次放置六个乖巧的玩具娃娃，如果谁被麻烦缠身了，就会从盒子中取出一个娃娃来，把自己心中的郁闷和烦恼向它倾诉一番，然后把娃娃放置一边，郁闷和烦恼也就随之抛之脑后了。

依次类推，如果这个人隔了一会儿又遇见了烦心事，那么，另外一个玩具娃娃就会被选出来担当他的“听客”。每一个“听客”，在听过主人的倾诉之后，都会被留在盒外，由它替主人承受苦恼，思考对策，主人则一身轻松地继续做自己的事情。待到一天结束了，所有被选出来的玩具娃娃会被重新放到盒子里，以供第二天继续使用。

受危地马拉土著人这种“烦恼盒”的启发，有人总结出如下一条应对郁闷和烦恼的公式：

首先，找个人，把郁闷和烦恼说出来，无论这个人是朋友、家人或者自己；

其次，如果能够或者需要及时予以解决的，那就立刻着手去办；

最后，如果暂时或者较长时期无法解决，就把它们搁置起来，将注意力和精力聚焦到其他必须做的事情上。

这个公式可以简单地概括为：倾诉——行动或搁置——继续前进。

据说，这条公式还蛮有效果的，很多人“试用”以后，效果出奇的好。怎么样，也像危地马拉土著人一样，给自己准备一个“烦恼盒”吧！

心灵启示

在生活中，谁能说自己没有烦恼呢？相信没有任何人能说自己没有烦恼。既然如此，那就请为自己的烦恼找个栖身之所吧，这样，你也能够获得身心的轻松和愉悦，何乐而不为呢？只有正确地排遣烦恼，你才能够幸福地生活。

（1）不管是什么烦恼，都是可以搁置的，我们不能因为烦恼而扰乱自己生活的节奏。

（2）假如是工作中的烦恼，千万不要带到家里来，可以在进家门的时候找个地方搁置。

（3）如果能够直接使烦恼消散于无形，那么，无疑是比将烦恼放入“烦恼盒”更好的方法。

（4）如果不能使烦恼烟消云散，那么，你就需要为自己准备一棵“烦恼树”，或者是一个“烦恼盒”了。

试着发现生活中的甘甜

在生活中，有的人每天总是笑呵呵，看起来心中蕴藏着无限的幸福；而有的人则整天愁眉苦脸，看起来心中载满了忧愁和痛苦。难道，第一种人就一定比第二种人拥有更多的快乐吗？其实未必。第一种人之所以快乐，是因为他们拥有一颗快乐的心，他们时时刻刻牢记生活中的快乐，而忘记生活中的苦恼。而对于第二种人而言，他们的眼睛总是盯着生活中的痛苦之处，因而忽略了生活中的快乐和幸福。其实，生活折射在我们的眼中是什么样子的，完全取决于我们拥有一颗怎样的心。生活就是心灵的一面镜子，你的心快乐，你看到的生活就快乐，你的心痛苦，你看到的生活就痛苦。不管谁的生活，其中都必然蕴藏着苦恼和快乐，因为这个世界上没有纯粹的快乐和纯粹的苦恼。快乐和苦恼之于生活，就像手心和手背，是不可分离的。

有一天，城郊的寺庙里来了一位富态的中年妇人。据她说，她最近老是失眠，无论面对多么鲜美的饭菜都没胃口，浑身乏力，懒得动，做什么事都没有激情，很想了却尘缘，遁入佛门……方丈是个懂得医术之人，他听那位妇人描述完，便说："不忙，待老衲先给施主把把脉如何？"妇人点头应允。把完脉，观完舌苔，方丈微微一笑："施主只是心中有太多的苦恼事，体有虚火，并无大碍。"顿了一下，方丈接着说："只是施主心中藏着太多烦恼而已。"中年妇女一被点醒，心里暗叹神奇，便把心中所有事情逐一向方丈说明。方丈很随意地跟她聊着："你家相公与施主感情如何？"妇人脸上有了笑容，说："感情很好，耳鬓厮磨十几年从未红过脸。"方丈又问："施主膝下有无子女？"妇人眼里闪出光彩，说："一个小女，很聪明，也很懂事。"方丈又问："家里的布匹生意不好吗？"妇人赶忙摇头说："很好，家里的生活算得上是镇上的富人家了……"

方丈铺开纸墨，边问边写，左边写着她的苦恼之事，右边写着她的快乐之事，然后把写满字的纸放到妇人面前，对妇人说："这张纸就是治病的药方。你把苦恼之事看得太重了，忽视了身边的快乐。"说着，方丈让徒弟取来一盆水和一只猪苦胆，把胆汁滴入水盆中，浓绿色的胆汁在水中淡开，很快就不见了踪影。方丈说："胆汁入水，味则变淡。人生何不如此？施主，不是您承受了太多的苦痛，而是您不善用快乐之水冲淡苦味啊。"

心灵启示

假如我们的心太苦，那么我们就无法感受到生活的甜；假如我们的心中满溢着甜，那么，苦也就没有那么苦了。很多时候，不是生活本身多么糟糕，而是我们的眼睛没有发现生活中的快乐所在。所以，我们无须消除生活中的苦，只需要牢牢记住生活中的甜。

（1）你的生活不可能全部是苦，所以，你要试着发现生活的甘甜。

（2）不妨也像事例中的方丈那样拿出一张纸，为自己生活中的各种滋味列一个清单，看看是甜多还是苦多。

（3）当你发现生活中其实有很多快乐的事情时，烦恼就无法常驻你的心灵。

（4）我们要学会用快乐之水冲淡人生的苦味。

用心感受到生命的美好

这个世界上有花开的声音，只是内心沉静的人才能够听到。每天，当穿梭于熙熙攘攘的人群中时，不要说花开的声音，就连我们自己的心跳声，也变得非常遥远。这是一个浮躁的时代，每个人都为了自己的利益与生活而奔波忙碌着，我们甚至忙得无暇听任何声音。我们置身于喧闹的人群而丝毫不觉得喧闹，因为我们的心比人群更加喧闹。什么时候才能听到花开的声音呢？当你的心像黎明前的夜一样静谧的时候，你就能够听到花开的声音了。什么时候才能变得快乐呢？当你的心变得越发沉静的时候，那些属于你的躲藏在角落中的快乐，就会飘然而至。它们原本就存在，是你忽略了它们，所以，要想找回它们，你首先应该找回自己。

卡利玛是一个富裕的农场主。一天，他来到自己的谷仓巡视，当他看到工人们有些偷懒时，便激动得破口大骂，在他指指点点的时候，手腕上名贵的金表遗失在谷仓里。他遍寻整个谷仓，也没有找到心爱的手表。于是，他在场门口贴了一张告示：要人们帮忙，谁能找到便悬赏100美元。面对重赏的诱惑，许多人蜂拥而至，无不卖力四处翻找。奈何谷仓内谷粒成山，还有成捆成捆的稻草，要在其中找寻金表如同大海捞针，犹如登天之难。

到太阳下山人们仍然没找到，不是抱怨金表太小，就是抱怨谷仓太大，麦草太多。当他们一个个施弃了100美元的诱惑，各自回家了，只有一个穷人家的小孩在人离开之后仍不死心，努力寻找。他已整整一天没吃饭了，为了100美元，他希望在天黑之前找到金表，解决一家人的吃饭问题。

天越来越黑，小孩在谷仓内不停地摸索着，突然他发现当一切喧闹停止时，有一个奇特的声音，那声音“滴答、滴答”不停地响着，小孩顿时停止寻找，谷仓内更加安静，滴答声显得十分清晰。小孩循声找到了金表，最后得到了100美元，快快乐乐地回家了。

心灵启示

如果喧闹继续存在，孩子无论如何也找不到金表，当然，其他人也找不到，因为他们的耳朵里和内心深处，都充斥着喧嚣。当夜幕低垂，内心回归平静时，你就能听到那只金表在角落中发出的滴答声。你忽视幸福和快乐的过程是不是同样如此？看着别人奔波忙碌，你也迫不及待地忙碌着，甚至忘记了自己的内心。其实，不管什么时候，我们都要固守自己的内心，因为只有这样，我们才能听见花开的声音，才能用心感受生命的美好。

前段时间看了汤唯和吴秀波主演的《北京遇上西雅图》，剧中汤唯饰演的原本非常浮躁的文佳佳，最终回归了内心的宁静。显而易见，几乎所有人都向往那种轰轰烈烈的生活，然而，生活不是火焰，燃烧得越旺越好，生活是细水长流，必须耐下心来，静水流深。庆幸的是，在影片的结尾，吴秀波饰演的好男人终于得到了属于自己的幸福，而汤唯饰演的小三也终于回到了生活的正轨。平平淡淡，真诚，才是真正的生活。

（1）外界的环境越嘈杂，我们就越应该保持内心的平静。

（2）在喧闹之中，我们的耳朵几乎失灵，然而，当内心平静时，我们的心能够听到花开的声音。

（3）快乐始终伴随着你，假如你过于闹腾，它就会吓得悄悄躲起来。

（4）给快乐和幸福一个和美的环境，这样它们才会从你身后悄悄探出头来。

让阳光洒满心田

人的生命离不开阳光的照射，假如没有阳光，鲜花就不能开放，大树就不能成荫，人们就得终日生活在阴郁之中。而阳光，是我们心头的一盏灯，使我们在乌云遮蔽的生命旅程中从来不觉得孤单和寂寞。很难想象，假如没有阳

光，这个世界将会怎样？

冬日严寒，卧室的窗户整天紧闭着，屋里十分阴暗。有兄弟二人，年龄不过四五岁，他们看见外面灿烂的阳光，觉得十分羡慕。兄弟俩就商量说："我们可以一起把外面的阳光扫一点儿进来。"于是，兄弟俩拿着扫帚和簸箕，到阳台上去扫阳光。在阳台上，簸箕里很快就盛满了阳光，但是他们刚把簸箕搬到房间里，里面的阳光倏地就没有了。

哥哥挠了挠头皮一本正经地说："阳光太轻，我们要跑得再快一些，这样才能把阳光运到屋子里。"弟弟听后愣了一下，一跺脚就加快了往返的速度。可是，他们刚把簸箕搬到房间里，里面的阳光又没有了。但是他们并不气馁，一而再一再而三地扫了许多次，可是屋内还是一点儿阳光都没有。

这时，正在厨房忙碌的妈妈看见他们奇怪的举动，问道："你们在做什么？"他们回答说："房间太暗了，我们要扫点儿阳光进来。"妈妈笑道："只要把窗户打开，阳光自然会进来，何必去扫呢？更重要的是，只要你们的心是光亮的，屋子里就不会存有阴暗的角落。"

心灵启示

看到上述事例中两个孩子去扫阳光进屋，我的心中不禁充满了阳光。的确，不管是老人还是孩子，不管是男人还是女人，每一个人都需要给自己的心灵修剪杂枝，让灿烂的阳光照射进来。因为心里洒满阳光，我们能够以积极的态度去面对生活；因为心里洒满阳光，我们在身处逆境的时候，才能够放歌而行；因为心里洒满阳光，我们的生命才会更加精彩。

其实，所谓的阳光，除了指太阳光之外，还指我们的阳光心态。要知道，没有人天生就是悲观的、消极的、忧郁的。几乎每一个人都十分怀念自己的童年时代，这主要是因为童年时代是最天真无邪的，孩童的心里总是充满阳光。随着我们渐渐长大，心才被一层又一层的灰尘蒙蔽，因此，心灵的阳光无法透射出来。然而，只要我们始终保持一颗赤子之心，只要我们的心中洒满灿烂的阳光，我们的人生也就会随之灿若朝霞。

（1）如果你觉得自己的心情很阴郁，不妨像那弟兄俩一样去扫一些阳光。

（2）不管什么时候，只要心中充满阳光，人生就充满希望。

（3）要想使自己的内心充满阳光，我们首先要拥有积极乐观的阳光心态。

（4）生活中，幸福与快乐都取决于我们的内心，你想快乐，你就会感到快乐！

给自己的心灵开一扇大大的窗户

人生如果没有希望，就会变成绝望的牢笼，使人痛不欲生。人生是一段漫长的旅程，而且，没有终点，没有回程。在人生的旅途中，没有人能够预料会发生什么，经历什么，更没有人知道人生的终点在哪里。而支撑着人们历经千难万险走下去的，就是希望。希望像是一盏明灯，为黑暗中的人们指引方向；希望像是一叶风帆，为在海上航行的人们高高扬起；希望像是暗夜里的点点星火，照亮夜行人前方的道路。假如没有希望，人生将会充满绝望；假如没有希望，人生的路途将变得遥遥无期，没有尽头。当生活失意的时候，当你感到绝望的时候，不妨在心中为自己开一扇希望的窗户，让春风拂面，让世界充满鸟语花香。

有个囚徒，被关在牢房多年，每天看着四面空空的墙壁，感到心灰意冷。他多想看看外面生机勃勃的世界啊，哪怕每天只看一眼也好。牢房里有扇窗，很高很小。于是，囚徒把唯一的一张床拖到窗下，把被褥叠高，然后凭借床和被褥踮脚往窗外看。可是看过之后，他更加绝望了——窗外除了高墙便是密如蛛丝的高压电网。没多久，这个囚徒便上吊自杀了。自杀前，他咬破手指，用鲜血在雪白的墙上留下了一句遗言：给我一扇窗。

这个囚徒的死带给人很大的震动，特别是囚徒留在墙上的那句带血的遗言，引起了监狱领导的高度重视，让他们意识到了问题的严重性。于是，监狱领导逐级向政府部门申报，并恳请有关部门调拨资金重新对监狱的牢房进行科学改建。不久，政府下达批文，划拨了一笔庞大的改建基金。

说是改建，其实就是给每个牢房开几个宽大的窗户，让人从里面能看到

外面的日出日落，听到附近的狗吠鸡鸣。经过简单的改建，奇迹出现了。越狱案越来越少，被减刑获得新生的囚徒越来越多，监狱的管理也越来越规范轻松。后来，有记者采访该监狱的监狱长，问到管理监狱的秘密武器是什么。他只回答了一句话："在每个囚徒心里开一扇希望的窗户。"多么精辟的一句话呀！在这个世界上，要想改造一个人，最有效的拯救武器莫过于改造其心灵了。

心灵启示

在那高高的墙内，囚徒们的内心是干涸的，他们急需生活的雨露去滋润他们的心田，使他们重新燃起生的希望。幸运的是，一个绝望的囚徒的自杀，使得监狱管理人员意识到了管理方面的漏洞，那就是一扇窗的漏洞。他们的窗户不仅仅开在了监狱的墙上，也开在了囚徒们的心上。通过这扇窗，他们看到了渴望已久的人世生活，感觉自己又回到了充满烟火气息的人间，这也就从侧面使他们燃起了重返社会的渴望，使他们意识到自己的人生还是有希望的。虽然只是开了几扇窗，但是，囚徒们的精神面貌却为之改变。这是因为，这些窗户改变了他们的心灵。

虽然我们不是囚徒，虽然我们呼吸着自由的空气，享受着自由的生活，但是，每个人的心中也是有一个牢笼的。当心情不好的时候，当感到绝望的时候，这个牢笼的空间就会无限缩小，使我们感到压抑，喘不上气来。假如我们能够在自己的心灵上开一扇大大的窗户，使我们的心灵感到更加轻松，充满希望，那么，我们的人生也必将随之改变。

（1）为自己的心房开一扇窗，让自己更多地感受到生活的美好。

（2）让自己的心中充满希望，充满阳光，充满鸟语花香。

（3）也许，只需要一丝一缕的阳光，就能使人鼓起生的勇气。对于自己，千万不要吝惜这一丝一缕的阳光。

（4）墙上的窗，也是心上的窗，更是人生的希望之窗。

付出应该纯粹

为了收获而播下的种子未必能够长成参天大树，正应了古人所说的，有心栽花花不开，无心插柳柳成荫。真正的付出，是不计较回报的。真正的付出，是无私的，也是没有索求的。付出原本是一种享受，一种无心插柳的淡然，假如在付出的时候就设想了未来的收获，那么，你的心中就会满载沉重的负荷，甚至使你感到无比的压力。因此，想要付出的人，不妨随心播下付出的种子，至于收获多少果实，最好顺其自然。

有一位智者收了众多门生，他在几年里把自己的学识和领悟一点点地传授给了他们。

在这些门生毕业前夕，智者想留下他们中的一位传承自己的衣钵，便召开了一次大会。在会上，智者宣布，他将一视同仁，让所有门徒都参加这次考核。考核的题目很简单，就是让他们每人花一年的时间做一次长途旅行，想传承他衣钵的人一年后再回到他身边汇报这次旅行的心得，接受他的考核。

从学多年，能传承智者的衣钵，当时是每位学徒的理想。大家听后，个个摩拳擦掌，跃跃欲试。这让智者甚感欣慰。门徒一一离开，智者满怀希望地等待着他们陆续归来。一年很快过去，结果让智者大失所望，众多门徒竟没有一位回归门下。一气之下，智者决定关门闭学，打算后半生不再开堂授徒，并跑到好友白隐禅师那儿大吐苦水。

白隐禅师闻后，微微一笑，把智者带到一棵树下，问：“你还记得这棵树吗？”智者双手合十，毕恭毕敬地向树深深鞠了三个躬，然后回答说：“我怎么能忘记呢，在我落难之时，全靠它替我遮阳蔽日、挡风拒雨，它已经长在我心底了。”

“对啊，在每位门徒心目中，你就是这样一棵树，他们都是在你身边栖息过的鸟。他们虽然没飞回来，但你已长在他们心里了。”

智者大悟。

不久，智者重新开堂设馆，广收天下门徒。

心灵启示

不求回报的付出才是真正的付出，想要得到回报的付出只能算是一种投资，既然是投资，就必然有心理落差，或多或少，总是难以使人心满意足。为了使自己更好地享受付出的乐趣，我们应该无私地付出，这样才能享受到给予的快乐。作为老师，总是桃李满天下。而在三尺讲台上辛勤耕耘的时候，老师们却从没有想过学生事业有成之后会回报他。这是真正的付出。在上述事例中，作为智者，也有千虑一失的时候。他因为门徒没有回来继承他的衣钵而愤愤不平，却忘记了在他落难之时为他遮蔽风雨的大树已经长在了他的心里，这又何尝不是一种别样的回报呢？

（1）付出就是付出，付出应该纯粹，而不应该有所希求。

（2）付出的人能够享受到一种给予的快乐，这种快乐本身就是一种回报。

（3）假如人们在付出的时候就想着回报，那么，他非但无法享受到付出的快乐，还会给自己的心灵增添负担。

（4）门徒虽然没有回来继承师傅的衣钵，但是，师傅却深植于门徒的心中了。

（5）对于真心付出的人而言，在播下付出的种子以后，顺其自然就好了。

信心催生力量

从心理学的角度来说，心理暗示在日常生活中常见，指的是人们很容易接受外界或者别人的愿望、观念、情绪、判断、态度等的影响。俄国心理学家巴甫洛夫认为，对于人类而言，暗示是最典型、最简单的条件反射。从心理机制上来说，心理暗示不一定有根据，而只是一种被主观意愿肯定的假设，然而，因为人们在主观上已经肯定了它的存在，所以，人们从内心深处总是竭力地趋向于心理暗示的内容。正是因为心理暗示有着如此强大的作用，所以，我们在日常生活中也可以用心理暗示的方法影响自己或者别人。很多时候，积极的心理暗示能够使被暗示者产生巨大的变化，甚至做出超出自己预期的成就。

曾经有位校长在自己的小学里做过一个著名的实验，实验的结果让许多人感到吃惊。在新学年开始的第一天，这所学校的校长把三位教师叫进办公室，对他们说：“我这几天查看了你们过去的教学档案和成绩，认为你们是本校最优秀的老师。因此，我们特意挑选了100名全校最聪明的学生组成三个班让你们教。这些学生的聪明才智比其他孩子都高，希望你们能把他们带出来，让他们取得更好的成绩。”

三位老师听到校长对自己如此器重，不禁心中暗喜，都高兴地表示一定尽力做好工作。校长又叮嘱他们，对待这些孩子要像对待其他学生一样，不要让孩子或孩子的家长知道他们是被特意挑选出来的，这样会影响其他学生的发展和学校的声誉，老师们都答应了。

很快，一个学期过去了，又是一个学期。一学年之后，这三个班的学生成绩果然名列整个学区的前茅。这时，校长告诉了三位老师真相：这些学生并不是那位校长刻意选出的最聪明的学生，而是随机抽调的。三位老师跌破眼镜，他们没想到会是这样，于是都认为是他们教学水平的功劳。更让这三位老师想不到的是，这时校长又告诉了他们另一个真相，那就是，他们三位也不是被特意挑选出的全校最优秀的教师，不过是随机抽调的普通老师罢了。

三位老师不禁哑然，不知道该说什么好，但对于取得如此骄人的成绩，都感到十分惊奇，无不佩服校长的英明和睿智。

心灵启示

校长的话无疑给了三位教师以强烈的心理暗示，正是在校长的暗示之下，这三位教师才信心满满地对待这从全校“精心挑选”出来的100名学生。正是因为有了这个暗示的激励，这三名教师变成了名副其实的全校最优秀的教师，而那100名原本非常普通的学生也变成了名副其实的全校最优秀的学生。这就是心理暗示的强大作用。其实，心理暗示不仅可以暗示别人，也可以暗示自己。只要我们愿意相信自己，肯定自己，我们就能够超越自己，创造奇迹。

博格斯是NBA历史上身材最矮的球员。他从小就非常喜欢玩篮球，并且梦想着能够参加NBA的比赛。但是，他的父母却不看好他。父母觉得他太矮了，自身条件并非很好，那么多比他高的人都没有进NBA，他怎么能轻易进入NBA呢？即便如此，博格斯也没有放弃自己的理想，因为，他始终坚信只要自己肯努力，就一定能够创造奇迹。为此，博格斯不管寒冬酷暑，每天都坚持不懈地练习投篮、运球、传球等篮球技巧，与此同时，他还有目的地锻炼自己的体能，经常在球场与其他人进行篮球比赛。因为长期以来始终坚持锻炼，博格斯的篮球比赛技能得到了很大的提高，无数次赢得了荣誉。即便这样，他身边的人依然不相信他有机会参加NBA比赛，因为博格斯的身高到了一米六之后就再也没有变化了。要知道，即使是普通的篮球队，也不会愿意收这种身高的队员，更何况是NBA呢？

博格斯知道自己的优势和劣势，为了弥补自己的不足，他用了比别人多几倍的时间来练习篮球技巧，最终凭借自己的实力代表全镇参加比赛。迈出了第一步之后，博格斯依然勤学苦练，最终真的成了NBA夏洛特黄蜂队的球员之一。虽然他不高，但是他却是NBA失误最少、表现最杰出的后卫之一。在球场上，他把自己身体矮小的劣势转变成优势，使自己变成了“一颗旋转中的子弹”，灵活异常。毫无疑问，博格斯成功了，而他的成功源于他始终坚定不移地相信自己，肯定自己。

确实，世界上有很多看似无法完成的事情其实并没有我们所想象的那么难，只要我们相信自己，不断地努力，我们就一定能够获得成功。要知道，很多人之所以失败，是因为他们从未开始，因为胆怯，他们放弃了原本属于自己的机会。“不可能”是懦弱者和胆怯者为自己寻找的借口，是人们对自己的否定和不信任。只要突破这个瓶颈，你，才能超越自己，创造奇迹。

（1）每个人都有自己的缺点和优点，我们要客观评价自己，正确认识自己。

（2）每个人都有缺点，我们却不能因为缺点而限制自己的发展。

（3）扬长避短固然是重要的，如果像博格斯一样把自己的劣势变成优势，则更加令人欣慰。

（4）不管什么时候，我们都要相信自己，肯定自己，只有这样，我们才能拥有强大的力量。

命运掌握在我们自己手中

很多时候，我们因为生活的不如意而怨天尤人，殊不知，生活之所以不如意，并非因为客观外物，更不是因为别人，而是我们没有把握好自己的命运。其实，每个人的命运都牢牢地把握在自己的手里，想拥有怎样的命运，我们就应该付出怎样的努力。上天总是公平的，种瓜得瓜，种豆得豆，倘若什么也没有种，自然只能面对贫瘠的土地。所以，当我们抱怨命运不公的时候，我们先反省自身，我们做到了吗？我们做好了吗？我们尽力了吗？假如做了，也没有如意，那么只能说还没有做好。假如做好了，依然不能如意，只能说还没有尽力。假如尽力了，那么，你还需要坚持，不放弃。既然命运握在你的手中，你一旦放弃，就相当于放弃了自己的命运。

小张是一个生活平庸的年轻人，他对自己的人生没有信心，整天忧心忡忡、闷闷不乐。因此，他平时经常去找一些“赛半仙”算命，结果越算越没信心。他听说山上寺庙里有一位禅师很是了得，这天，他便去拜访禅师。他问禅师：“大师，请您告诉我，这个世界上真的有命运吗？”

“有的。”禅师回答。

“噢，这样是不是就说明我命中注定穷困一生呢？”他问。禅师让这个年轻人伸出他的左手，指着手掌对年轻人说：“你看清楚了吗？这条横线叫做爱情线，这条斜线叫做事业线，另外一条竖线就是生命线。”

然后禅师让他自己做一个动作，把手慢慢地握起来，握得紧紧的。

禅师问：“你说这几根线在哪里？”

那人迷惑地说：“在我的手里啊！”

“命运呢？”

那人恍然大悟，原来命运是掌握在自己手里的。

心灵启示

很多人都不知道命运原来是掌握在自己的手中，只知道一味地怨天尤人，抱怨命运不公。禅师的话点醒了迷惑不解的年轻人，我想，从此以后，年轻人一定不会再轻易抱怨，而是牢牢地握紧自己的双手，把握自己的爱情、事业和生命。

命运常常会给我们一些意外，这些意外或者是惊喜，或者是挫折，但不管怎样，我们都只能依靠自己度过一切艰难和坎坷。德国著名音乐家、作曲家贝多芬在创作的鼎盛期突然耳聋了，面对如此沉重的打击，他非但没有屈服，反而说："它休想使我屈服！"面对命运的捉弄，他最终成功了，为世界的音乐宝库留下了浓墨重彩的一笔。著名的作家小仲马在文学界赫赫有名，然而，他刚开始从事文学创作时却屡屡遭遇闭门羹。见到小仲马屡遭退稿，他的父亲大仲马建议他告诉编辑他是大仲马的儿子，不料，小仲马坚定地拒绝了。他从未接受父亲和一些杂志社主编的所谓的帮助，最终完全凭借自己的努力写下了惊世之作《茶花女》，成了一位蜚声文坛的文学巨匠。我国著名教育家陶行知曾经也说过："滴自己的汗，吃自己的饭，自己的事情自己做，靠人靠天靠祖上，不算是好汉。"纵观这些成功人士的成长经历，我们不难发现，他们之所以能够获得成功，是因为他们牢牢地把握了自己的命运。

（1）当你看到别人的成功时，无须艳羡，因为你同样也可以获得成功。

（2）摊开自己的掌心，再握紧自己的掌心，你是否感觉到你的命运就紧握在自己的手掌中。

（3）不管什么时候，你的命运都不是由别人决定的，而是你自己。

（4）向那些成功人士学习吧，学习牢牢地把握自己的命运，学习成就自己的一生。

做一个真实的人

在这个世界上，没有绝对的完美。不管是任何事情，还是任何人，都存有一定的瑕疵。如果没有瑕疵了，这件事情本身也就不存在了。从某种意义上来说，不完美才是一种永恒的存在。

有一个贫困的樵夫，他每天都要到很远的山上去砍柴，然后卖掉以维持生计。这一天，他又来到了平时经常去的那座高高的山峰。他在山上砍柴时，忽然发现有一个亮闪闪的东西，走近捡起来一看，原来是一块很大很漂亮的玉，他非常喜欢。

回到家，他把这块玉放在了桌子上，仔细地擦拭。没多久，他的老婆回来了，看到樵夫手里的美玉欣喜不已。不管是自己佩戴，还是典当出售，都是一个很好的处理办法。但是，让她觉得可惜的是，这块玉上面有一些小瑕疵。她想，如果能把这些小瑕疵去掉，这块玉就完美无瑕了，到时候就非常值钱了。于是，她偷偷地把玉拿到了门外，轻轻地敲掉了一个小角，但是瑕疵仍在；再去掉一角，瑕疵依然在……最后，瑕疵是被去掉了，但玉也被敲得支离破碎了。

心灵启示

一块有点儿瑕疵的玉，却因为妻子追求完美，不停地敲敲打打，而变得支离破碎。假如妻子不过于追求完美，那么，这块玉其实堪称无价之宝。其实，完美只是相对的，绝对完美则意味着停止、终结。只有不存在的虚幻的东西，才可能是绝对完美的。在生活中，很多时候，我们因为发型不够满意而心烦意乱，因为某些地方不尽如人意而感到沮丧，甚至因为没有达到所谓的完美而悲观绝望，其实，这都是不好的心态在作怪。在这个世界上，凡事都不可能使人心满意足，因为凡事都不可能完美。有的时候，瑕疵的存在反而使一个物体、一件东西显得更加真实生动。举个最简单的例子，现实生活中，我们通常不愿意和那些看起来没有任何缺点的人打交道，因为他们完美得近乎不真实，使人怀疑他们的存在是否是真实的。

大学一年级，小娜的人缘特别好，因为，她不仅学习很努力，而且，对同学们非常热情，最重要的是，她琴棋书画样样精通，让人挑不出丝毫的毛病。为此，大家都选她当班长。然而，随着了解的加深，不知道为什么，喜欢小娜的同学越来越少了，大家对她的评价都是“城府很深，让人看不透”。原来，

小娜处处都表现得太好了，这也许在刚开学的时候给同学们造成了一个假象，使人觉得她是非常完美的。但是，日久天长，大家很难相信一个人是真正的完美，便觉得小娜在刻意伪装自己，由此，大家才会说她“城府很深，让人看不透”。其实，假如小娜身上能表现出一些理所当然存在的缺点，那么，大家心里就会更加踏实一些，觉得她这个人既有优点，也有缺点，是一个很真实的人。出于这种心理，大家也许会更愿意和小娜交朋友。

（1）凡事不要过于追求完美，因为，在这个世界上没有绝对的完美。

（2）完美只是相对的，是使我们达到满意的一个状态。你觉得满意了，自然就觉得完美了，因此，我们应该端正自己的心态，不要过于苛求完美。

（3）不管是对待别人，还是对待自己，我们都应该允许不完美的存在。

（4）完美的事物和人只存在于虚幻之中，只有不完美才是永恒的存在。

换一种视角看生活

世界上并不缺少美，只是缺少发现和欣赏美的眼睛；世界上也并不缺少使我们感到激动人心的事情，只是因为我们缺少热情。只要我们带着一双发现美的眼睛去看这个世界，去欣赏这个世界，那么，我们就会发现自己的身边有很多美的事物；只要我们始终满怀热情，就会热情洋溢地对待生活，满怀激动地去创造生活。生命的奇迹是由热情之火创造的，不管什么时候，我们都应该让自己的心底燃烧着热情，让我们的生命洋溢着激情。

世界著名励志大师拿破仑·希尔描述过他和他的母亲一起乘船渡江到纽约的经历。

那是一个浓雾弥漫的夜晚，他们俩站在船上望着茫茫大海，母亲突然欢叫道：“这是多么令人欣喜的景观啊！”

“什么东西让您如此欣喜呢？”希尔问道。

母亲依旧充满热情：“你看呀，那浓雾，那四周若隐若现的灯光，还有消失在雾中的船带走了令人迷惑的灯光，多么令人不可思议。”

母亲的热情极大地感染了拿破仑·希尔，他着实也感觉到厚厚的雾中那种隐藏着的神秘、虚无及点点的迷惑。一颗迟钝的心瞬间被唤醒了。

母亲转过头，凝望着希尔，语重心长地说："从你出生之日起，你就一直在聆听着我给你的忠告。不管以前的忠告你是否听进去了，但今天的忠告你一定要听，而且要永远牢记。那就是，世界从来就有美丽和兴奋存在，她本身就是如此动人、如此令人神往，所以，你必须要对她敏感，永远不要让自己感觉迟钝、嗅觉不灵，永远不要让自己失去那份应有的热情，要用热情激励自己努力奋斗。"

母亲的这番话被拿破仑·希尔永远地记在了脑海里，并在以后的日子里始终实践着。

拿破仑·希尔对于写作热情极高。有一天晚上，拿破仑·希尔正在专心地敲打字机时，偶尔从书房窗户望出去，他看到了似乎最怪异的月亮倒影，反射在大都会高塔上。那是一种银灰色的影子，是他从来没见过的。再仔细观察一遍，拿破仑·希尔才发现，那是清晨太阳的倒影，而不是月亮的影子。原来已经天亮了。他工作了一整夜，但由于太专注自己的工作，一夜仿佛一眨眼就过去了。之后，他又继续工作了一天一夜，除了其间停下来吃点清淡食物以外，未曾好好休息。

心灵启示

也许，只是一个很偶然的机会，你就会像拿破仑·希尔一样发现自己的身边原来存在着很美好的事物。自此以后，你的心中便充满着对生命的爱，你的眼中满是美好的事物，你对整个世界充满着欣喜，用宽容而又欢愉的眼光去看待身边的一切。这一切都源于我们心中的热情，热情是我们生命永恒的动力。我们也应该牢牢地记住拿破仑·希尔母亲所说的话，始终充满着热情，始终对这个世界保持着敏感、敏锐的感觉。

经历了七年的婚姻，那丽的感觉似乎越来越迟钝了。她的心情越来越糟糕，动不动就发脾气，很少感到喜悦。在结婚七周年纪念日那天，老公很贴心地送给了那丽一个她心仪已久的腕表，但是，那丽却丝毫不感觉高兴。她似乎对什么都提不起兴致来了。后来，在心理医生的建议下，那丽离开法国，来到了古老的中国进行长途旅行。她孤身一人，去了北京、上海等大城市，还去了

青岛、大连等海滨城市，甚至去了西藏和云南丽江。由于这次旅行的时间很长，那丽有些想念远在法国的丈夫和孩子。在结束了为期三个月的旅行之后，那丽回到了法国的家。这次旅行显然是很好的治疗，旅行归来的那丽不再感到厌倦，而是万分珍惜与丈夫和孩子在一起的时光。独身在外旅行时的思念始终萦绕在她的心头，使她加倍珍惜一家人在一起的时光。从此以后，在那丽心中，一家人待在一起看电视，都是难得的美好时光。曾经倍感枯燥乏味的准备食物的过程，如今在那丽看来却是一个享受的过程，她愉悦地做饭，满心欢喜地看着丈夫和孩子享受食物。总而言之，那丽似乎变了一个人，她对婚姻生活满怀热情。

（1）用发现和欣赏美的眼睛去看待生活，你会感觉生活无比美好。

（2）要满怀热情地对待生活，你对生活热情，生活就会回馈你激情。

（3）激情是生活的基础，只有满怀激情，你才能创造生命的奇迹。

（4）让热情之火永远在心中燃烧吧，让生命的奇迹尽情绽放吧！

只有自己，才是最坚强的依靠

人生的道路既是漫长的，又是短暂的。在漫长而又短暂的一生之中，我们必须不断地经历各种各样的考验。为了生活，为了更好地生活，很多人都为自己制定了长远的目标，然而，通向目标的道路与方式却是完全不同的。虽然人生路上，我们有亲人、朋友相伴，但是，大多时候，我们只能依靠自己去实现目标，去创造人生。

很多时候，尤其是身陷困境的时候，我们总习惯于把希望寄托在别人身上，希望别人能够帮助我们摆脱困境。其实，不管别人给予我们怎样的支持与帮助，我们都应该依靠自己的力量战胜困难。因为，别人的帮助与支持只是暂时的，只有我们自己，才是长久依靠的。

一天，小蜗牛懒散地爬到妈妈身边，问妈妈：“为什么我们从生下来，要背负这个又硬又重的壳呢？”妈妈说：“因为我们的身体没有骨骼的支撑，只能爬，又爬不快，不像其他动物那样，能跑能跳的，所以要这个壳的保护！”

小蜗牛说：“毛毛虫妹妹没有骨头，也爬不快，为什么它却不用背这个又硬又重的壳呢？不让它来保护自己呢？”

妈妈说：“毛毛虫妹妹和咱们也不一样，因为它能变成蝴蝶，天空会保护它啊。”

小蜗牛说：“可是蚯蚓弟弟也没骨头爬不快，也不会变成蝴蝶，它为什么不背这个又硬又重的壳呢？”

妈妈说：“因为蚯蚓弟弟会钻土，大地会保护它啊。”

小蜗牛哭了起来：“我们好可怜，天空不保护，大地也不保护，我们生活太艰辛了，太不幸了。”

蜗牛妈妈安慰它说：“所以我们有壳啊！我们不靠天，也不靠地，我们靠自己。”

心灵启示

小小的蜗牛，既不能靠天，又不能靠地，凡事只能依靠自己的力量，蜗牛尚且如此，更何况我们身为万物之主的人类呢？人类都生活在同一个地球上，而且都会在实现梦想的过程中遭遇很多困惑和挫折，这一点是毋庸置疑的。人类是群居动物，习惯于在社会这个整体中生存，在生存的过程中，我们不断地遇到困难，面对困难，战胜困难。人生，不管对于谁来说，都不可能是一帆风顺的。人生具有百般滋味，酸甜苦辣咸俱全，要想尝尽人生百味，就少不了遭遇困难和挫折。在一次次面对问题、解决问题的过程中，我们学会了把握自己的命运，学会了依靠自己的力量改变人生。

很多时候，有人抱怨自己的身边没有得力的亲戚和朋友，其实，无须抱怨。因为，在你抱怨别人帮不上你的时候，你是否帮到了别人呢？帮助是相互的，只有你首先帮助别人，别人才会在你需要的时候帮助你。然而，即便如此，那些人生的坎坷，也还是需要我们依靠自己的力量去战胜，去克服。不管什么时候，不管什么情况，靠别人都远远不如靠自己。

（1）只有自己，才是最坚强的依靠。

（2）靠山山会倒，靠树树会跑，我们只能依靠自己的力量去面对人生的风风雨雨。

（3）别人只能帮助你一时，却帮不了你一世。

（4）与其奢求别人的帮助，不如自己努力。

掌控了自己的情绪就掌握了快乐的钥匙

生活中，每天都有很多人抱怨自己不快乐，而细问他们为什么不快乐，他们的理由又是千奇百怪的。有人说自己不快乐，是因为领导不喜欢自己；有人说自己不快乐，是因为在公交车上被人踩了一脚；有人说自己不快乐，是因为得不到别人的肯定和夸奖；有人说自己不快乐，是因为天气不好……在我看来，这些似乎都不足以成为不快乐的理由，因为这些都不是真正的不快乐，而是被动的不快乐，是内心不强大容易受到外界影响导致的不快乐。内心真正强大的人，很少因为别人而影响自己的心情。他们每天都做着自己的事情，享受着自己的生活，而不在乎别人的评价以及天气是好是坏。试想，生活中有那么多繁杂的问题需要我们去面对，假如快不快乐都受到别人的影响，那么，我们还有什么理由彻底地快乐呢？要想得到真正的快乐，我们首先应该调整自己的心态，使自己变得内心强大，不要轻易地受外界的影响。

约翰逊是美国一位小有名气的学者，他经常四处讲学，结交朋友。这一天，他来拜访一位很久不见的老朋友，吃过午饭，他们在朋友家下面的一个小公园里散步。当他们坐在一个长凳上聊天时，一位清洁工过来了，他把这个朋友脚下的一块香蕉皮扫走了。朋友很有礼貌地对那清洁工说了声“谢谢”，但那清洁工却冷口冷面，不发一言。

那个清洁工走后，约翰逊说：“这家伙态度真差，是不是？”

朋友说：“他对每个人都这样。”

约翰逊问：“那你为什么还对他这么客气呢？”

朋友回答说：“为什么我要让他来影响我的行为、破坏我的心情呢？快乐的钥匙是掌握在我自己手中的啊！”

心灵启示

其实，人生不如意之事十有八九。如果我们任由一些人和事来影响我们的情绪，我们就在不知不觉中把心中那把“快乐的钥匙”交给别人掌管了！作为一个寻求幸福的人，应该自己掌握快乐的钥匙，不仅不用奢求别人给自己快乐，而且能将快乐与幸福传递给别人。

其实，上述事例中的情形我们在生活中很容易看到，朋友彬彬有礼地、友好地对清洁工说了声“谢谢”，但是，清洁工却听若未闻。倘若换作一般人，他们一定会感到非常气愤，甚至对那个清洁工破口大骂。但是结果呢？清洁工会有所改变吗？只怕清洁工没有任何改变，但是你的心情却变得极其糟糕。面对这种情况，朋友采取了一种不同寻常的做法，即用自己的快乐影响他人，而不是被他们不快乐的情绪所感染。毫无疑问，他成功了。他成功地掌控了自己的情绪，没有因为别人的不快乐而影响自己的好心情。朋友是一个掌握了快乐钥匙的人。

生活中每天都不可能顺心顺意，你是选择高高兴兴地度过一天，还是愁眉苦脸地度过一天？如果要快乐地度过每一天，首先要修炼自己的心灵，使自己的内心变得强大起来，这样，当外界环境不尽如人意的时候，你才能够像约翰逊朋友一样淡然地固守自己的快乐。

（1）别人不快乐，并不能影响你，只要你想让自己快乐起来。

（2）面对一个愁眉苦脸的人，最好的办法是绽放笑颜，这样，对方的心情也许会变好。

（3）不要为不相干的人影响自己的心情，要知道，心情是自己的。

（4）要想快乐，首先要修炼波澜不惊的好心态，这样你才能固守自己的快乐。

急躁无法解决问题

随着经济的发展，现代社会的生活节奏越来越快，不仅各种行业都进入了

快餐时代，就连爱情，也进入了“方便面”时代。时至今日，还有几个人能够平心静气地去经营一份感情？人们眼中所见的只有经济，只有利益，只有迅速高效。因此，那些能够静下心来经营感情和婚姻的人就越发弥足珍贵。其实，不光是对待感情，即使对待其他的事情，或者学习，或者工作，我们依然需要一颗善良而又不急躁的心。

赫拉格是一位小有名气的骑师，他在几年间陆续收了三个徒弟。这三个徒弟在学艺期间同时爱上了他漂亮的女儿爱丽斯。眼看女儿到了谈婚论嫁的年龄，赫拉格就问爱丽斯想挑谁做自己的夫婿。爱丽斯满脸通红，自己也拿不定主意。

于是，赫拉格决定让三个徒弟举行一场别开生面的骑术比赛。他让三个徒弟到马群里挑选自己的比赛伙伴。

大徒弟挑了一匹高大健硕、蹄起电闪的白马。

二徒弟挑了一匹性子暴戾、但疾步如飞的黑马。

三徒弟别无选择，只能挑了那匹骨瘦嶙峋但精神抖擞的秃毛老马。

比赛刚开始，三匹马都飞沟跃壑、蹄奔似箭，保持在同一水平线上。中途，路遇一片花地的时候，情况发生了变化。大徒弟和二徒弟想都没想，径直踏花而过。唯有三徒弟收住了缰绳，绕花而行。结果，他被两位师兄甩在了身后。

眼看就要到达目的地，大徒弟和二徒弟一阵狂喜，都以为爱丽斯非己莫属。

不料前面一条河拦住去路，河面上只有一座独木桥，仅可供独骑穿行。大徒弟和二徒弟互不相让，都想抢先过桥。结果，双双落入河中。

大徒弟和二徒弟正在河中挣扎上岸之际，三徒弟策马而来，轻轻松松地过了独木桥，结果最早到达目的地。

按照约定，赫拉格骑师把女儿爱丽斯嫁给了三徒弟。

心灵启示

和大徒弟、二徒弟比起来，三徒弟显然不是最精明的。他选马的时候就落到了最后，不得不挑了一匹骨瘦嶙峋但精神抖擞的秃毛老马，行进的过程中又因为绕花而耽误了速度，然而，命运是公平的，当大徒弟和二徒弟因为争夺独木桥落入水中的时候，三徒弟却悠然自得地过了独木桥，最先到达了目的地。这个故事充分验证了我们常说的一句话，欲速则不达。事实确实如此，因为抢先，大徒弟和二徒弟反而落了后。

在生活中，我们都要提醒自己避免犯像大徒弟和二徒弟一样的错误，明明想得第一，却因为处处争抢变成了倒数第一。我们应该像三徒弟学习，做一个善良的、不急不躁的人。这样的人更能坦然面对生活的波澜，不会因为生活的变化而使自己手忙脚乱。看似慢，实则是快。

（1）不管什么时候，都不要忘记善良的本性。

（2）不管什么时候，都不要因为急躁而不顾一切。要知道，急躁非但无法解决问题，反而有可能使问题犹如一团乱麻。

（3）生活中总会有很多意外发生，能够处理好突发情况往往是那些固守本性的人。

（4）记住，欲速则不达。

别让坏脾气影响生活

人是情感动物，也是情绪动物，很容易受到情绪的影响。在生活中，我们难免会遇到一些不那么顺心顺意的事情，导致滋生坏情绪。这些坏情绪一旦积累起来，就会使我们的脾气越来越暴躁，使我们渐渐远离快乐。

需要意识到的是，情绪是一种非常正常的心理，假如一个人经常处于紧张的工作环境和不良的人际关系之中，那么就很容易产生负面情绪。为了控制我们的情绪，我们可以通过自我催眠的方法来缓解自身的不良情绪，从而避免坏情绪给我们的生活带来的不好影响。假如我们始终无法调整好自己的情绪，使自己被坏脾气控制，那么，严重时就会导致心理疾病，甚至还会影响我们的正常生活，给自己和家人带来不必要的痛苦。倘若我们置身于人际关系之中，那么，坏情绪引起的坏脾气还会影响我们的人际关系和社会交往。人是群居动物，无法脱离社会而生活，可想而知，坏脾气将会给我们带来多么恶劣的影

响。难以想象，假如一个人身边没有朋友，没有亲人，没有知心的好友，那么，他将多么孤独与寂寞，甚至无法生存下去。

其实，发脾气时影响最大的不是对别人，而是对自己。在发脾气的时候，我们不仅会伤害到别人，影响相互之间的关系，还会失去所拥有的快乐？

有一个坏脾气的男孩，他很容易因为一些小事而情绪波动，生气和发脾气也是常事。虽然他心地善良，待人真诚，但因为易生气，使他失去了很多好朋友。他为此很是苦恼。

这一天，他父亲给了他一袋钉子，并且告诉他，每当他发脾气的时候就钉一根钉子在后院的围栏上。第一天，这个男孩钉下了37根钉子。慢慢地，每天钉下的钉子数量减少了，他发现控制自己的脾气要比钉下那些钉子容易。终于有一天，这个男孩没有失去耐性、乱发脾气，他告诉了父亲。父亲又说，从现在开始，每当他能控制自己的脾气时就拔出一根钉子。一天天过去了，最后男孩告诉他的父亲，他终于把所有钉子都拔出来了。

父亲来到后院握着他的手说："你做得很好，我的好孩子，但是看看那些围栏上的洞，这些围栏将永远无法恢复到从前的样子了。你生气的时候说的话，就像这些钉子一样会留下疤痕。每当你和朋友吵架，说了些难听的话，你就在他心里留下了伤口，像那个钉子洞一样。插一把刀子在人家心里，再拔出来，伤口就难以愈合了。无论你怎么道歉，伤口总在那儿。要知道，心灵上的伤口比身体上的伤口更加难以恢复。"

这个孩子听完父亲的教诲，从此以后很少乱发脾气，因此，他身边的好朋友也随之多了起来。

心灵启示

众所周知，人际交往在我们的生活中日益上升到了一个前所未有的高度，乱发脾气不仅会影响身边人的生活，还会影响自己的情绪，使我们与快乐绝缘。

张丽总是多愁善感，很少开怀大笑。随着郁结于心的情绪不断积压，张丽的脾气越来越坏。结婚以后，因为张丽总是发脾气，他们的婚姻生活非常坎坷。试想，有哪个男人愿意整日面对一个发脾气的女人呢？自从有了孩子以后，张丽的脾气更坏了。因为她不仅要忙于工作，还要照顾孩子，所以，她稍有不悦就大喊大叫。在孩子一岁多的时候，张丽的老公提出了分居。面对如此晴天霹雳，张丽才开始自我反省，并且去看了心理医生。经过心理医生的疏导，张丽意识到了自己身上存在着很严重的问题，而最为迫切解决的是张丽需要改变自己的脾气，只有这样，她才能变得快乐，才能给丈夫和孩子一个快乐的家。为了时时刻刻地提醒自己面带微笑，保持好情绪，远离坏脾气，张丽在家中的各个地方都贴上了“笑脸”，或者是“笑一笑，给自己一个好心情”“愉快一些吧，生命是美好的”“好心情是自己给自己的”“给丈夫一个美丽的妻子，给孩子一个快乐的妈妈”等标语。果不其然，经过一段时间，张丽变得爱笑了，她的脸上总是挂着微笑，友善地面对丈夫和孩子以及身边的朋友和同事，不仅她的家庭生活变得幸福了，她的工作也变得更加顺利了。

你也想变得更加快乐吗？那么先从改变自己的坏脾气开始吧。只有你拥有好脾气，才能变得快乐，才能给身边的人带来快乐！

（1）好脾气是修炼出来的，你要慢慢地修炼自己。

（2）坏脾气的最大受害者是自己，为了对自己有利，不要当坏脾气的奴隶。

（3）好脾气不仅能给你带来快乐，还能给你带来健康，更重要的是能给你带来良好的人际关系。

（4）人生短暂，我们要把握自己的人生，充分地享受快乐。

真正的人生应如水般就势随形

在世界的各个角落，生长着不同的植物，也存活着不同的动物。为什么不同的地方有不同的生命存在，是因我们常说的“一方水土养一方人”。很多时候，即使一个环境非常好，气候宜人，也未必适合所有的物种生存。甚至在不同的山坡上，也存在着不同的生物和植物。生存就是存在如此细微的差别，不管是植物，还是动物，都需要适应大自然的生存法则才能更好

地生存。

加拿大是一个很适宜人生活和居住的地方，很多人移居到那里。在魁北克省有一条南北走向的山谷，这条山谷没有什么特别之处，唯一能引人注意的是它的西坡长满松、柏、女贞等树，而东坡只有雪松。这一奇异景色，令许多人疑惑，然而揭开这个谜的，竟是一对刚刚移居加拿大的夫妇。

1993年的冬天，刚刚移居到这里的一对夫妇的婚姻濒于破裂的边缘，为了找回昔日的爱情，他们打算进行一次浪漫之旅，如果能找回就继续生活，否则就友好分手。他们来到山谷的时候，不巧下起了大雪，他们支起帐篷，望着漫天飞舞的大雪，发现由于特殊的风向，东坡的雪总比西坡的大且密。不一会儿，雪松上就落了厚厚的一层雪。不过当雪积到一定程度时，雪松那富有弹性的枝丫就会向下弯曲，直到雪从枝上滑落。这样反复地积，反复地弯，反复地落，雪松完好无损。可其他的树，却因没有这个本领，树枝被压断了。妻子发现了这一景观，对丈夫说："东坡肯定也长过杂树，只是不会弯曲才被大雪摧毁了。"少顷，两人突然明白了什么，拥抱在一起。

心灵启示

因为受到雪松的启示，一对婚姻原本濒临破裂边缘的夫妻找回了昔日的爱情。如果我们能够从中得到启示，那么，我们的人生就会显得与众不同。

有一个人总是郁郁不得志，不仅生活不顺利，工作方面也总是遭遇瓶颈。为此，他去请教智者。智者沉思良久，端起一瓢水问那个人水是什么形状的，那个人连连摇头说，没有形状。智者把水倒入碗中，那人说水是碗的形状。随后，智者又把水倒入花瓶之中，那人又说水像花瓶的形状。智者接连摇头，又把花瓶中的水倒入花盆之中。只见，转眼间，水浸入沙土，消失不见了。智者富有深意地对那个人说："这就是水的一生。"

这个人突然顿悟，人生应该像水一样无形而能够变成任何形状。

智者却缓慢地摇摇头，说："你只说对了一半！"

说完这话，智者指着门檐下石阶上的凹处，对那个人说："你看这个凹处，石头很坚硬，为什么会有凹处呢？是因为下雨的时候，水滴不断地从屋檐上落下。"

那个人幡然醒悟，说道："我知道了，水虽然是无形的，可以装到任何容器之中，但却又是有力量的，因为它始终潜移默化地改变着装载它的容器。"智者笑着说："对，这就是人生！"

真正的人生不是纯粹的无形，能够被任何外力所改变，而是像那水，看似无形，为了适应各种容器而变成各种形状，实际上却暗含力量，最终用自己的坚韧不懈改变了承载自己的容器。这就是柔中有刚，柔中带韧，看似无形，实则有形。人生也应该这样，否则，人生就会失去意义。

（1）为了实现自己的价值，我们应该找到属于自己的那片山坡，就像那雪松。

（2）我们既要像水一样无形，又要像水一样有形。

（3）水是最柔软的，但是却蕴含着巨大的力量。

（4）这个世界上最坚硬的是刚，最柔韧的最有力量的却是水。

第8章　放开自己，生命的旅途会更美丽

不管什么时候，希望都是我们勇敢面对生活的支柱。假如没有希望，生活就会变得无比黯淡，生活中的一切都会使人兴趣索然。只有满怀希望的人，才能够积极地面对生活的苦难，勇敢地战胜我们面对的困难，成为生活的主人。在漫长而又变幻莫测的人生旅途上，我们只有放开自己，才能看到更加美丽的旅途风景。

乌云一走开，太阳就出来

太阳每天都出来，只是我们有的时候看不到它而已。因为，它就像一个顽皮的孩子，喜欢躲藏在乌云后面。生活也是如此，生活总是美好的，是值得人们珍惜的，只是有的时候它会跟人们开一个小小的玩笑，使人有点儿措手不及，却又不得不面对。只要你能够乐观地面对，永不放弃，你就必能守得云开见月明。

等车的时候，远远地看见一个小孩子拉着妈妈过来了，好像还在争论着什么。待到他们走过来才听清楚，原来是在为去不去动物园看大象而争执。

小孩子不依不饶："不嘛，不嘛，我就要去动物园看大象。"

妈妈劝他："不是早说过了吗，今天出太阳了咱就去，但今天没有出太阳啊，而且天气预报说还可能下雨呢，还是改天再去吧。"

"妈妈骗我，今天出太阳了……"

妈妈笑了起来，问道："是吗？那你说说，太阳到底在哪儿。"

小孩子抬起头来，东看看西瞧瞧，然后指着天空喊："不是在那儿嘛。"

"没有啊，那只是乌云而已呀。"

“对呀！”没想到，小孩子一副非常认真的样子，“太阳就躲在乌云的后面呢，等一会儿乌云一走开，不就出来了吗？”

周围等车的人都笑了。是呀，小孩子的话确实有道理：太阳每天都在天空中，虽然有的时候我们看不见它，那是因为它躲在了乌云的后面，一旦乌云散开了，不就出来了吗？

心灵启示

太阳每天都出来，正如生活每天都很美好，很值得我们珍惜一样。当我们的生活偶尔被乌云遮住阳光的时候，不妨想一想这个小孩子的话。记住，永远都有云开见月明的那一刻，只要你坚持下去。

1982年12月4日，尼克胡哲出生了。刚出生的他不仅没有双臂，而且没有双腿，只在左侧臀部以下的地方长着一个有两个脚趾头的小“脚”。他的父亲看到儿子居然长成这样，被吓了一大跳，跑到医院产房外呕吐起来。即便他的母亲，也始终无法接受这个残酷的现实，直到四个月之后，她才抱起襁褓中的尼克胡哲。在医学上，尼克胡哲这种罕见的现象被称为“海豹肢症”。

因为身体有残缺，尼克胡哲非常痛苦，他10岁时曾经试图把自己溺死在浴缸里，但是他失败了。此时此刻，他的父母已经接受了他身体残缺的现实，并且开始积极地鼓励他战胜困难，努力生存。此后，尼克胡哲创造了一个又一个奇迹，他不但学会了游泳，还学会了冲浪，他不但学会了用仅有的两个脚趾打字，还学会了写字，打高尔夫。尼克胡哲在冲浪板上做高难度旋转动作的图片被发表在美国一家杂志的封面上，此时此刻，尼克胡哲终于迎来了自己的人生，他不再为自己身体的残疾而感到烦恼，而是坦然接受。

生命，对于每个人都只有一次，当上帝给你关了一道门的时候，他一定会为你打开一扇窗户。所以，只要你耐心地等待，不放弃努力，坚信乌云终将会散去，那么，你就一定能够迎来属于自己的阳光。

（1）人生不可能每天都是阴天，你要学会在阴天耐心地等待晴天。

（2）当遇到无法逾越的困难时，不如想一想温暖的阳光照耀在身上的感觉吧。

（3）即使此时此刻乌云蔽日，太阳也迟早会悬挂在晴空之中。

（4）人生就如天空，有阴有晴，我们要学会坦然面对。

不管何时，都要满怀希望

希望，是所有人成功的起点，信念，是托起人生大厦的支柱！假如人生中缺少了这两种力量，那么，你的人生一定会苍白无力，一事无成。只有信念坚定的人，才能够创造生命的奇迹。从某种意义上来说，希望是人生的种子，如果没有希望，人生必将无法开枝散叶。而信念的力量则是种子的力量，能够鼓舞人们在绝境中坚持下去，直至胜利。因此，不管什么时候，我们都要满怀希望，并且坚定自己的信念，扬起生命的风帆。

一位喜欢旅游的朋友从新疆回来之后，给我讲了一个耐人寻味的故事。

那天，他正在新疆的古尔班通古特沙漠里探险，一场突如其来的沙漠风暴使他迷失了前进的方向。更为可怕的是，他随身携带的干粮和水也在寻求躲避的时候，被风沙卷走了。翻遍了全身上下所有的口袋，他只找到一个已经啃过一口的青苹果："呵呵，不错的，我还有一个苹果呢！"他十分欣喜地叫了起来。

随后，他紧紧攥着那个青苹果，漫无目的地在沙漠里寻找可能的出路。有好多次，当饥饿、干渴和疲劳一股脑儿袭来的时候，他真想一屁股坐下来美美地吃掉那个散发着甜味儿的苹果，但最终还是忍住了。

一天过去了，两天过去了……第三天中午，他拖着沉重的双腿爬上了一座沙丘，终于看见了几座放牧人的帐篷。长出一口气，他慢慢地展开了手，发现那个始终舍不得咬一口的青苹果，早已干巴得不成样子了。

听完朋友这个故事，我在深深赞叹之余，也深感惊讶：一个表面上看起来很不起眼的苹果，竟然有如此不可思议的神奇力量？

其实，仔细想一想，这哪里是苹果的神奇力量呀，分明是朋友坚定的信念力量！

心灵启示

朋友之所以保留着那个青苹果，正是为了保持自己心中的信念，使自己始终留存一份希望。假如手中没有那个苹果，他很可能放弃生的希望了，以致无法看见放牧人的帐篷。有的时候，生机就在眼前，但是，绝望的人却缺乏坚持到最后的信念和勇气。

很久以前，有一支探险队进入了广袤无垠的大沙漠之中。因为天气突变，他们在风沙之中迷了路。此时，每个人的水壶里都没有水了，大家又饥又渴，在死亡线上挣扎着……眼看无边无际的沙漠，每个人都露出绝望的神情，他们不约而同地感受到了死亡的威胁……就在此刻，队长突然拿出一只沉甸甸的水壶，郑重其事地对大家说："我还有一壶水，不过，在我们成功地走出大漠之前，谁都不许喝这壶水。"

听完队长的话，大家都两眼冒光地看着队长手中的水，似乎看到了生的希望。就这样，这壶水从队长手中传到了每个人的手中，队员们满怀希望地感受着那沉甸甸的水壶，似乎看到了生的希望。直至走出了沙漠，摆脱了死亡的阴影，大家才拥抱在一起喜极而泣，当他们用颤抖的手拧开壶盖时，却发现金色的细沙从水壶中缓缓地流淌出来。

到底是谁带领他们走出了绝境？只能说，是队长以沙子当水带给他们的希望与信念。

其实，人生中根本没有真正的绝境，人们不是常说天无绝人之路。不管处于何种境遇之中，只要我们满怀希望，始终坚持，那么，就能够使心中那颗信念的种子生根发芽，就能使我们的生命开出绚烂的花朵！

（1）绝望除了使事情变得更糟糕更无望之外，没有任何好处。

（2）不管什么时候，希望都是生命的种子，信念都是支撑人生大厦的支柱。

（3）如果没有希望，人生就会变成茫茫荒漠。

（4）信念的力量是巨大的，是它，使人们有勇气和毅力创造生命的奇迹。

固守自己的心灵，活出真我

人生是有方向的，而主宰人生方向的就是心灵的方向。你积极乐观，就会觉得凡事都顺利，其实，它们未必那么顺利，只是你觉得顺利而已；你悲观绝望，就会觉得任何事情都陷入了绝望之中，其实，它们未必那么糟糕，只是你

觉得糟糕而已。如果你心情很好，即使窗外下着雨，你也能够笑靥如花；如果你心情抑郁，即使窗外阳光灿烂，你也会像霜打的茄子。由此可见，我们首先要为自己的心灵找到方向，这样，我们的人生才会向着我们心中所期冀的那个方向发展。

有位秀才第三次进京赶考，住在一个经常住的店里。考试前两天他做了三个梦，第一个梦到自己在墙上种白菜；第二个梦到下雨天，他戴了斗笠还打伞；第三个梦到跟心爱的表妹脱光了衣服躺在一起，但是背靠着背。

这三个梦似乎有些深意，秀才第二天赶紧去找算命的解梦。算命的一听，连拍大腿说："你还是回家吧。你想想，高墙上种菜不是白费劲吗？戴斗笠打雨伞不是多此一举吗？跟表妹都脱光了躺在一张床上，却背靠背，不是没戏吗？"

秀才一听，心灰意冷，回店收拾包袱准备回家。店老板非常奇怪，问："不是明天才考试吗，今天你怎么就要回乡呢？"秀才如此这般说了一番，店老板乐了："哟，我也会解梦的。我倒觉得，你这次一定要留下来。你想想，墙上种菜不是高中吗？戴斗笠打伞不是说明你这次有备无患吗？跟你表妹脱光了背靠背躺在床上，不是说明你翻身的时候就要到了吗？"

秀才一听，更有道理，于是精神振奋地参加考试，居然中了个探花。

心灵启示

同样的一个梦，因为不同的解释，对秀才产生了截然不同的影响。如果秀才听从了前面那个算命先生的话，那么，他的一生就将变得完全不同。幸运的是，店老板制止了秀才回乡的行为，使他在绝望之余产生了新的希望。正因为此，秀才才能高中探花，改变自己一生的命运。

你呢？你想当那个高中探花衣锦还乡的秀才，还是想当那个灰溜溜逃回家乡的秀才？秀才幸运地得到店老板的鼓励，我们却未必幸运地遇到好心的店老板。因此，我们需要相信自己，坚守自己的心灵。只有这样，你才能成功地参加一场又一场的人生考试，最终交出令人满意的答卷。

小丫和小依是双胞胎，她们俩长得都很漂亮，学习也好。然而，她们的性格却完全不同。小丫心高气傲，总想找一个成功男人做自己的男友，幻想过上奢华的王子与公主的生活。小依虽然条件一点儿不比姐姐小丫差，但是在寻找意中人方面，要求简直太低了。用小依自己的话说，就是“找一个身心健康、爱我且我爱的男人共度一生。”也许因为要求低，小依很快就与一个高高大大的男孩交往了，这个男孩看起来非常诚实憨厚，对小依也很好。对此，小丫却满肚子意见，她不止一次地劝说小依：“你条件一点儿不比别人差，干吗要找一个一穷二白的男朋友呢？如今，生活这么艰难，你们什么时候才能享福啊？”对此，小依总是淡淡一笑，因为她知道姐姐小丫无法理解她的幸福。

几年过去了，小丫依然孤身一人，而小依则有了一个可爱的女儿。有的时候，看着小依一家三口幸福地过日子，她的心中酸溜溜的。又过去了两年，小丫终于与一位有过短暂婚史的小老板结了婚，她原本以为自己从此过上了锦衣玉食的生活，不曾想，小老板仗着有几个钱，只把小丫当成自己的附属品，可怜的小丫，虽然穿金戴银，但是在家中却丝毫没有地位，更没有得到丈夫的爱。时至今日，她才幡然悔悟，意识到小依才得到了真正的幸福。

如今，人们越来越拜金了，年轻美貌的女子都做怀春的梦，只不过，这原本瑰丽的少女之梦，因为掺杂了金钱，渐渐地变了味道。小丫和小依对于爱情和婚姻的追求，无疑告诉我们一个真理：不管什么时候，我们都要坚守善良和本分，都不要为了所谓的金钱而出卖自己的感情和灵魂。一切幸福的婚姻，必须建立在毫无功利的基础之上，假如掺得太多，就会变味。

人生之中，有太多的诱惑。要想活出真我，就必须固守自己的心灵，主宰心灵的方向，不能迷失自我。

（1）面对诸多诱惑，我们必须想明白自己到底要什么。

（2）人生是一趟没有回程的旅行，千万不能迷失方向。

（3）面对诱惑，我们要有定力，要坚守自己的内心。

（4）天上从来不会掉馅饼，要想有回报，就必须先付出。

学会为自己减轻压力

随着时代的发展，人们的生活节奏越来越快，生活压力也越来越大。为

了生活得更好，我们应该学会缓解压力，否则，就会被压力压垮。那么，如何缓解压力呢？举个最形象的例子，在挑担子的时候，我们应该学会双肩轮流挑，而不要始终把担子放在一个肩膀上。不然，肩膀就会被压肿，更严重的会被压垮。

有两个和尚，常常结伴到山下的河里去挑水。和尚A挑完水之后只是轻喘几口气，而和尚B挑完水之后总是累得够呛。

和尚B想：瞧他那身板也没有我的壮，况且挑水的桶也不比我的小，可为什么他挑一担水丝毫不觉得累，而我挑一担水则累得不行呢？

又一次结伴去挑水。两个来回之后，和尚A似乎什么事也没有，而和尚B却是左肩膀又红又肿，于是他喊住和尚A，说："让我瞧瞧你的肩膀。"

和尚A脱下衣服让和尚B看：两个肩膀啥事儿也没有，只不过微微泛红罢了。和尚B心里开始嘀咕：奇怪，我和他挑同样的担子走同样的路，为什么我的肩膀又肿又疼而他的肩膀却毫发无损呢？

第三个来回，和尚B就要求两个人换一下水桶来挑。但挑着一担水上来之后，和尚B的左肩膀越肿越大了，而和尚A还是一点儿事也没有。

和尚B越发迷惑不解了，就吩咐和尚A再挑水的时候走在前头，而自己在后面跟着，也好仔细地观察自己挑水和和尚A到底有什么不同，但结果没有发现两人挑水有什么不同。

如此这般地折腾了几个来回，和尚A也对和尚B的"左肩膀红肿"感到奇怪了，就吩咐他走前头而自己在后面仔细地观察着。很快，在走到半山腰的时候，和尚A终于找到了原因，就赶紧喊住他："哎，你怎么不用两个肩膀轮换着挑水呢？"

"用两个肩膀轮换着挑水？"听了这话，和尚B顿时愣住了。

"是呀。人有左右两个肩膀，你怎么只用自己的左肩膀挑水呢？"和尚A边说边挑起自己的水桶，"你瞧，我现在用左肩膀挑水，如果左肩膀累了，就把水桶换到右肩膀上去。如此来回，肩膀又怎么会红肿呢？"

和尚B恍然大悟了：是啊，人有两个肩头，怎么能把担子老放在一个肩头上呢？于是，他效仿和尚A挑水，还是那么长的山道，还是那么重的一担水，但他的肩膀却不再疼痛难忍了。

心灵启示

因为学会了缓解压力，所以，和尚A轻轻松松地把水挑到了山上，而和尚B的肩膀却被压肿了。生活也是同样的道理，假如我们始终把生活的重担放在一侧的肩膀上，那么，我们就无法为自己解压，导致直接被压垮。当然，在生活中，缓解压力的方式有很多，并非像挑担子一样只能轮换肩膀。其实，我们也可以在忙碌的工作之余去旅游，从而释放我们的压力。还可以在疲惫的时候泡个热水澡，或者去健身房锻炼。女性朋友还可以练习时下流行的瑜伽，这些都是很好的解压方式。总而言之，只要能使你紧绷的神经放松片刻，使你疲劳的身体得到舒缓的，都是缓解压力的好方式。

（1）钱是挣不完的，有钱，而没有健康的身体，是人生最大的悲哀。所以，我们要学会休息。

（2）工作是别人的，身体是自己的，因为忙于工作而损害自己的身体健康是不值得的。

（3）没有人愿意整日劳累，但是大多数人都为生活所迫，如何把生活的节奏调整好，这是每个现代人都需要面对的问题。

（4）就像小和尚挑水那样，不要把所有的苦难都放在同一侧肩膀上。

历经风雨，才能够迎来收获

很久以前，人们就发现，处于安逸环境中的人大多没有太高的志向，能力也显得很平常，总之，没有什么特别突出的地方。而那些伟人和成功者，则大多有着坎坷的成长经历，他们曾经吃过很多苦，遭遇过很多波折，但却从没有放弃过。人们常说，真金不怕火来炼，意思就是说，真正有本事的人，不会因为一时的波折而放弃自己，而是始终坚持不懈。由此可见，我们要想突破人生的瓶颈，要想取得更好的发展，就不能仅仅局限于自身生活的小圈子，更不能因为贪图安逸而畏首畏尾，不敢踏足外面的世界。要知道，只有经历风雨的人，才能见到绚烂的彩虹，人生更是如此。

大约十年前，卢林作为业务员在一家电话推销公司接受培训。有一次，主管在培训课上用图诠释了一个人生寓意。他首先在黑板上画了一幅图：一个圆圈中间站着一个人，接着，他在圆圈的里面加上了一座房子、一辆汽车、一些朋友。

主管说："这是你的舒服区。这个圆圈里面的东西对你至关重要：你的住房、你的家庭、你的朋友，还有你的工作。在这个圆圈里，人们会觉得自在、安全，远离危险或争端。"

"现在，谁能告诉我，当你跨出这个圈子后，会发生什么？"教室里顿时鸦雀无声，一位积极的学员打破沉默："会害怕。"另一位认为："会出错。"这时主管微笑着说："当你犯错误了，其结果是什么呢？"第一名回答问题的学员大声答道："我会从中学到东西。"

"正确，你会从错误中学到东西。当你离开舒服区以后，你学到了不曾知道的东西，你增加了自己的见识，所以你进步了。"主管再次转向黑板，在原来那个圈子之外画了个更大的圆圈，还加上些新的东西，如更多的朋友、一座更大的房子等。

"如果你老是在自己的舒服区里头打转，你就永远无法扩大你的视野，永远无法学到新的东西。你只有跨出舒服区，才能把自己人生的圆圈变大，才能把自己塑造成一个更优秀的人。"

心灵启示

人的本性就是贪图安逸，如果从本能的角度来说，几乎没有人愿意吃苦。那么，为什么还会有那么多人不辞辛苦地去奋斗、去拼搏呢？原因很简单，他们有着强烈的欲望，希望自己能够生活得更好。人们常说，先苦后甜，苦尽甘来，意思就是说，天上不会掉馅饼，要想过上安逸的生活，首先要付出。因此，我们要想取得成功，首先要突破自身的瓶颈，从安乐窝中走出来，投身到大风大浪之中，这样一来，我们才能够经历更多的风雨，才能够迎来人生收获的季节。

乔林和宋茜是大学同学，她们从同一所师范院校毕业。毕业之后，乔林在父亲的安排下回到家乡当了一名教师，而宋茜则毅然决定去北京打拼。得知女儿做出了这个决定，宋茜的父母都表示反对，因为一辈子没有出过省城的他们简直无法想象一个女孩子孤身去遥远的北京要如何生活，更不愿意女儿放弃旱涝保收的教师职业。但是，宋茜却铁了心地要去北京闯荡。的确，困难比预想得更多。到了北京以后，宋茜在短期之内根本没有找到工作，很快，她随身带的钱就花完了。有一段时间，她不得不每天吃馒头、咸菜就着白开水。为了节省房租，她搬到地下室居住。这一切，她从未告诉父母。而乔林呢？工作之后，每天过着和学生时代相差无几的三点一线生活，而且，很快就找了同为教师的老公。他们的生活非常安逸，似乎一眼就能望到头，可以想象，即使时光流逝，他们依然过着同样的生活。有的时候，乔林很庆幸自己当初没有做出和宋茜一样的决定；有的时候，宋茜甚至怀疑自己当初的决定是否正确。然而，无论怎样，她们都已经没有回头路了。

熬过最难的那段时间，宋茜找到了一份教师的工作。两年后，她又改行做了销售。从此，她的生活发生了翻天覆地的变化。众所周知，销售工作是一分付出一分收获。为了生活得更好，宋茜就像一只上紧了发条的闹钟一样，一刻不停地努力拼搏着。谁也想不到的是，三年后，宋茜凭借自己的实力在北京买了房子，很快，还贷款买了车子。北京毕竟是国际化大都市，立足中国，放眼世界。几年之后，乔林和宋茜再次相聚时，她们几乎不敢相认。乔林的生活和几年前毫无变化，似乎可以想象得到未来几十年的生活，但是，宋茜的生活却在几年之间发生了翻天覆地的变化。而原本无话不谈的好朋友，再交流起来，居然没有什么共同语言了。乔林遗憾地说："还是大城市好啊，见多识广的，不像我们，当个老师，吃不饱也饿不死，一辈子就这样了。"宋茜从乔林的眼中看到了羡慕，看到了钦佩，看到了很多复杂的感情……

如果是你，你愿意像宋茜那样去奋力拼搏，还是愿意像乔林那样安于本分？其实，每个人都有选择自己生活的权利，每个人都有权按照自己的方式生活，所以，我们无权评价别人的生活是好还是坏。不过，有一点是可以肯定的，假如你想拥有更好的生活，你想让自己的视野更加开阔，假如你不想让自己的一生一眼看到底，假如你不想被生活的条条框框限制住，那么，你就应该打破生活那个安逸的圈圈，投身到广阔的天地间。

（1）每个人的人生都有一个圆圈，圆圈的大小取决于一个人的野心和志向。

（2）不要因为惧怕风浪而躲藏在安逸的圈圈中，只有打破安逸的圈圈，

你才能取得长足的发展。

（3）在安逸的环境待久了，人们难免会丧失斗志，所以，时不时地让自己出来透透气吧！你会发现，外面的世界更加精彩！

（4）人生，不应该被局限，而应该被无限放大。

理解和信任，是伟大的力量

人与人交往时，必须存在最基本的理解和信任，只有这样，人际交往才能顺利地进行，人与人之间才会有真情存在。很难想象，人与人之间没有理解和信任，那么，人们的内心将会多么空虚，人与人之间又将会多么冷漠。有的时候，理解和信任的力量甚至胜过法律的强制力，因为，理解和信任撼动的是人们的心灵。

他是一个杀人犯，为了逃避追捕，他躲到了一处深山里帮人种植梨树。每一个惊恐寂寞的夜晚，他的灵魂都会受到痛苦的折磨。四年来，他没有一个朋友，没有一个可以倾诉的人。后来，他买了一台收音机，劳动之余就靠它打发时间。

他很快通过电波认识了她。她是一个晚间节目的主持人，她那邻家妹子般亲切的话语深深地震撼了他。他记下了她留给听众的短信号码。

2005年3月的一个黄昏，他经过激烈的思想斗争，终于给她留了言：我是个杀人犯，想去自首，你能陪我去吗？她的心一颤，牢牢记住了这个陌生的手机号码。

以后几天，他又连续发来了多条短信。从他的短信中，她逐渐了解了他的情况：因为他的老婆生性风流，与人私通，他一怒之下杀死了那个男人。自知罪责难逃，便只身逃亡在外。好在他懂得种梨，为了不流浪，他靠给别人种梨树维持生活，整天过着提心吊胆的日子。他说："这样的日子我不想再过下去了，我想去自首，希望你能陪我去，好吗？"

他终于不再仅仅满足于短信交流，而是开始给她打电话。

她听到了一口浓重的陕西方言，他们之间的距离又一次拉近了。她说："还是我给你打电话吧，长途电话费挺贵的。"他说："我怎么能让你花电话费呢？你能听我说话，我已经感激不尽了。”

她问他准备什么时候去自首。

他说：“等梨树的第二拨虫药洒过之后就去。如果不治了这拨虫，梨树将没有收成，主人就会损失惨重的。”他激动地述说着，她听着，哽咽得说不出话来。

4月1日的早晨，她还没有起床，便接到了他的电话。他干了半天活在果园里打的电话。他说：“第二拨虫药已经洒过了，等不到第三拨治虫了。我已买好了去北京的车票，明天就能见到你了。”他显得无比兴奋，她也特别高兴。

他们约好了在她工作单位门口的传达室见面。

第二天上午10点半，她和两位同事在传达室里见到了他。他穿着胶鞋，一身很旧的牛仔工作服，每个指甲缝里都残留着泥土屑，憨憨地笑着。

他说：“我来了，很高兴你信任我，没有带警察来抓我。”

她把他带到附近的小吃店，给他要了两大碗馄饨。看着他狼吞虎咽地吃着，她的泪不自觉地流了下来。

吃完馄饨，警察来了。他把手一伸：“来吧，我等这一天已经很久了。”他的脸上无比坦然。他回过头来，又对她说了声：“谢谢你！谢谢！”

这是从一档电视访谈里听到的真实故事。他叫袁炳涛，陕西人。她是中央人民广播电台《神州夜航》节目的主持人向菲。

心灵启示

他是一个杀人犯，却逃脱了法律的制裁，在深山老林里过着胆战心惊的日子。而她呢，则是一个普普通通的节目主持人。如果按照正常的逻辑思维，他们之间似乎永远也扯不上关系，但是，一个偶然的机会，他与她的生命发生了交集。因为她对他的理解和信任，他也无比地信任她，甚至说出了自己身负命案的秘密。把自己的身家性命交给一个从未谋面的人手中，这是多么大的信任啊！正是因为这份信任，他决定改过自新，这就是理解和信任的力量，它们是震撼人心的力量！由此可见，人与人之间，最不能缺少的就是理解和信任。

（1）虽然现实生活中有一些阴暗面，但是，我们仍然应该真诚而友善地对待身边的每一个人。

（2）要想从内心深处感动一个人，我们首先应该理解并且信任他。

（3）理解和信任应该是发自内心的，否则，就无法使人感到真诚。

（4）理解和信任的力量是强大的，我们应该善于利用这种力量。

学会减负，才能拥有快乐

面对灾难，我们往往感到非常沉重，甚至难以自持。殊不知，这正是灾难带给我们的最大伤害——沉重的心理负担。其实，灾难和坎坷本身并没有那么可怕，可怕的是，我们把它背负在心里，始终不知道放下。佛说，放下，但是，芸芸众生却舍不得放下，甚至不知道如何放下。很多时候，只要我们的内心感到轻松了，我们整个人就会变得轻松起来，而且，我们的生活也会随之变得轻松起来。当你担心别人都在用怜悯的目光看着失魂落魄的你时，最好的解决办法就是振作精神，使自己变得阳光开朗。

琳达是一个可爱的女孩，由于公司经营不善，她被老板炒了鱿鱼。失去工作的她感到很沮丧，想到日后的生活就愁眉苦脸。中午，她坐在单位喷泉旁边的一条长椅上黯然神伤，她感到她的生活失去了颜色。这时她发现不远处一个小男孩站在她的身后咯咯地笑，她就好奇地问小男孩，“你笑什么呢？”“这条长椅的椅背是早晨刚刚漆过的，我想看看你站起来时背是什么样子。”小男孩说话时一脸的得意。

琳达一怔，猛地想到：昔日那些刻薄的同事不正和这小家伙一样躲在我的身后想窥探我的失败和落魄吗？我决不能让他们得逞，我决不能丢掉我的志气和尊严！

她想了想，指着前面对那个小男孩说：“你看那里，那里有很多人在放风筝呢。”等小男孩发觉自己受骗而恼怒地转过脸时，琳达已经把外套脱了拿在手里，她身上穿的深红色毛衣，看起来青春漂亮。而小男孩只好无奈地甩甩手，嘟着嘴，失望地走了。

心灵启示

生活中，总有很多困境是我们所不愿意面对的，总有些负担对于我们而言太过沉重，这个时候，你会死扛着？还是潇洒地走开？其实，有的时候，所谓

的“逃避”也不失为一个好办法。当然，逃避是无法真正解决问题的，然而，生活中的很多问题是根本不需要你去解决的，你只需要把它交给时间就好，然后一身轻松地迎接新生活。

一个年轻人总觉得自己很累，流言蜚语包围着，寸步难行，为此，他去请教智者。智者沉思片刻，对年轻人说：“现在，我给你一个筐，你背上去爬山吧。在爬山的过程中，不顾看到什么，只要你觉得好，你就捡起来放到背篓中。”

年轻人辞别智者，背着背篓上了山。一路上，呼吸着山涧的清新空气，他走走停停，不时地看看野花，摘摘野果，甚至还在山涧旁捡了很多漂亮的鹅卵石放到了背篓中。渐渐地，他觉得背篓里的东西越来越沉，这使他走起来越发沉重。从山上下来，他几乎精疲力竭。智者微笑地看着他，问：“你觉得累吗？”年轻人似乎连点头的力气都没有了，只是不停地说：“真的很累！”

见此情形，智者启迪年轻人说：“你背负的都是你喜欢的东西，都觉得很累，那么，如果你背负的是你根本不想要的东西呢？其实，有些东西，只要扔掉就可以了。”

年轻人恍然大悟，说：“我明白了，对于那些流言蜚语，只要让它烟消云散就好。只要我不背它们，它们就不会压住我。”

生活中，很多困境都是如此，它们原本是困不住我们的，只是我们心甘情愿地深陷其中。相比之下，很多负担也是我们无须背负的，而我们之所以感到沉重，是因为我们没有扔掉它们而已。所以，要想活得轻松，其实是一件很简单的事情，佛说，放下，平凡如你我，则说，丢掉！

（1）生活中，很多使我们感到沉重的东西就像垃圾一样，我们需要做的仅仅是丢掉它们而已。

（2）佛说，放下，我们说，丢掉。

（3）生活中，究竟有哪些东西是我们所无法舍弃的，仔细想想，其实没有多少。

（4）负担很多时候是我们自找的，只要我们不主动往自己身上背，它们就不存在。

寻找最适合自己的天空

古人云，愚者千虑，必有一得。智者千虑，必有一失。其实，不管是智者还是愚者，他们既有自己的劣势，也有自己的优势。还有人说，三个臭皮匠，抵个诸葛亮。这句话也间接说明了再优秀的人也有百密一疏的时候，再愚钝的人也有思虑周全的时候。因此，无论你是智者也好，愚者也罢，你都应该正确客观地评价自己，认真审慎地做人做事。

麦蒂是一名心理学教授。一天，他来到疯人院参观，了解疯子的生活状态。一天下来，他觉得这些人疯疯癫癫，行事出人意料，可算大开眼界。准备返回时，居然发现自己的车胎被人卸掉拿走了。“一定是哪个疯子干的！”教授这样愤愤地想着，动手拿备胎准备装上。事情严重了。卸车胎的人居然将螺丝也拿走了。没有螺丝即使有备胎也装不上啊！教授一筹莫展。在他着急万分的时候，一个疯子蹦蹦跳跳地过来了，嘴里唱着不知名的欢乐歌曲。他发现了困境中的教授，停下来问发生了什么事。

教授懒得理他，但出于礼貌还是告诉了他。

疯子哈哈大笑说：“我有办法！”他从每个轮胎上拧下一个螺丝，这样就拿到三个螺丝将备胎装了上去。教授惊奇感激之余，大为好奇：“请问你是怎么想到这个办法的？”疯子嘻嘻哈哈道：“我虽然是疯子，可我不是呆子啊！”

心灵启示

教授费尽周折无法解决的问题，却被所谓的疯子轻而易举地解决了。由此可见，教授在某些方面的智商未必有疯子高，而疯子也不是时时处处都不如聪明的教授。其实，做人本不该妄自尊大，更不应该妄自菲薄。要知道，尺有所短，寸有所长。在某个特定的领域中，你一定是最杰出的那个。

唐玉是一个命运坎坷的孩子，她很小的时候就得了小儿麻痹症，留下了终身的残疾。后来，她上学了，父母给予她很大的期望，希望她能够学有所成，长大之后可以从事一些不受她身体条件限制的工作。然而，唐玉在学习方面似乎没有什么天赋。初中毕业后，没有考上高中的唐玉沮丧地对妈妈说：“妈妈，我什么都干不好。”不料，妈妈却坚定地说：“学习不是你所擅长的。你可以去学一门手艺，例如缝纫。”在妈妈的建议下，初中毕业的唐玉去了一家民办学校学习缝纫，然而，她很久都没有学会裁剪，最终，她的缝纫之路终止了。面对这个打击，唐玉更加没有自信了，她哭着对妈妈说：“妈妈，我是一个废物。”妈妈紧紧地抱着唐玉，坚定地说：“你是我的女儿，不许你这么说自己。你之所以不顺利，是因为你还没有找到适合自己的领域。”在妈妈的鼓励下，唐玉开始学习炙手可热的电脑操作，并且学习了打字和复印、扫描等技术。后来，她开了一家打字复印社，还能进行简单的电脑维修。也许是找对了路，唐玉很喜欢自己现在的职业，她每天都很开心，事业的发展也很顺利。

在母亲节即将到来之际，唐玉真心地感谢妈妈：“妈妈，是你支撑着我走到了今天。”

也许，你从事了很多行业都不太顺利，那只能说明你还没有找到真正适合自己的领域。在这种情况下，自暴自弃无济于事，你应该继续耐心地去寻找属于自己的天空。你一定要坚信，在这个世界上，总会有适合你的领域，你肯定会成为某个领域的佼佼者。

（1）你是不是觉得自己有很多缺点？不要担心，因为你的优点比你的缺点要多。

（2）当失败一次次袭来，你所要做的就是坚持，不放弃。

（3）相信自己一定是最杰出的，在某一个特定的领域。

（4）一旦找准了自己的位置，你将绽放出绚烂的光彩。

自尊，是赢得别人尊重的前提

做人，既不应该自高自傲，也不应该自轻自贱。不管我们的身份多么卑微，我们都应该时刻记住一点：我们在人格上和其他所有人都是平等的。生活中，有些人为了求得生存，不得不去做一些不光彩的工作，甚至会遭人白眼。在这种情况下，我们可以放低自己，但是却不能任由别人侮辱我们的人格。不管任何时候，尊严是一个人最基本的底线，如果一个人为了生活连尊严都不要了，那么，他的存在也就失去了意义。换言之，不管别人怎么看我们，我们一

定要尊重自己，这才是对人生负责任。因为，一个人如果不尊重自己，那么，别人就会更加不尊重他。自尊，是赢得别人尊重的首要前提。

许多年前，一个挪威年轻人想要报考在音乐界享有盛名的巴黎音乐学院，于是他漂洋过海，来到了法国。尽管他尽了全力，将自己的水平发挥到最佳状态，但主考官还是没看中他。

在法国没待几天，年轻人就身无分文了，他只好在离音乐学院不远的街上拉琴赚点小钱。他的琴声美妙动听，吸引了很多人驻足聆听。几曲结束后，年轻人拿起琴盒，人们纷纷掏钱放入琴盒。这时，一个无赖把钱扔在了年轻人脚下，年轻人看了看他，弯下腰把地上的钱捡起来递给他说："先生，您的钱掉在地上了。"这无赖接过钱，重新扔到年轻人脚下，并傲慢地说："这钱是给你的，拿去吧。"年轻人看了看无赖，深深地对他鞠了个躬，有礼貌地说道："先生，谢谢您的慷慨。刚才您的钱掉在地上了，我帮您捡了起来，现在我的钱掉在地上了，请您帮我捡起来吧。"

无赖听到年轻人这么说，真是出乎意料，无奈之下，他只好把地上的钱捡起来放在了年轻人的琴盒里，然后灰溜溜地走了。

围观的人都看到了这一幕，其中有一位正是年轻人的主考官，他将年轻人带回音乐学院，并录取了他。

年轻人叫比尔·撒丁，几年后，他成了挪威小有名气的音乐家。

心灵启示

这个年轻人之所以被主考官录取，是因为，他有令人尊重的人格和尊严。要知道，专业水平是可以通过勤学苦练来提升的，但是，人格和尊严却是与生俱来的，无法改变的。如果一个人为了金钱，连自己的自尊都可以放下，那么，还有什么是他所不能放下的呢？如果一个人没有了人格和尊严，我们又凭什么去信任和尊重他呢？

一个乞丐在天桥底下行乞，行人有的冷漠地走过，有的居高临下地往乞丐前面的铁钵里扔一个硬币。这时，一个音乐家经过乞丐的面前，他是出来散步的，身上没有钱，但是，他又很想帮助乞丐，因此，他静静地站在那里看着乞丐，直到乞丐也抬起头来看他。

他很真诚地对着乞丐笑了笑，不好意思地说："抱歉，我很想帮你，但是我却身无分文。这样吧，咱们握个手，交个朋友，好吗？"面对音乐家的请求，乞丐呆住了，他傻傻地看着音乐家，最终伸出了脏兮兮的手。后来，乞丐告诉音乐家："这是我所乞到的最好的赠予。从明天开始，我不会再乞讨了，因为，你使我觉得我和所有人一样都是平等的，我有能力依靠自己的双手养活自己。"

只是一次握手，却改变了一个乞丐的一生，它的意义远远超过了那些面额或大或小的钱币。因为，这次握手传递给乞丐的是人格和尊严的力量，使他意识到他和那些施予者是完全平等的，它使乞丐从别人的尊重中得到了自尊的力量。我想，从今以后，不管是继续乞讨，或者做其他的，这个乞丐再也不会像以前一样乞求别人的施舍，因为，他已经有了自尊，这就注定他必将赢得更多人的尊重。

（1）自尊，是做人最基本的道德底线，如果一个人沦落到失去自尊，那么，他就不配为人了。

（2）要想得到别人的尊重，我们首先应该自尊，自尊是赢得别人尊重的前提。

（3）对于一个自尊自重的人，我想，人人都愿意尊重他。

（4）想对自己的人生负责，首先要自尊。

在适合的领域，缺点也可以变成优点

在这个世界上，不存在绝对完美的事物，因为，万事万物都存在着一定的瑕疵。那么，面对自身的缺点，我们应该采取怎样的态度呢？讨厌吗？嫌恶吗？这些态度显然是不足取的。其实，缺点的存在也具有合理性。大多数事物都具有两面性，这就像生活中很多人的立场都不一样。同样一件事情，对于一个人来说是件好事，但是对于另外一个人来说也许就是灾难，这完全取决于我们看待问题的角度。真正有智慧的人，从来不会嫌弃自己身上的缺点，而是像珍视优点一样珍视它们。他们习惯于冷静而乐观地看待这些瑕疵，甚至把这些瑕疵转化为自己生命中另一种美丽的装点。

有一个男孩，他觉得自己天性胆小，甚至有些自卑的心理，这一点严重影

响了他的生活。父母为此也很苦恼，于是决定带他去看心理医生。医生耐心地听完介绍，握住他的手，非常肯定地说："你只不过非常谨慎罢了，这显然是个优点嘛，怎么能叫弱点呢？谨慎的人总是很可靠，总是很少出乱子。"

少年有些疑惑："那么，勇敢反倒成为弱点了？"

医生摇摇头："不，谨慎是一种优点，勇敢是另一种优点。只是人们通常更重视勇敢这种优点罢了，就好像白银与黄金相比，人们更注重黄金一样。"

医生问："你讨厌酒鬼吗？"

少年说："当然。"

医生问："那你讨厌李白吗？"

少年说："怎么会呢？"

医生问："难道李白不是酒鬼吗？"

少年纠正医生的话："不对，李白不是酒鬼，而是爱喝酒的诗人，他能斗酒诗百篇呢。"

医生笑道："对，我赞同你的观点，弱点在不同的人身上，会呈现不同的色彩：有的喝酒人，仅仅是个酒鬼，而李白则是喝酒人中的诗仙。"

医生又说："天底下没有绝对的弱点。所谓的弱点，在一定条件下也可能转化为优点。如果你是位战士，胆小显然是弱点；如果你是位司机，胆小就可以说是优点。"

心灵启示

正如没有绝对的完美一样，这个世界上也没有绝对的优点和缺点。优点和缺点是相对的，之所以有优点和缺点，是因为我们看待它们的出发点和角度不同。不管做什么事情，我们都不应该一味地局限于传统的思维。很多时候，只需要换一个角度，换一种心态，用积极的态度对待自己的弱点，就能够产生一个极其重要的作用，即能产生一种弥补的心理，产生一种开发的潜能、超越自我的强大动力。比如世界文化史上的三大怪才就是这方面卓越的典范：文学家弥尔顿是盲人，大音乐家贝多芬双耳失聪，天才小提琴演奏家帕格尼尼是哑巴，他们身上存在着无法改变的缺陷，但他们用积极的心态变通地看待这一点，把这些缺陷变成激励自己的强大动力，从而使自己取得了卓越的成绩。

曾经，有一个女孩子的胆子特别小，不管做什么事情，都害怕出错。在学校里，她每次写完作业都要检查好几遍，直到确定无误才把作业交给老师。后来，她考上了大学，起初，她学的是英语专业。然而，经过一个学期的学习，她发现自己根本不适合学习英语，更不适合做外事工作。经过深思熟虑，她决定改行学习会计专业。也许，这是命运给她安排的一次转折，在英语方面表现平平的她，自从接触会计专业以后，就表现出独特的才能。因为谨小慎微，她做的账目几乎很少出错，因为她在做账的时候要检查好几遍，直到确认无误为止。我们不能评价她在其他方面表现得是好还是坏，但是无疑，在会计领域，她的表现是毋庸置疑的。

这就是选择，选择对了，你的缺点就会变成优点，散发出璀璨夺目的光芒。生命如花，我们缺少的是一双欣赏的眼睛，正如千里马需要伯乐的赏识一样。

（1）看看自己有哪些优点，有哪些缺点。再看看，哪些缺点可以转化成优点？

（2）如果可以，尝试着把自己的某一个缺点变成优点，为它寻找最适合它生存的领域。

（3）不要妄自菲薄，而要理智客观地评价自己的缺点。即使是缺点，也需要一双欣赏它的眼睛。

（4）每个人的身上都有缺点，所以，你无须自责。

做人比做事更重要

现代社会，利欲熏心的人很多，为了获得更好的生活，为了赢得更大的利益，为了获得更大的权势，很多人的心灵扭曲了。他们放弃了自己固守的原则和道德底线，而是不顾一切地追求自己想要的东西，满足自己无休止的欲望。殊不知，不管是做人还是做事，正直是第一位的。也许，一时的委曲求全、放弃原则能够让你获得眼前的利益，但是，你却因此而失去别人对你的信任，失去弥足珍贵的品质。

从某种意义上来说，正直意味着忠诚，意味着无论是在荣华富贵面前还

是在利欲熏心面前，都依然坚贞不屈，毫无贪婪。一个人，如果树起正直的形象，那么他就能取信于人，凭借正直他可以赢得更多的机会，获得更长远的发展。正直的影响力之大有时是正直者本身都难以想象的。

华金是美国一家小电子公司的工程师。这家公司由于资金短缺，在激烈的市场竞争中时刻面临着被规模较大的私利电子公司吞并的危险，处境非常艰难。

有一天，私利电子公司的技术部经理邀请华金共进晚餐。在饭桌上，这位经理对华金说："只要你把公司里最新产品的数据资料给我，我就会很好地回报你，你看怎么样？"

平时温和的华金一听马上就愤怒了："请不要再说了。我们公司虽然处境艰难，但我决不会出卖我的公司，更不会出卖我的良心。您的请求我是不会答应的！"

"好！"这位经理不但没生气反而拍拍华金的肩膀说："别生气，就当我没说过。干杯！"

不久，华金所在的公司因为经营不善而倒闭了，华金也因此丢了工作，只得待在家里。没过几天，他突然接到私利公司总裁的电话，让他去一趟总裁办公室。华金很疑惑，他不知道曾经的对手现在找他会有什么事。他来到私利公司并出乎意料地受到了热情的接待。总裁拿出了一张正式的聘书，请华金做公司的技术部经理。华金惊呆了，疑惑地说："你为什么这样信任我？"总裁哈哈一笑，说："原来的部门经理退休了，他向我说起了那件事并特别推荐了你。你的技术水平是出了名的，但我更看重的是你的正直。"

心灵启示

因为坚守自己的做人原则，华金得到了曾经竞争对手的赏识。假如他当初因为利欲熏心而出卖了自己的公司，那么，失业之后，等待他的也许就是同行的排斥。对于名誉，我们应该像爱惜自己的眼睛那样去保护。要知道，名誉是比我们的生命更加重要的东西，是我们在社会上立足的根本。

李杜是一个头脑非常灵活的人，大学毕业后，他在一家电脑公司从事销售工作。他非常勤奋，当别人都休息的时候，只有他一个人依然坚持四处奔波，寻找机遇。功夫不负有心人，很快，李杜就为公司创造了巨大的经济效益，也因此得到了总经理的赏识。两年多过去了，李杜居然被破格提升为销售经理，这使他不由得骄傲起来。

一个偶然的机会，李杜所负责联系的一家公司承诺给李杜高额的回扣，目的就在于让李杜把公司的一个大订单交给他们来做。李杜很清楚，这家公司在众多的备选对象中，资质并不是最好的，能力也不是最好的，但是，一想到对方承诺会给他几十万元的回扣，李杜不由得心动了。经过激烈的思想斗争，他最终决定把订单交给这家公司做，因为这样一来，他就可以买一辆自己心仪已久的中档轿车了。

想不到的是，自从李杜买了轿车以后，公司的人事部门就开始观察李杜，因为他们对于李杜每个月的收入了如指掌，知道李杜根本不可能在短期内购买如此昂贵的汽车。经过一段时间的调查，李杜收巨额回扣的事情被公司证实了。最终，李杜非但失去了新买的轿车，还失去了一份人人羡慕的工作。

其实，如果李杜能够坚守做人做事的底线，凭借他的实力，在不远的将来，他是买得起轿车的，然而，他却一时糊涂，葬送了自己的大好前程。

在生活中，我们一定要坚守自己做人的原则，当一个正直诚实的人，当一个值得别人信任的人，千万不要因为一时的利欲熏心而做出追悔莫及的事情来。要知道，世上是没有回头路可走的。

（1）我们应该坚持自己做人的原则，不管面对多么巨大的利益诱惑。

（2）我们应该凭借自己的能力生活，不妄想不劳而获。不管什么时候，花自己挣来的钱都是踏实的。

（3）虽然在这个世界上没有钱是万万不能的，但是，还是有很多比金钱更加值得我们珍惜的东西。

（4）只有做一个正直的人，你的人生之路才会走得长远。

放慢脚步，看看生命中的不同风景

为了追求很多可有可无的东西，不知不觉间我们走得太快了。我们整日忙忙碌碌，穿行在或大或小的城市中，却没有注意到自己已经错过了生命中很

多难得一现的风景。有的时候，看着北京交错复杂的地铁线路图，再看看那些整日穿梭在地下的城市白领、蓝领、金领，我不由得问自己：活着，是为了什么？是为了享受过程，还是为了奔向终点？其实，人生既是漫长的，也是短暂的。人生有时漫长得需要我们熬日子，有时却短暂得一睁眼一闭眼之间。正如著名艺人小沈阳所说的，一睁眼，一闭眼，再一睁眼，一天就过去了，一睁眼，一闭眼，不睁眼了，一辈子就过去了。如果问，大多数人都会说人生最重要的是过程，然而，现实情况是，大多数人已经忽略了现实，都为了那个看似遥远其实很近的终点活着。忽略了风景也许还不是最严重的，只是少了一些美好的感受而已，有些人，甚至因为忙碌，而忽略了自己身边的亲人、朋友，失去了最宝贵的亲情、友情。所以，请放慢脚步吧，看看你生命旅途中的美好风景，关心一下你生命中那些最重要的人。

一位年轻的总裁，以稍快的车速，开着他的新Jaguar经过住宅区的巷道。一个正玩游戏的孩子突然跑到路中央，所以当他感觉小孩子快跑出来时，就赶紧减慢车速。

就在他的车经过一群小朋友的时候，一个小朋友丢了一块砖头打到了他的车门，他很生气地踩了煞车并后退到丢砖头的地方。

他跳出车外，抓了那个小孩，把他顶在车门上说："你为什么这样做，你知道你刚刚做了什么吗？"接着又吼道："你知不知道你要赔多少钱来修理这辆新车，你为什么要这样做？"

小孩子央求着说："先生，对不起，我不知道我还能怎么办？"

"我丢砖块是因为没有人停下来"，小朋友说着眼泪从脸颊落到车门上。

他接着说："因为我哥哥从轮椅上掉下来，我没办法把他抬回去。"

那男孩啜泣着说："你可以帮我把他抬回去吗？他受伤了，而且他太重了我抱不动。"

这些话让这位年轻的总裁深受感动，他抱起男孩受伤的哥哥，帮他坐到轮椅上，并拿出手帕擦拭他哥哥的伤口，以确定他哥哥没有什么大问题。

那个小男孩感激地说："谢谢你，先生，上帝保佑你。"然后推着他哥哥回去了。

年轻的总裁慢慢地坐进车里，他决定不修它了。他要让那个凹洞时时提醒自己，不要等周遭的人丢砖块，自己才注意到人生的脚步已走得过快。

心灵启示

我们总是在不知不觉间走得很快，快到如果没有人提醒我们，我们根本无法意识到自己步履匆匆。曾经，我很羡慕大都市白领们行色匆匆的生活，待到真正地身处其中，我问自己，这样奔波忙碌到底为了什么？错过了生命中所有美丽的风景，所有重要的人，所有值得品味的心情，人生还剩下什么？所以，故事中的年轻总裁才会由责备那个小男孩变成感激那个小男孩，因为正是小男孩的那一块飞过来的砖头，才使他突然警醒，意识到人生应该放慢脚步，慢慢欣赏。

当生命想与你的心灵窃窃私语时，若你没有时间，通常有两种选择：倾听你心灵的声音或被砖头砸！请问你曾否因为生活节奏太快、太忙碌而忽略了你所爱的人，然后开始怀疑自己是不是真的爱他们？请问你曾否因为行色匆匆而忽略了路边的风景，导致自己盲目地奔到了目的地，但是却毫无所获？那么，请你放慢脚步吧！

（1）对于生命的旅途而言，最重要的是过程，而不是目的地。

（2）行色匆匆的人只能算是一个长跑运动员，而不能算是一个欣赏美景的旅行者。

（3）放慢自己的脚步吧，看一看沿途的美景，我们无法改变生命的长度，但是却可以改变生命的宽度，使生命变得更有意义。

抽空多陪陪自己最爱的人，因为，她们不会在乎你有多大的成就，只是想和你一起静静地看夕阳，品茗茶！

坚持自己的本性是获得幸福的保证

如果你问人们想要追求的是什么？我想，肯定会有很多人回答是幸福。是的，在生活中，很多东西都可以幸福作为概括，例如，渴望得到金钱的人以拥有金钱为幸福；渴望获得安稳生活的人以生活安逸为幸福；渴望有权有势的

人以拥有权势为幸福；渴望儿女成群的人以拥有健康快乐的子女为幸福……总而言之，幸福的概念太宽泛了，几乎一切你想要的都可以幸福作为最终的标准。那么，幸福到底是什么呢？仅仅拥有不尽的财富，过着富足的生活吗？不！金钱绝对不能使人真正地体会到幸福。幸福其实是一种内心的感受，是坦诚，是心安……一个人，即使拥有百万家财，如果不是通过正道获得的，而是从邪路上得来的，那么，他不能感到幸福；一个人，即使拥有安逸的生活，如果是通过陷害别人得来的，那么，这种建立在别人痛苦之上的幸福也不是真正的幸福。因为，没有人会把惊恐不安、满怀愧疚的生活当成幸福。从根本上来说，不管对谁而言，只有拥有正直，才能拥有内心的满足；只有保持一颗快乐、坦然的心，才能获得真正的幸福。所谓正直，正是幸福的真谛，幸福的法典。

他是一名出租车司机，不久前，他的妻子下岗了，这无疑给本不宽裕的家又增添了一份沉重，他每天开车挣来的钱成了家里唯一的经济来源。一天，当他拖着疲惫的身体准备结束一天的工作时，发现车的后座上有一个钱包。他想都没想就赶忙去了派出所将这个“意外之物”交给了警察。警察问他这个钱包里都装了什么时，他诚恳地说：我也不知道，发现它时只想着赶快找到失主。当警察打开钱包时，在场的每一个人都惊呆了，里面不仅装了大量的现金还有数张银行卡。

这个故事本应该随着失主被找到而结束的，但是……这个失主为了感激他，非要将钱包里的钱拿出来一部分送给他，在了解到他的家庭情况后更是执意这么做。他和妻子从一开始就拒绝接受。后来，来了一些记者报道他的事迹，在摄像头前，他说：“为人应正直，要对得起自己的良心。我这样做并没有想得到什么回报，我只求自己能心安，我虽然不富裕，但依然很快乐。”

到最后他也没接受那笔回报，依然过着拮据的生活，靠自己的劳动养家糊口。他说：这样的生活才是幸福的，正直的人不会担心欠了谁，更不会愧对自己的良心。

心灵启示

一个正直的人，即使面对自己急需而又唾手可得的东西，却义正词严地拒绝了，因为，他觉得那不是他应该得到的。正如故事中的主人公，虽然他家境艰难，急需金钱，但是，面对人不知鬼不觉就可以得到的大量金钱，他却连想都没有想。他唯一想到的就是赶紧找到失主，赶紧交给警察。这样的人，才是一个真正正直的人。他甚至没有纠结和犹豫，仅凭借自己的正直做出了最直接的反应。

其实，每个人对于生活都有很多欲望，这些欲望是不可能一一得到满足的。如果我们成为欲望的奴隶，就会为了满足自己的贪欲而做出很多不符合道德和法律规定的事情。但是，假如我们能够降低自己的欲望，知道哪些是自己应该得到的，哪些是自己不应该得到的，那么，我们就能够成为自己心灵的主宰，从而更好地坚持自己正直的本性，也更容易得到幸福。所谓幸福，一是欲望得到了满足，二是问心无愧。

（1）要降低自己对生活的欲望，因为欲望越多，人越贪婪，也就越容易受到诱惑，导致做出不符合常理的事情。

（2）要成为自己心灵的主宰，而不要被欲望所驱使。

（3）不管做什么事情，都要固守正直的内心，因为正直对于我们而言是比金钱更贵重的东西。

（4）当面对诱惑的时候，我们不妨想想，假如不坚持正直，假如被眼前的利益所驱使，那么，我们将会失去什么？

人生中，要争取永远的坐票

面对看似绝望的境地，你是努力地去尝试，还是安于现状？事实证明，那些能够改变命运的人，往往是不甘心安于现状的人。不管什么时候，不管眼睛所看到的情况多么糟糕，他们的内心从来不会失去希望，他们总是竭尽所能地再试一试，直至成功为止。其实，生活是很有趣的：如果你只接受最好的，你就能够得到最好的。所以，我们首先应该突破自己内心的局限。试想，假如一个人认为事情本该如此，那么，他还有可能改变现状吗？答案当然是否定的，只有对现状不满，并且坚信凭借自己的努力改变现状的人，才能够获得成功。

生活中，有些人之所以顺心顺意，并非因为他们运气好，而是因为他们始终在努力。

有一个人经常出差，买不到对号入座的车票是“家常便饭”。可是无论长途短途，无论车上多挤，他总能找到座位。

他的办法其实很简单，就是耐心地一节车厢一节车厢地找。这个办法听上去似乎并不高明，但却很管用。每次，他都做好了从第一节车厢走到最后一节车厢的准备，可是每次他都没有走到最后就会发现空位。他说，这是因为像他这样锲而不舍找座位的乘客实在不多。经常在他落座的车厢里尚余若干座位，而在其他车厢的过道和车厢接头处，人满为患。

他说，大多数乘客轻易就被一两节车厢拥挤的表面现象震慑了，不会想在数十次停靠时，从火车十几个车门上上下下的流动中蕴藏着多少提供座位的机遇；即使想到了，他们也没有那一份寻找的耐心。眼前一方小小立足之地很容易让大多数人满足，为了一两个座位背负着行囊挤来挤去有些人也觉得不值。他们还担心万一找不到座位，回头连个站的地方也没有了。与生活中一些安于现状不思进取害怕失败的人一样，这些不愿主动找座位的乘客大多只能一直站到下车。自信、执着、富有远见、勤于实践，会让你握有一张人生之旅永远的坐票。

心灵启示

在漫长的人生旅途上，谁愿意始终站着呢？人们常说，好吃不过饺子，舒服莫若躺着。即使找不到躺着的地方，我们也应该尽量为自己找一个坐着的地方，就像事例中的主人公一样。对于一个经常出差的人，如果总是站着经历一趟趟行程，那简直是太痛苦了。所以，他才会耐心地一节车厢一节车厢地去找。和他比起来，那些挤在车门对接处的人并不值得人们同情，因为他们太懒惰了，甚至懒得改变自己的处境。其实，不仅坐车是这样的，生活中的很多人都是这样的。他们一边抱怨生活寡淡无味，一边却因惰性、惧怕改变而安于现状。天上会掉馅饼吗？当然不会，除非你自己努力去争取。假如我们没有尽力争取过，假如我们始终过着安逸的生活，那么，我们就无权抱怨命运的不公。

（1）我们都知道，站着旅行是多么劳累的一件事情，那么，为什么不努力为自己找个座位呢？要相信，只要你用心找，就一定能够幸运地找到一个座位。

（2）你惧怕改变吗？其实，没有什么可怕的，也许，突破了现有的生活，你会发现更多的惊喜呢！

（3）生活，是在一次次改变中进步和提升的，如果你不改变，生活就像一潭死水一样毫无生机。

（4）为自己找一张坐票，你能够更悠闲惬意地欣赏沿途的美景。

哭泣是没有用的，不如擦干眼泪微笑

面对生活，我们总有太多的不如意。不管我们是稚嫩的孩子，也不管我们是如日中天的年轻人，抑或是老人，每个人似乎都有自己的困惑和烦恼。此时，我们应该怎么办呢？逃避还是坚强地面对？逃避，并不能使问题得到解决，而只是一时的轻松与惬意；唯有坚强地直面困难，我们才能彻底地解决问题，释放自己的心灵。我们常常觉得自己脆弱，不堪一击的，其实，人是有无限潜力的。当你觉得自己无法坚持下去的时候，当你觉得自己万般无奈的时候，只要你坚持，再坚持，你终究会等到柳暗花明的那一天。而前提是你必须有一颗坚强的心，能够经得起等待，能够坦然地面对生活的风雨。

在一座高山上的古庙里，住着一位人人敬仰的智者。

这天，一个失意的年轻人艰难地爬上山，向智者询问成功的秘诀。智者递给他一粒带壳的花生，说：“来吧，用力捏碎它。”

年轻人只用了一点儿力，就把花生捏开了，饱满圆润的花生米一下子蹦了出来。

但是，智者却微微一笑，叫他再用力去搓花生米。年轻人也照着办了，搓下红色的花生皮儿，只留下了白白的果实。

智者再叫他用力去捏。年轻人甚是迷惑不解，但还是照着做了。但他怎么也没有想到，不论他如何地用力，怎么都捏不碎这粒花生仁。

这个时候，智者才语重心长地告诉年轻人：“虽然屡屡遭受打击与磨难，

也失去了很多东西，但始终要拥有一颗坚强不屈的心，只有这样才有美梦成真的可能啊！”

心灵启示

人，活着，其实很艰难，但最重要的，是要有一颗坚强的心。很多时候，外表看起来很坚硬的东西，往往是脆弱的，不堪一击的。而看起来比较柔软的东西，反而最有韧性，最有力量。例如，我们总是以为自己的心娇嫩而又脆弱，实际上，我们的心有着无限的力量。

面对生活的窘境，他一度以为自己再也坚持不下去了，甚至想到了放弃，然而，就在一天天的煎熬中，他居然迎来了自己人生的转机，照样活得很好。他曾经是一家公司的老板，过着呼风唤雨的生活。然而，一次意外的火灾，导致他失去了一切。曾经享尽荣华富贵的他，如今看着被烧得焦黑的工厂，不由得心如死灰。他真恨啊，恨自己没有随着这一场大火而去，他不知道自己能否重新面对二十年前那种一贫如洗的日子。此时此刻，妻子站在他的身边，只是淡淡地说了句：“什么样的日子都是人过的，最重要的是心气不能倒！”听了妻子的话，他心中颤了一下，是啊，再难的日子都走过来了，还有什么是不能战胜的呢？话虽这么说，之后的从头再来还是使他适应了很长时间，他和妻子一起去卖盒饭，一起去路边摆摊卖小百货。总之，能想的办法他们都想了，能做的生意他们做了。最艰难的时候，他们不得不把孩子送回老家，两个人挤在桥洞里过日子。然而，他曾经想放弃的心在这种艰难的生活中越来越平实，他甚至觉得，即使一辈子这样过下去，也是可以接受的。

渐渐地，他们的生活有了好转，回首往事，他最常说的一句话是“没有人享不了的福，没有人受不了的罪”。

如果不是因为有一颗坚强的心，一个人如何能熬过漫漫人生中的种种困难。不管什么时候，一颗坚强的心都是你最大的财富。

（1）哭泣是没有用的，不如擦干眼泪微笑。

（2）坚强是发自内心的，伪装的坚强不堪一击。

（3）我们需要真的坚强，才能坦然面对生活。

（4）不管生活给予你怎样的考验，你都应该坚强地面对。

感受分享的快乐，不偷偷摸摸做事情

人是群居动物，除了因为人比较喜欢热闹，只有在人群中才能有归属感之外，还因为人们不管是快乐还是痛苦，尤其是快乐，很希望与人分享。假如你做一件事情时表现很好，即使你是一个很低调的人，你也一定有一股想把自己的骄人成绩与最亲近的人分享的冲动。如果没有人分享，只是独享，那么，你的快乐就会急剧锐减。人们常说，一份快乐，两个人分享，就变成了两份快乐。一份痛苦，两个人分享，就变成了半份痛苦。在与人分享快乐时，我们不仅把快乐变成了双份，也满足了自己希望得到别人认可的心理需求。虽然我们总说应该活出真我的风采，无须在乎别人的眼光，但是，我们依然希望自己能够活在别人的赞赏与认可之中，这是每个人都有的心理需求。所以，人们需要与别人分享自己的快乐，不管出于什么原因，也不管那个人是内向还是外向，是低调还是张扬。

一位犹太教长老，酷爱打高尔夫球。在一个安息日，他觉得手痒，很想去挥杆，但犹太教规定，信徒在安息日必须休息，什么事都不能做。

这位长老却最终忍不住，决定偷偷去高尔夫球场，想着打九个洞就好了。

由于安息日犹太教徒都不出门，球场上一个人也没有，因此长老觉得不会有人知道他违反规定。

然而，当长老打第二洞时，却被天使发现了，天使生气地到上帝面前告状，说某某长老不守教义，居然在安息日出门打高尔夫球。

上帝听后，就跟天使说：“会好好惩罚这个长老。”

从第三个洞开始，长老打出超完美的成绩，几乎都是一杆进洞。

长老兴奋莫名，打到第七个洞时，天使又跑去找上帝：“上帝呀，你不是要惩罚长老吗？为何还不见有惩罚？”

上帝说：“我已经在惩罚他了。”

直到打完第九个洞，长老都是一杆进洞。因为超出了自己的平常水平，于是长老决定再打九个洞。

天使又去找上帝了：“到底惩罚在哪里？”

上帝只是笑而不答。

打完十八个洞，成绩比任何一位世界级的高尔夫球手都优秀，长老乐坏了。

天使很生气地问上帝：“这就是你对长老的惩罚吗？”

上帝说：“正是，”你想想，“他有这么惊人的成绩以及兴奋的心情，却不能跟任何人说，这不是最好的惩罚吗？”

心灵启示

生活需要伴侣，快乐和痛苦都要有人分享。没有人分享的人生，无论面对的是快乐还是痛苦，都是一种惩罚。一个人，如果孤独地活在自己的世界里，孤独地面对人生的喜怒哀乐，那么，他的人生一定是寡淡无味的。上帝对于长老的惩罚是很特别的，即让他打出好成绩，但是又因为在安息日偷偷摸摸地打球而不能告诉任何人。试想，假如上帝惩罚他每杆都不进洞，那么，长老也许非但不觉得遗憾，反而很庆幸没有人目睹他的糟糕成绩呢！

（1）要想拥有与人分享的快乐，除了要有亲密无间的人以外，我们还应该有一些志同道合的朋友。很多时候，和志同道合的朋友们在一起沟通交流，往往能够享受到最大的成功和乐趣。

（2）不要背着别人去做一些违法的事情，内心的不安，想说而不敢说，这可不是什么好滋味，更不会给你带来好心情。

（3）学会与人分享吧，因为能使你的快乐递增！

（4）分享并不会使我们失去什么，反倒会使我们拥有得更多！

第9章　打磨自己，美玉也需雕琢才能成器物

珍珠原本只是一粒被尘埃埋没的沙砾，一个偶然的机会，它进入了蚌的身体，从此，开始与蚌磨合。假如我们用蚌来比喻生活，那么，我们就是那粒进入蚌身体的沙砾。我们痛苦地磨平自己的棱角，使自己变得越来越圆润，最终惊喜地发现自己变成了一颗珍珠。每一颗珍珠，都是痛苦的孕育，这是珍珠的命运。在生活中，我们要想成为美玉，就要学会打磨自己，使自己经过雕琢变成珍贵的人才。

压力是人生最好的动力

人生在世，假如心中没有希望，便会觉得暗无天日。同样的道理，假如觉得生活没有丝毫压力，人们也会因此而颓废、沮丧，失去希望和向上的动力。所以，很多时候，我们应该给自己适当的压力，这样才能帮助我们保持活力。

在一次挖煤施工的过程中，瓦斯爆炸了，煤窑坍塌，出口被厚实的泥土堵得严严实实的，五位矿工深困其中。幸运的是，矿井里刚好有足够的食物和水源。这给被困矿工带来了极大生机。他们找到各自的位置，安静地坐下，等待救援。

时间在死寂的黑暗中震颤着。一天、两天……一个星期过去了，他们支着耳朵，却始终没有听到渴望已久的声音。有人开始烦躁，有人发出凄厉的尖叫。大家已无法承受恶劣环境带来的巨大精神压力，个个都快崩溃了。

突然，他们听到“啪”的一声。黑暗中有人吼叫起来，“谁，他妈的谁打我？”一个黑影朝四个伙伴咆哮着，四个伙伴都开始辩解。可黑影就是纠缠着

他们不放，审犯人似地一个个详细审问，甚至问得有些不着边际。为了免受冤枉，四位工友还是认认真真地回答。直至个个哈欠连天，声称被打的黑影这才闭了嘴，没趣地倒在一旁呼呼大睡。过了许久，大家都睡醒了，又听到“啪”的一声脆响，这次挨打的是另一位工友，只见他捂着脸，怒不可遏地号叫起来，径直扑向第一个挨打的黑影。双方都不示弱，幸好其余三位工友眼疾手快，死死把双方抱住，两人才住手。为此，大家你一言我一语地理论起来。

类似的情况在每位矿工身上都发生过，其中一位脾气很好的矿工连续挨了三个耳光，最后忍无可忍，勃然大怒。就在他们整天为耳光的事纠缠不清的时候，头顶一丝微弱的亮光提醒他们，有人来救他们了。至此，他们在井底足足被困了23个日日夜夜。

被救后，躺在医院里，四位矿工一直不明白为什么有人无缘无故打自己耳光，只有一位矿工笑呵呵地向四位工友讲起了一则在日本流传很广的故事：古时候日本渔民出海捕鳗鱼，因为船小，回到岸边时鳗鱼几乎死光了。但有一个渔民，他每次捕回的鱼都活蹦乱跳，因此，卖的价钱也特别高，使大家都很迷惑。临死前，这位渔民才把秘密告诉自己的儿子。原来，他在盛鳗鱼的船舱里放进了一些鲶鱼。鲶鱼生性好斗，为了防止鲶鱼攻击，鳗鱼也被迫攻击对方。在战斗的状态中，鳗鱼忽略了被捕捉后面临的死亡威胁，所有的潜能都被激发出来，投入战争。这样，尽管它们伤痕累累，但绝大部分鳗鱼还是生存了下来。

听完这则故事，大家恍然大悟。

心灵启示

如果不是那位矿工想办法挑起工友之间的纷争，使他们在等待救援的漫长时间里始终保持清醒的意识，那么，这些被掩埋的矿工也许很难熬过漫长的23个日日夜夜。就像那些鳗鱼，在面对鲶鱼的威胁时，它们已然忘记了被捕捉后面临的死亡威胁，只是一味地想着如何避开鲶鱼的袭击。正因为如此，它们才能延长自己的生命。其实，人也是如此，不管在职场中还是在生活中，我们都应该面对一定的压力，只有这样，我们才能充满活力地生存、生活，我们才能更加富于激情，使自己具有坚韧的毅力面对生活中的一切困难和险境。

（1）不要使自己陷于安逸的环境之中，安逸使人颓废。

（2）面对生活的压力，不要抱怨，因为抱怨毫无用处，而应该鼓起勇气，直面困难，在解决困难的过程中提升自己。

（3）想办法把压力变成活力吧，这样，你的生活才能越来越精彩。

（4）对待压力的态度不同，你的人生也将因此而不同。

最重要的是我们在成长

生活中，并没有绝对的公平，公平只是相对的。很多时候，我们因为没有得到公正的待遇而愤愤不平，却没有想到，自己在付出的同时也得到了很多。如果为了惩罚别人而使自己陷入绝境之中，这何尝不是一种更大的付出呢?

在一座荒废的园子里，生长着两棵茁壮的苹果树，经过几年的分枝与抽叶，终于开花结果了。

这年秋天，第一棵苹果树一共结了10个苹果，但有9个被前来嬉戏的小孩子摘着吃掉了，只有最后一个因为被几片叶子遮盖了才有幸保留下来。

对此，这棵苹果树甚是愤愤不平："我辛辛苦苦结的果子，到头来才得了这么一个，到底图的什么嘛！"于是，它自断经脉，开始拒绝成长。

到了第二年秋天，这棵苹果树因为养分不足只结出了5个苹果，但有4个依旧被前来嬉戏的小孩子摘着吃掉了，最后一个因为长在高高的枝头上才有幸保留下来。

"去年我结了10个得到1个，得到率是10%；今年我结了5个得到1个，得到率是20%。"这棵苹果树心里平衡多了，"嘿嘿，翻了一番，也值得了。"

与这棵苹果树相比，旁边的另外一棵苹果树却恰恰相反：它第一年也结了10个果子，被嬉戏的小孩子们摘掉9个之后，在第二年更加努力地吸收阳光和雨露，迅速地长得茂盛起来，最后竟然结出了100个果子，虽然被拿走了99个自己只得了1个，但却乐在其中；到了第三年，它继续努力地吸收阳光和雨露，长得更加茂盛了，很快就结出了好几百个果子；到了第四年，它能结出几千个果子了……

也就在第五年，第一棵苹果树的枝叶开始枯朽凋落，很快就轰然倒地化为腐朽了，但第二棵苹果树却依旧根深叶茂——望着颓然倒地的伙伴儿，它哽咽地说：

“嗨，得到多少果子并不是最重要的，重要的是，我们自己在不断地成长啊！”

心灵启示

为了避免自己辛辛苦苦结出来的果实被孩子们吃掉，第一棵苹果树开始拒绝成长，而第二棵苹果是则恰恰相反，它更加努力地生长，结出了更多的果实。一年过去了，第一棵苹果树被吃掉的概率降低了，当然，这并非因为孩子们不吃苹果了，而是因为它结出的果实变少了。而第二棵苹果树呢？虽然前几年它结出的苹果依然被孩子们摘去吃了，但是，它的果实却一年比一年多，最终结出了几千个果子……它枝繁叶茂，根深蒂固。但是，第一棵苹果树却因为腐烂而轰然倒塌了。这两棵苹果树，谁得到得多？谁得到的少？谁失去得多？谁失去得少？

张明和方强是大学同学。大学毕业后，他们一起进入同一家企业工作。因为刚开始工作，他们俩都没有什么经验，因此被安排在后勤部门熟悉公司业务。所谓后勤部门，其实类似于打杂的部门。每天，他们都有一大堆的勤杂事务要处理。对此，张明牢骚满腹，而方强呢？则总是乐呵呵地做事情，每当闲下来，他还会主动去其他部门帮忙，帮那些工作量比较大的同事做一些力所能及的事情。为此，张明总是讽刺方强：“别人把你当打杂的使唤还不够，你自己还硬往上贴啊！”对此，方强总是微微一笑。

半年多过去了，张明的业务知识丝毫没有长进，依然在处理那些勤杂事务。而方强呢？因为他总是利用闲暇时间去其他部门帮忙，所以，他很快了解和熟悉了公司的业务，被调到市场拓展部门了。在那里，他工作起来非常顺利，因为他熟悉公司的各个流程和环节，与各部门的同事也都相处得很好。

不一样的付出，不一样的收获。张明就像那第一棵苹果树，为了使别人吃不到果实，宁愿限制自己的成长。而方强呢？则像第一棵苹果树，在给别人带来便利的同时，也使自己得到了很好的成长。

你想成为谁?

(1)只有在不断的锻炼中，我们的能力才会得到提高，我们的经验才会得到积累。所以，不要吝惜自己的力气，趁着年轻力壮，不如多干点儿活吧!

(2)你付出，不仅仅是为了别人，更是为了你自己!

(3)所谓赠人玫瑰，手有余香。你在付出的同时，自己也得到了很多。

(4)没有人喜欢与一个懒惰的、斤斤计较的同事打交道，所以，让自己变得勤快起来吧!

直面人生的危崖

在自然界中有一个非常奇怪的现象，那就是，如果没有天敌的存在，一个物种就会渐渐退化。按照正常的逻辑思维来推理，天敌的存在往往使一个物种的数量急剧减少，那么，为什么没有天敌了，物种反而会退化呢?这就是自然界优胜劣汰的自然法则。因为有天敌存在，一个物种总是存在于危险的环境之中，为了生存，它们必须更加机警灵活。在与天敌搏斗的过程中，那些体质软弱的被天敌吃掉了，剩下的都是顽强得以生存的。如此一代一代地反复淘汰，物种得以进化。而没有天敌的物种呢?它们生活在安逸的环境中，没有任何危险，所以，它们的生存能力大大下降，最终导致物种不断退化。所以，很多时候，野生动物园为了使一个物种得以存在，或者为了使它们生存得更好，往往会在它们生存的区域投放一些天敌。

有个小孩子，见一只蝙蝠掉在地上，挣扎了好大一会儿也没有飞起来，便开始纳闷儿了：奇怪呀，蝙蝠是非常灵巧的动物，怎么落到地上之后就飞不起来了呢?

带着这个疑惑，儿子去求助父亲。父亲把他带到了一个山洞里面，只见山洞的洞顶和洞壁倒悬着无数只蝙蝠，但是没有一只栖落在地面上。

见儿子一副不解的样子，父亲就说：这是蝙蝠在给自己一片危崖。

蝙蝠为什么要给自己一片危崖呢?儿子还是不解，它这样做岂不是让自己每时每刻都处在危险中吗?

父亲笑着告诉他：蝙蝠一旦脱离了攀附的洞壁，就会直接摔在地上。为了避免坠落而亡，蝙蝠只有尽全力地扑打着翅膀，努力使自己向上、再向上，所以我们才看到了灵巧飞翔的蝙蝠……

可是，为什么蝙蝠掉到地上之后，就再也飞不起来了呢？

父亲接着解释道：蝙蝠一旦掉在了地上，就再也没有悬挂在洞壁上那种“生的危险，死的威胁”的感受了。没有这种生死攸关的感受，蝙蝠也就不可能尽全力地去飞，从而导致它也永远飞不起来！

心灵启示

蝙蝠故意把自己悬挂在悬崖峭壁上，使自己置身于危险之中，时刻保持清醒，所以，它们才能非得更灵巧。而掉在地上的蝙蝠，则因为落在没有危险的地面上，反倒没法飞起来了。这种规律看似难以理解，其实却很深刻。而且，这种规律不仅仅适用于自然界的各种生物，同样适用于人类。众所周知，温室里长大的孩子是禁不起风雨的，反倒是那些家境坎坷的孩子更容易成材，也正是这个道理。在职场上，真正成功的职场人士从来不会安于现状，每当实现一个目标之后，他们就会给自己制定一个更加高远的目标，使自己始终处于努力拼搏的过程中。其实，这个更加高远的目标就是职场人士的危崖。

娜娜和莉莉在同一个部门工作。她们的部门很清闲，每天朝九晚五，只需要做一些基本的工作就可以了，从来不像销售部门那样充满了“血雨腥风”。娜娜对自己的工作很满意，她每天都悠然自得，看到销售部门的同事们整日绞尽脑汁地去拼搏，奋斗，娜娜庆幸地说：“幸亏我不是销售部门的，他们虽然工资高点儿，但是脑细胞可不知道死了多少呢！”让娜娜想不到的是，一个月之后，莉莉居然主动申请调到销售部门。娜娜劝说莉莉不要这么轻易地放弃如此清静悠闲的工作，莉莉却坚持去历练。

几年过去了，娜娜依然过着一样的生活，而莉莉取得的成就却令人大吃一惊。经过几年的奋斗拼搏，如今的莉莉已经是销售部门的经理了。因为她的业绩始终非常突出，所以，总经理特别器重她，破格为她配了车，安排了高级公寓。据说，总经理有意培养莉莉成为自己的接班人呢。

如今看着高高在上的莉莉，娜娜再也不认为自己的工作是天底下最好的工作了！

一分耕耘，一分收获。可以想象，原本做清闲的后勤工作的莉莉刚转到销售部门的时候该是多么艰难，然而，她还是义无反顾地为自己选择了这一具有挑战性的工作。事实证明，她的付出得到了回报。而娜娜呢，如果不出预料，她的一生都将平淡无奇，因为做惯了清闲的工作，她早已无法适应竞争激烈的社会了。

（1）温室中的花朵经不起风吹雨打，温室中长大的孩子不能担当重任。

（2）有竞争才有压力，有压力才有动力，要想出人头地，我们首先要为自己找一片危崖。

（3）生活不要过于安逸，因为，安逸的生活容易使人意志消沉，丧失斗志。

（4）风雨不可怕，因为那是对我们最好的历练。

正确看待自己，短处也有妙用

每个人都有缺点，就像每个水桶都有自己的短板一样。因为这些缺点，我们也许无法很好地承担一些工作，也因为这些缺点，我们的人生绽放出与众不同的光彩。所谓完美，就是优点与缺点并存，在这个世界上，没有绝对完美的人。只要我们正确看待自己的缺点，扬长避短，或者为自己的缺点找一个适合发挥的领域，那么，那些缺点非但不会阻碍我们的发展，甚至还有可能转变为优点。正如一只有短板的水桶，它也许无法顺利地把一整桶水运送到主人家，但是，它却能够为沿途的野花浇水，用美丽的鲜花装点主人的餐桌。

一位挑水的农夫，他有两个用了很久的水桶，分别吊在扁担的两头，其中一个桶子有裂缝，另一个则完好无缺。每次，完好无缺的桶子总能将满满一桶水从溪边送到主人家中，但是有裂缝的桶子到达主人家时，只剩下半桶水。

两年来，挑水农夫就这样每天挑一桶半的水到主人家。当然，好桶子对自己能够送满整桶水感到很自豪。破桶子呢？对于自己的缺陷则非常羞愧，它为只能负起责任的一半，感到非常难过。

饱尝了两年失败的苦楚，破桶子终于忍不住，在小溪旁对挑水农夫说："我很惭愧，必须向你道歉。"挑水夫问道："你为什么觉得惭愧？""过去两年里，因为我你只能送半桶水到主人家，我的缺陷，使你做了全部的工作，却只收到一半的成果。"破桶子说。挑水夫替破桶子感到难过，他满有爱心地说："我们回到主人家的路上，我要你留意路旁盛开的花朵。"

果真，他们走在山坡上，破桶子眼前一亮，看到缤纷的花朵，开满路的一旁，沐浴在温暖的阳光之下，这景象使它开心了很多！但是，走到小路的尽头，它又难受了，因为一半的水又在路上漏掉了！破桶子再次向挑水农夫道歉。挑水农夫温和地说："你有没有注意到小路只有你漏水的那一边有花，好桶子的那一边却没有开花呢？我明白你有缺陷，因此我善加利用，在漏水的路旁撒了花种，每回我从溪边回来，你就替我浇了一路花！两年来，这些美丽的花朵装饰了主人的餐桌。如果你不是这个样子，主人的桌上也没有这么好看的花朵了！"

心灵启示

是把整桶水运送到主人家重要，还是用水浇灌路边的野花重要？对于那两只不同的水桶而言，也许，这两个任务都是非常重要的，因为，它们有着不同的使命。想一想在摆放着鲜花的餐桌上用餐的主人的心情吧，他的内心一定充满了愉悦。当然，如果没有那只好水桶为主人家运送了更多的水，也许，一餐美味就无法顺利做出来。所以，不管是那只好水桶，还是那只坏水桶，我们都应该尊重它们，因为它们都有自己的价值。当然，它们更应该尊重自己，意识到自己的价值。做人也是如此，也许我们在某些方面不够优秀，表现得不够好，但是，我们不能因此妄自菲薄，而应该看看自己在其他方面是否有突出的表现。只有正确客观地评价自己，我们才能做到自尊、自重。

（1）即使是一只破水桶，也有它的用途。

（2）即使一个有缺点的人，也有自己的用武之地。

（3）看看那些沿途灿烂的花朵吧，也许，其中就有你的功劳。

（4）要想发挥自己的价值，首先应该找到适合自己的领域。

一道使人受益终生的测试题

生活中，我们难免面对取舍，做出抉择。这个时候，内心的煎熬是不言而喻的，因为我们既不想放弃此，也不想失去彼。其实，选择本身比我们做得如何更加重要，因为，一个好的选择能够帮助我们弥补很多自己无法做到的事情。学会选择的人，能够更好地面对人生的百般境遇，从容地应付人生的各种难题。而不会选择的人，在面对选择的时候，往往手忙脚乱，无以应对。由此可见，学会选择是很重要的。

有一家公司出了这么一道面试测试题：

一天，你开着一辆车回家，那是一个暴风雨的晚上，雨下得很大，经过一个车站时，有三个人正在焦急地等公共汽车。其中一位是临死的老人，他需要马上去医院。还有一位是个医生，他曾救过你的命，你做梦都想报答他。剩下的还有一个女人/男人，她/他是你做梦都想嫁/娶的人，也许错过就没有了。

但你的车只能再坐下一个人，你会如何选择？我不知道这是不是一个对你性格的测试，因为每一个回答都有他自己的原因。老人快要死了，你首先应该救他。你也想让那个医生上车，因为他救过你，这是个报答他的机会。还有就是你的梦中情人，错过了这个机会，你可能永远不能遇到一个让你这么心动的人了。

在前来应聘的100个应聘者中，只有一个人被雇佣了，他并没有解释他的理由，他只是说了以下的话："给医生车钥匙，让他带着老人去医院，而我则留下来陪我的梦中情人一起等公车！"在听到这个答案后，每一个前来应聘的人都认为他的回答是最好的，但几乎所有人一开始都没想到，而只有这个人，给出了最好的答案，并在这个工作岗位上成就了自己的事业。

心灵启示

在那100个应聘者中，被雇佣的那个人无疑给出了最完美的答案。他既照顾到了需要就医的老人，又考虑到了情人的感受，而且，还报答了救过自己的医生。面对如此面面兼顾的选择，相信其他的应聘者肯定都佩服得五体投地。

在生活中，假如我们也能够面对这些选择，那么，我们一定能够更好地处理生活和工作中出现的种种问题，使自己的生活更加完满。正因如此，那家公司才毫不犹豫地录用了这个应聘者。试想，当那位应聘者以如此完美的选择面对工作中出现的两难境地时，他一定能够把公司的利益最大化，从而兼顾工作的各个方面。

（1）假如生活和工作有了冲突，你会怎么办？是先照顾生活，还是先全力以赴地工作，假如处理不好工作和生活的关系，那么，你既生活不好，也无法工作，所以，这个问题是所有人都需要面对和解决的。

（2）面对自己喜欢做的事情和自己应该做的事情，如何完美地使其结合起来？假如做到了这一点，你一定能够取得长足的发展，因为，兴趣是一个人做好一件事情的最大动力。

（3）其实，不仅仅工作方面需要我们做出完美的选择，在生活中，在与亲人朋友相处的过程中，我们依然需要做出最好的选择。

（4）选择，伴随着人的一生，只有选择对了，我们的人生才能更加顺利和完满。

面对错误，才能改正错误

当你犯了错误的时候，你会怎么做？小孩子犯了错误，有的会选择面对，有的会选择逃避，从某个角度来说，孩子面对错误的态度总会受到父母的影响。因此，作为成人，我们应该正确地面对错误。犯错误并不是可耻的事情，因为生活中的每个人都犯过错误，在未来，他们还不可避免地犯错误，反而是声称自己从未犯过错误的人，他们是可耻的，因为这个世界上根本不存在没有犯过任何错误的人。人不是神，无法做到十全十美。一旦犯了错误，我们首先要做的不是逃避，而是勇敢地面对。从某个方面来说，犯错误是一件好事，众所周知，人们的宝贵经验都是渐渐积累的。在犯错误的时候，我们更容易反思，从而知道自己为什么犯错误，这样一来，我们就会有意识地避免再犯同样的错误，从而提升自己。这就是犯错误的宝贵价值，很多时候，错误带给我们

的反思和经验，是我们在顺境之中无法得到的。

有一位著名的生物学教授拉塞特，看到生物学的著述错误百出，于是教授宣称他要出版一本内容绝无错误的生物学巨著。

经过一段时间，在众人引颈期待中拉塞特教授的生物学巨著终于出版了，书名叫做《夏威夷毒蛇图鉴》。许多钻研生物学的人，迫不及待地想一睹这本号称“内容绝无错误”的生物学巨著。

但每个拿到这本书的人，在翻开书页的时候，都不禁为之一怔，几乎每个人都不约而同地急忙翻遍全书。而看完整本书后，每个人的感觉也全部相同，脸上的表情亦是同样的惊愕。

原来整本的《夏威夷毒蛇图鉴》，除了封面上几个大字之外，内页全部是空白。也就是说，整本《夏威夷毒蛇图鉴》里，全是白纸。

大批记者涌进拉塞特教授任职的研究所，七嘴八舌地争相访问教授，想弄清楚这究竟是怎么一回事。

面对记者的镁光灯，拉塞特教授轻松自若地回答：“对生物学稍有研究的人都知道，夏威夷根本没有毒蛇，所以当然是空白的。”

拉塞特教授充满智慧的双眼，闪烁着奇特的光芒，继续说道：“既然整本书是空白的，当然就不会有任何错误了，所以我说，这是一本有史以来，唯一没有错误的生物学巨著。”

心灵启示

为了使自己不犯错误，拉塞特教授写出了一本无字书。这是因为，他知道不犯任何错误的人是不存在的，因此，要想不犯错误，就是不存在，就是空白。虽然我们不需要出版任何著作，但是，即使在日常生活中，我们也会经常面对犯错误的窘境。遇到这种情况的时候，也许你会遭遇责备，遭遇别人的误解，但是，你不要受其影响，而应该冷静地反思，从而吸取宝贵的经验，避免下次再犯同样的错误。只要你能够从错误中吸取经验和教训，那么，你所犯的错误就是有价值的。

（1）在这个世界上，没有什么人、什么事情是绝对正确的。犯错误是正常的，我们要正确面对错误。

（2）错误的最大价值就在于为我们提供经验和教训，避免下次再犯同样的错误。所以，如果你用逃避的态度面对错误，那么，你将失去一次自我反省、自我提升的宝贵机会。

（3）如果你想不犯任何错误，那么，你的人生将和拉塞特教授的无字著作一样，没有任何内容。

（4）面对错误，我们应该勇敢一些，承认错误，并且从错误中积累宝贵的经验，这才是面对错误的正确态度。

思虑太多，会牵绊行动的脚步

仰望高耸入云的泰山，也许你会心中打鼓，双腿发抖，殊不知，只要你开始行动，一级一级往上攀登，那么，你不久就能攀上顶峰。当你在高耸入云的顶峰俯视山下的时候，当你在视野开阔的顶峰极目远眺的时候，你会发现，一切都美极了，你的心胸也变得无比开阔，最重要的是，你会发现，攀上泰山的最高峰，其实比你想象得简单很多。原来，只是一味地假想困难有多么巨大，那么，你就会知难而退，自己吓唬自己。而要想使自己不再惧怕困难，直至战胜困难，最好立即展开行动。在实际的行动过程中，你会发现，困难其实并没有你想象的那么可怕，随着你不断地深入，困难变得越来越小。由此，我们可以得出一个结论，困难在想象中变大，在行动中变小，要想战胜困难，最好的办法就是立即展开行动。

迈克今年刚刚大学毕业，在应聘时，他被当地的《时事报》看重，做了该报社的一名记者。在刚上班不久的这一天，他的上司交给他一个任务：采访大法官利达。

第一次接到重要任务，迈克不是欣喜若狂，而是愁眉苦脸。他想：自己任职的报纸又不是当地的一流大报，况且自己只是一名刚刚出道、名不见经传的小记者，大法官利达怎么会接受他的采访呢？同事卡卡得知他的苦恼后，拍拍他的肩膀，说：“我很理解你。让我来打个比方，这就好比躲在阴暗的房子里，然后想象外面的阳光多么炽烈。其实，最简单有效的办法就是往外跨出第

一步。”

卡卡拿起迈克桌上的电话，查询利达的办公室电话。很快，他与大法官的秘书通上了话。接下来，卡卡直截了当地道出了他的要求：“我是《时事报》新闻部记者迈克，我奉命访问法官，不知他今天能否接见我呢？”旁边的迈克吓了一跳。

卡卡一边接电话，一边向目瞪口呆的迈克扮个鬼脸。接着，迈克听到了他的答话：“谢谢你。明天1点15分，我准时到。”

“瞧，直接向人说出你的想法，不就管用了吗？”卡卡向迈克扬扬话筒，“明天中午1点15分，你的约会定好了。”旁边的迈克面色转好，似有所悟。

多年以后，昔日羞怯的迈克已成了《时事报》的资深记者。回顾此事，他仍觉得刻骨铭心：从那时起，我学会了单刀直入的办法，做来不易，但很有用。而且，第一次克服了心中的畏怯，下一次就容易多了。

心灵启示

也许，有了第一次单刀直入地展开行动的经验，迈克才开始了勇敢的行动。假如不是卡卡的实际行动给了迈克以信心和勇气，他还在畏难的边缘徘徊。其实，很多事情，看起来很难，那只是因为我们还没有真正去做，一旦我们真正去做了，就会发现，很多困难都是可以克服的，原本想象很难的事情也变得容易了。虽然人们常说凡事都要三思而后行，但是，假如思虑太多，也会牵绊我们行动的脚步。我们只要从大方向上把握自己的行动就可以了，因为，我们永远不可能在想象中解决所有的困难，而只能在行动中解决所有的困难。

（1）在做一件事情之前，我们可以设想会遇到哪些困难，但是，不要被这些困难吓倒。

（2）困难也许比我们想象中的多，也可能比我们想象中的少，这一切都要在真正展开行动后才能知道。

（3）办法永远都比困难多，只有抱定这个想法，我们才有勇气去做。

（4）不要被自己想象中的困难吓倒，因为，随着事情的不断变化，既会出现很多不可预见的困难，也可能出现很多意想不到的转机。最重要的是，你要有一颗坚强勇敢、坚定不移的心。

即使有优势，也要保持忧患意识

不管在生活中还是在工作中，每个人都有自己的特长和短处。然而，事情的结果往往使人大跌眼镜，人们总是在自己熟悉的领域或者专长上跌大跟头。反而那些他们原以为自己肯定做不好的事情，他们做得很好，没有丝毫纰漏，这是为什么呢？这是因为，人们在自己不熟悉的领域或者不擅长的方面总是非常小心谨慎，生怕出现纰漏。然而，一旦转入他们所熟悉的领域或者是擅长的方面，他们就陡然生出骄傲的情绪，认为自己在这方面非常熟悉，因此，即使闭上眼睛，也能够把事情做好。这就是人们更容易把熟悉的事情搞砸的原因。

从前，有三个朋友住在一家旅店里。白天，他们各自出去办事，一个旅行者带了一把伞，另一个旅行者拿了一根拐杖，第三个旅行者什么也没有拿。

恰巧，行至半路时，瓢泼大雨倾泻而下，晚上归来，拿伞的旅行者被淋得浑身是水，拿拐杖的旅行者跌得满身是伤，而第三个旅行者却安然无恙。于是，第一个旅行者很纳闷，问第三个旅行者："你怎会没有事呢？"第三个旅行者没有回答，而是问拿伞的旅行者："你为什么会淋湿而没有摔伤呢？"拿伞的旅行者说："当大雨来临的时候，我因为有了伞，就大胆地在雨中走，却不知怎么淋湿了；当我走在泥泞坎坷的路上时，我因为没有拐杖，所以走得非常仔细，专挑平稳的地方走，所以没有摔伤。"

随后，第三个旅行者又问拿拐杖的旅行者："你为什么没有淋湿而摔伤了呢？"

拿拐杖的人说："当大雨来临的时候，我因为没有带雨伞，便挑能躲雨的地方走，所以没有淋湿；当我走在泥泞坎坷的路上时，我便用拐杖拄着走，却不知为什么常常跌跤。"

第三个旅行者听后笑笑说："这就是你们拿伞的淋湿了，拿拐杖的跌伤了，而我却安然无恙的原因。当大雨来时我躲着走，当路不好时我细心地走，所以我没有淋湿也没有跌伤。你们的失误就在于你们有凭借的优势，便少了忧患。"

心灵启示

故事听起来似乎令人匪夷所思，带伞的人淋湿了但没有跌伤，带拐杖的人没有淋湿却摔伤了，反倒那个没有带伞也没有拿拐杖的人安然无恙。而这一切，都是因为缺少忧患意识。其实，不仅仅生活中适用这个道理，工作和学习中同样适用这个道理。

夏明是一名高中三年级的学生。高三下学期，他们进入全面复习阶段。因为知道自己的英语是弱项，所以，夏明每天早晨起床都会花半个小时阅读英语。每天晚上，他还要求自己必须背诵十个英语单词。至于语文和数学，夏明则一点儿都不担心，因为语文和数学是夏明的强项。不过，语文也是需要背诵的，所以，夏明也会抽出一些时间来复习语文。至于数学，夏明每次考试的成绩都不错，所以，他丝毫不担心数学。数学注重逻辑思维，只要会了，则很少出错。

经过黑色的六月之后，高考成绩出来了。夏明没有考上自己填报的第一志愿，而是被第二志愿录取了。当他看到自己的成绩时，不由得瞠目结舌。原来，他的英语居然取得了最好的成绩，而一直引以为傲的数学，却比他日常考试的成绩足足低了20分。原来，夏明在复习阶段重点复习了英语，甚至在考试中，他对做完的英语试卷也是再三检查。但是，数学呢？他除了做一些习题之外，几乎很少复习数学。考试时，他对数学几乎胸有成竹，所以懈怠了。假如数学考好了，夏明的分数将远远超过第一志愿的录取分数线。面对这样的局面，夏明非常后悔。

在上述事例中，夏明之所以数学考试失利，无疑是因为他没有认真复习数学，而且在考试过程中也没有好好地检查数学试卷。假如他能够认真谨慎对待自己的特长方面，那么，他的数学考试就会取得更好的成绩，他也就能考上更好的大学了。

从上述事例中我们不难得到一个教训，要想提高自己，首先要保证在自己所擅长的领域内不犯错误，然后弥补自己的不足，使自己超高水平地发挥。

（1）越是熟悉的、擅长的领域，我们越容易因为粗心大意而犯下很多错误。

（2）即使自己在某一方面具有优势，也不要因此而沾沾自喜，否则，就很容易因为骄傲而栽跟头。

（3）不管什么时候，都要具有忧患意识，这样才能时刻保持清醒和谨慎。

（4）要想不犯错误，千万不能粗心大意，更不能扬扬得意。

希望是人生逆境中的一盏明灯

不管什么时候，只要你心怀希望，就能够改变自身的境遇，使自己的生活发生翻天覆地的变化。与此相反，不管什么时候，如果你心怀绝望，那么，你就会陷入悲惨的境地，甚至失去生活的动力。希望是我们人生的指明灯，越是在暗夜之中，它的光亮与温暖就越诱人。我们应该向着希望的灯塔前进，努力地改变我们的生活。即使生活困厄，即使命运波折，有希望的人也必将有所作为。

里德是一个普普通通的年轻人，他身体很健康，工作十分努力，在家乡经营一个小农场。但由于不善管理，再加上当地自然条件比较恶劣，收入十分微薄。这样的生活年复一年，不但没有改善，而且灾难突然降临。

里德患了全身麻痹症，卧床不起，几乎失去了生活能力。他的亲戚们都确信，他将是一个濒临绝望边缘的病人，他不可能再有什么作为了。然而，里德却在不能活动的状态下，思维更加活跃，对生活和生命有了更深的理解，最终创造了自己的一番事业。

里德用什么方法创造了这种奇迹呢？是的，虽然他的身体不能活动了，但是他能思考，他确实在思考，在计划。有一天，他做出了决定。他要从自己所处的地方，把创造性的思考变为现实。他要成为有用的人，他要供养他的家庭，而不是成为家庭的负担。

他把他的计划讲给家人听。“我再不能用我的手劳动了，”他说，“所以我决定用我的心理从事劳动。如果你们愿意的话，你们每个人都可以代替我的手、足和身体。让我们把我们农场每一亩可耕地都种上玉米，然后我们就养猪，用所收的玉米喂猪。当我们的猪还幼小肉嫩时，我们就把它宰掉，做成香肠，然后把香肠包装起来，用一种牌号出售。我们可以在全国各地的零售店出售这种香肠。”他低声轻笑，接着说道：“这种香肠将像热糕点一样出售。”这种香肠确实像热糕点一样出售了！几年后，牌名“里德仔猪香肠”竟成了家庭的日常用语，成了最受人们欢迎的一种食品。

心灵启示

一场疾病使里德的生活发生了改变，使他从一个活蹦乱跳的健康人变成了一个瘫痪在床的人。这是令人很痛心的一件事情。然而，这对于里德来说却未必是件坏事。在他的肢体还能灵活地活动的时候，他忙于在农场中劳作耕种，因此，他根本没有时间去思考自己的前途与命运。然而，这场疾病却给里德一个很好的静下心来思考的机会，他突然发现，此时此刻他的思维比健康时更加活跃。因此，他下决心成为一个有用的人，而不是成为家人的负担。让人难以置信的是，里德成功了，他和他的家人的生活，甚至比他健康时更好。这是因为，瘫痪的里德没有丧失改变命运的希望，因此，他才能与命运抗衡，最终击败了命运。

（1）有的时候，噩运带给我们的未必是绝望。

（2）不管什么时候，只要我们满怀希望，不放弃，我们就能够创造奇迹。

（3）对于人类而言，最重要的不是身体的健康，而是心灵的健康。心灵是主宰我们命运的方向，即使遭遇风雨，充满希望的心灵也能够指引我们攀登人生的顶峰。

（4）希望是人生逆境中的一盏明灯，指引我们向幸福不断前行。

生命的意义在于奋斗和坚持

生命的意义是什么？是安然的享受吗？还是痛苦的煎熬？我想，都不是。

生命就像一条大河，有风平浪静的时候，也有巨浪滔天的时候。生命的意义在于与生命的河流搏斗，在河流平缓时好好享受，在河流湍急时把握好生命之舟的方向，在风雨骤至时与风浪搏斗。人们常说，人的一生没有一帆风顺的。确实，只要活着，我们就总要面对接踵而至的困难。很多时候，我们明明解决完一个问题，在刚喘了口气，甚至还没有来得及喘息的时候，又一个问题突然出现了。此时此刻，我们应该怎么办？抱怨吗？放弃吗？硬着头皮往上冲吗？都不是。我们应该理智冷静地思考，坦然从容地面对。很多时候，我们觉得自己就要坚持不下去了，但是，想想自己所爱的人，我们又释然了。还是再坚持一下吧，只要再坚持一下，我们就能够度过生命的逆境，迎来生命的坦途。所以，要想好好地生活，我们就要学会坚持，学会在最艰难的时候给自己鼓劲，打气。幸运的是，我们的身边有那么多关心、疼爱我们的人，是他们，使我们在绝境之中鼓起勇气，有毅力去面对和战胜困难。

父亲退休时是60多岁。他做了大约30多年乡间邮差，一个星期有6天他都跋涉在佐治亚州东北部的山区里，为人们送信。

在他80岁生日时，我送给他一封存信，信中特别说了几句表示孝心的话。我说我们全家人都希望他身体健康，心情愉快，能够在欢乐中安度晚年。总之，我希望他永远快乐。信的最后，我建议他和我母亲不要再干活了，应当完全放松自己，好好歇息。我认为，父亲操劳了一辈子，现在他们终于有了舒适的家和丰厚的退休金，几乎有了他们想要的一切，应该学学如何享受生活了。

后来，父亲回信了。他首先感谢了我的好意，然后笔锋一转：“虽然我很感谢你的赞美，但是让我完全放松自己却吓了我一跳。”父亲承认没人喜欢走坑洼不平的路，“但是如果我们事事都顺心如意，从来都碰不到困难的话，那或许是世界上最糟糕的事了。”

父亲在信中写道：“人生的意义不在于马到成功，而在于不断求索，奋力求成。每一件有意义的事都需要我们以坚强的信念去完成，这样，我们的生活才会更加充实，意志更加坚强。”

从他流畅的行文中，我似乎看到了父亲写信时高兴的表情：“我们一生中最美好、最愉快的日子，不是还清了所有欠款的时候，也不是我们真正得到这套靠血汗换来的住所的时候，这都不是。我记得在很多年前，我们全家挤在一套很小的住宅里，为了糊口，我们拼命工作，根本分不清白天还是黑夜。你还记得吗？我最多每天只睡4个小时。直到现在，我都不明白当时为什么不知道什么叫累，又怎么会觉得生活是那么美好。我想大概是因为我们那时是在为生存而奋斗，是为保护和养活我们所爱的人而拼搏吧。”

心灵启示

生命的意义就在于奋斗，生活的意义就在于为我们所爱的人拼搏。只要心中有爱，不管多么艰难的日子，我们也能够坦然度过。因为，我们的身边有我们至爱的人陪伴着，我们的生命因为有他们而更有意义。所以，心中有爱的人从不抱怨生活的艰难，因为爱，他们心甘情愿地去承受这一切。

（1）很多时候，虽然生活很苦，但是我们却不觉得苦，因为我们的身边有爱人陪伴，因为我们的心中有爱长存。

（2）生命的波涛频起，我们就像一个个弄潮儿，在其中不断地奋力拼搏。

（3）为自己所爱的人拼搏奋斗，不断付出，是一种幸福。

（4）只有真正勇敢的人，才能驾驭生命，成为命运的主宰。

走好脚下每一步

很多时候，我们会主动地放弃一些事情，因为我们觉得那些事情是不可能完成的。其实，我们是被自己吓退了，而不是被事情本身。我们总是急于求成，恨不得马上就得到最终的结果，看到皆大欢喜的结局。其实，不管做什么事情，都要一步一步地慢慢来。要记住，只有走好人生的每一步，我们才能走出精彩的人生。反过来说，假如让你把整个人生经营得十全十美，你肯定觉得是不可能的，因为整个人生太漫长了。但是，假如让你做好自己现在所面对的一件事情，那么，你一定觉得是可以实现的。如果把人生每个阶段的每件事情都做好了，人生岂不是完美了？做事情也是如此。我们无须使事情一步到位，

而只需要做好眼下的这个步骤就行了。只要我们把每个步骤都做好了，那么，整件事情自然也就水到渠成了。

据说，在陕西某地，有一位八十多岁的老翁，每天都从回心石出发去灵宫殿参拜，风雨无阻。

从回心石到灵宫殿，只有一条半尺余宽的石级小径可走，而这小径就像长梯一样悬挂在悬崖绝壁之上，一共有三百七十四级。

有不少心血来潮者，也想像老翁一样，从容地摸索着三百七十四级石阶，君临天下似地站在高高的灵宫殿前高声呐喊，但奇怪的是都以“心惊胆战”而中途退缩。

于是，有人问这位老翁：“看您每天都爬上那么陡而那么长的阶梯，从容地往返心石与灵宫殿之间，是不是有什么独特的秘诀呀？”

沉吟了好半天，这位老翁才说：“其实，也没有什么秘诀可言：我眼中并没有那一条阶梯，我要克服的仅仅是脚下那一块石阶而已。”

闻听此言，追问者顿悟。

想想老翁的话说得确实在理儿：越是难做的事，大家越是止步不前，结果只好不了了之；而只有保持一份信念，才能把眼前的艰难克服，进而顺利达到目的地。

新西兰著名探险家希拉瑞在自述登山的过程时，也说过类似的话：“我通常心里只想：好，我要再向前走五步，我走了五步之后，停下来调整呼吸，我又想：好，这一次我要走六步。”

心灵启示

站在泰山脚下，你一定觉得泰山是高不可攀的，甚至质疑自己：我真的能登上这么高的山吗？其实，你完全可以不把整座泰山放在眼里，而只专注于你脚下的石阶。只要你跨过每一级石阶，泰山终将臣服于你的脚下。

曾经有一个马拉松运动员，接连几次都夺得了马拉松的冠军。人们发现他在跑马拉松的过程中非常轻松，面部表情安详愉悦，因此问他有什么秘诀。他微微一笑，说：“其实也没有什么秘诀，我只是以街边的景物作为标志物，把漫长的马拉松旅程分成了若干段小的路程。每到达一个目标，我就会觉得很轻松，我知道，自己又完成了一段行程。”

在生活中，我们常常会遇到一些难以逾越的困难和障碍，因而不由得主动放弃。其实，我们只需要先做自己能做的，然后做自己经过努力能够做好的，最后，你会发现本看似无法解决的问题已经在不知不觉中被你彻底解决了。凡事都是这个道理，只要你领悟了这个道理，就能轻松地战胜很多困难。

（1）山再高，也是由一块块石头堆积而成的，你只要每次翻越一块石头，你最终一定能翻越群山。

（2）困难再大，也是由一个个小困难组成的，只要你克服一个个小困难，那么，你最终就能解决大困难。

（3）八旬老翁尚且能够翻越天阶，更何况我们年轻人呢？

（4）相信自己，不要放弃！

每天都向成功走近一些

为了使我们的生活更加安逸，很多时候，我们应该未雨绸缪，而不要当一天和尚撞一天钟。有些事情，看似非常困难，但是，只要我们坚持不懈地去做，终有一天会成功。

有两个和尚分别住在相邻的两座山上的庙里。这两座山之间有一条溪，于是这两个和尚每天都会在同一时间下山去溪边挑水，久而久之，他们变成了好朋友。

就这样五年过去了。突然有一天，左边这座山的和尚没有下山挑水，右边那座山的和尚心想：“他大概睡过头了。”便不以为意。

哪知道第二天左边这座山的和尚还是没有下山挑水，第三天也一样。过了一个星期还是一样，直到过了一个月右边那座山的和尚终于受不了了，他心想：“我的朋友可能生病了，我要过去拜访他，看看能帮上什么忙。”于是他便爬上了左边这座山，去探望他的老朋友。

当他到了左边这座山的庙，看到他的老友之后大吃一惊，因为他的老友正在庙前打太极拳，一点也不像一个月没喝水的人。他很好奇地问：“你已经一

个月没有下山挑水了，难道你可以不用喝水吗？”

左边这座山的和尚说：“来来来，我带你去看。”于是他带着右边那座山的和尚走到庙的后院，指着一口井说：“这五年来，我每天做完功课都会抽空挖这口井，即使有时很忙，能挖多少就算多少。如今我终于挖出井水，不用再下山挑水了，我可以有更多时间练我喜欢的太极拳了。”

心灵启示

两个和尚，一起挑了五年的水，五年之后，一个和尚要继续下山挑水喝，另外一个和尚却可以喝到自己院子里的井水了。如果让其中一个人用一天的时间挖一口井，他一定会觉得是天方夜谭。然而，五年过去了，每天或多或少地挖一点儿，一口水井终于挖好了。是的，要想实现一个大的目标，必须由实现一个个小目标开始。

张娜和林倩同是一所师范院校的学生，也许是因为童心未泯吧，从进校之初，她们都表示以后不想当教师，而是想当外交家，这样才能去游历世界各国。然而，要想成为一个外交家，谈何容易？首先英语要过关，否则，就与外交家无缘。虽然张娜和林倩有着共同的志向，但是，她们的表现却截然不同。张娜计划大学毕业后考取英语专业的研究生，因此，她每天早晨起床后读半个小时的英语，每天晚上睡觉前都背诵十个英语单词。而林倩的做法却完全不同，她总说：“现在，上学已经是很累的事情了，我们应该趁着闲暇好好地享受大学生活。至于学习嘛，等我们真正当了教师以后，应该有很多闲暇时间的，到时候花钱报个函授班就好了。”转眼几年过去了，张娜和林倩都面临着大学毕业。正如大家意料的是，通过几年间持之以恒的努力，张娜居然顺利地考取了某大学的英语系研究生，而林倩呢，虽然很轻松地玩了几年，却不得不面临回家当“孩子王”的命运。又几年过去了，张娜研究生毕业之后进入一家外企工作，成了一名“飞人”。而林倩呢？还在老家当教师呢，并没有实现自己曾经的梦想。

有些事情，看起来很难，但是将其分散到每一天去做，每天都做一点点，那么，日积月累之后，原本很难的事情就水到渠成了。我们应该学会这样去做事，尤其是那些看起来很难的事情，使用这种办法无疑是很好的选择。大家都读过寒号鸟的文章，林倩无疑就像那只寒号鸟，在冬天没有到来的时候整日叫着要垒窝，却始终没有行动，而在她哀号的时候，勤劳的张娜已经一步步地达成了自己的目标。

（1）要想一天挖成一口水井无疑是很难的，但是，如果每天都挖一点，那么，日积月累，水井自然就挖成了。

（2）成功不是一蹴而就的，要想获得成功，就应该每天都向成功走近一些。

（3）看似遥远的目标，都是一点一滴地积累而成的，想到了，就要马上去做。

（4）古人云，不积跬步无以至千里。人生也是如此。

缺点也有可能转化成发展的机会

在自己所擅长的领域，我们也许能够得到很多荣耀，但是却很难得到别人发自内心的钦佩。然而，如果我们在自己所不擅长的领域做出了独特的成就，那么，别人就会真诚地钦佩我们，因为，我们战胜了自己。所以，我们应该学着把自己的缺点转化成发展的机会，只有这样，我们才能使缺点绽放出耀眼夺目的光芒，为自己的发展赢取更多的机会。假如你认识到自己有一些缺点，那么，不要悲伤，不要绝望，认真地去想一想，你的哪些缺点是可以转化成机遇的，一旦确定了，就让它们在你身上大放异彩吧！

罗慕洛曾经长期任职菲律宾外长，但他穿上鞋子时的身高只有1.63米。年轻时，他也曾因自己的矮小而感到自卑，那时，他也穿过增高鞋，但这种方法终令他不舒服，他感到自欺欺人，于是便把它扔了。他勇于正视自己的缺陷，并不断奋斗，并创造了许多流传至今的佳话。在他的一生中，他的许多成就却与他的“矮”有关，也就是说，矮倒促使他成功了，乃至他说出这样的话：“但愿我生生世世都做矮子。”

1935年，大多数美国人尚不知道罗慕洛为何许人也。那时，他应邀到圣母大学接受荣誉学位，并且发表演讲。那天，高大的罗斯福总统也是演讲者，

事后，他笑吟吟地怪罗慕洛“抢了美国总统的风头”。更值得回味的是，1945年，联合国创立会议在旧金山举行。罗慕洛以无足轻重的菲律宾代表团团长身份，应邀发表演说。讲台差不多和他一般高。等大家静下来，罗慕洛庄严地说出一句：“我们就把这个会场当作最后的战场吧。”这时，全场一片寂然，接着爆发出一阵掌声。最后，他以“维护尊严、言辞和思想比枪炮更有力量……唯一牢不可破的防线是互助互谅的防线”结束演讲时，全场响起了雷鸣般的掌声。后来，他分析道：如果大个子说这番话，听众可能客客气气地鼓一下掌，但菲律宾那时离独立还有一年，自己又是矮子，由他来说，就会达到意想不到的效果。

由这件事，罗慕洛认为矮子比高个子更有优势。矮子起初总被人轻视，后来有了表现，别人就觉得出乎意料，不由得佩服起来，在人们的心目中，成就就格外出色，以至于普通的事一经他手，似乎成了石破惊天之举。

心灵启示

罗慕洛的成功是因为他有着一个独特的背景——他的身高。如果是一个身材高大的人说出那番言论，人们也许会认为他只是为了给大家鼓劲，或者只是为了成就自己。但是，罗慕洛说出同样的一番话，却带给人们与众不同的震撼力。这是因为，人们没有想到矮小的罗慕洛内心居然蕴含着巨大的能量，所以，也就觉得罗慕洛的表现尤其出色。

当然，在生活中，不仅仅只有矮这一个缺点。其实，每个人的身上都有一些缺点，这些缺点或者成为我们生活的障碍，或者成为我们生活的衬托，衬托我们更加高大。罗慕洛就很好地把自己的缺点变成了一种背景，他正是在这种背景的衬托下才显得无比高大。

（1）每个人都有自己的缺点，我们要正视自己的缺点，不要因为缺点的存在而看低自己。

（2）缺点只是相对的，并不是绝对的，只要你善加利用，缺点也有可能变成优点。即使缺点无法变成优点，只要你善加利用，也能够将其转化为发展自身的机会。

（3）矮小者可以利用矮小的反衬使自己的形象更加高大，这种对比带来的心理震撼是非常强烈的。

（4）你的缺点是什么？你知道吗？想一想如何将其转化成机遇吧！

只有敢于冒险的人，才能获得平稳发展

几乎每个成功者都是一个敢于冒险的人，可以说，成功者的特质之一就是敢于冒险。细心的人不难发现，不管是生活中还是工作中，每一个想出类拔萃的人都具有冒险的优秀品质。当然，所谓的冒险，并非冒进。冒险是经过深思熟虑之后做出的决定，是一种有准备的张扬。有些人做事的时候总是前思后想，犹豫不决，这种人不仅会丧失机会，也因此故步自封。如果说成功有捷径的话，那么，冒险就是之一。如果你不想一辈子碌碌无为，那么，你完全可以在你认为值得尝试的领域中冒一次险，享受倾尽全力孤注一掷的快感以及胜利的喜悦。其实，对于那些惧怕危险的人而言，时时处处都有危险。对于那些胆大心细、喜欢冒险的人而言，时时处处都有机遇。从某种意义上来说，危险就是机遇，冒险就是抓住机遇。很多大胆的人之所以能够成功，就是因为他们善于把握机会，该出手时就果断出手，从不犹豫。如果一个人不敢承担风险，惧怕承受不良的后果，那么，他无论如何都无法成大器。纵观那些成功者的历史，你会发现他们无一例外都具有非凡的胆略和魄力。在冒险的过程中，人们往往能够体味到别样的刺激和快乐。因此，我们可以说，只有在冒险的过程中，人们才有机会看到属于自己的绮丽风景。因为一时的冒险，人们往往能够得到长久的平稳发展。

有一天，龙虾与寄居蟹在深海中相遇，寄居蟹看见龙虾正把自己的硬壳脱掉，只露出娇嫩的身躯。寄居蟹非常紧张地说：“龙虾，你怎可以把唯一保护自己身躯的硬壳也放弃呢？难道你不怕被大鱼一口吃掉吗？从你现在的情况来看，连急流也会把你冲到岩石上，到时你不死才怪呢？”

龙虾气定神闲地回答：“谢谢你的关心，但是你不了解，我们龙虾每次成长，都必须先脱掉旧壳，才能生长出更坚固的外壳，现在面对的危险，只是为将来发展得更好而做准备。”

寄居蟹细心思量一下，自己整天只找可以避居的地方，而没有想过如何令自己成长得更强壮，整天只活在别人的庇护之下，难怪永远都限制自己的发展。

心灵启示

寄居蟹永远过着寄人篱下的生活，而龙虾则一直那么威武。然而，人们在看到龙虾的威武雄壮的同时，却没有看到它换壳时的软弱。殊不知，正是因为有了那冒险的换壳，龙虾才越长越强壮，最终成为海底的大将。其实，不仅动物界如此，人更应该如此。如果不冒险打破我们发展的瓶颈，我们就永远无法得到长足的发展。

陈沛与张旭在同一家公司的后勤部门工作。2008年金融危机来袭的时候，传言公司会削减一些部门的职员，而首当其冲的就是后勤部门。后勤部门的工作其实是很清闲的，所以，即使精简一些人员，也不会影响公司的整体运作。得此消息后，陈沛与张旭都很担心，这个年头，工作难找，他们可不愿意再去人群熙攘的就业市场找工作了。

陈沛每天都很发愁，导致日渐消瘦。而张旭呢，经过几天的思考，他做出了一个大胆的决定，即申请调入销售部门工作。原来，张旭认为，一个公司的生存和发展离不开销售人员，虽然销售人员的工资很高，但是很大一部分都是业绩的提成，而他们的底薪是很低的，所以，公司不太可能裁减销售人员。而后勤人员呢？不管工作与否，不管工作量是大还是小，公司每个月都要支付他们固定的工资。对于公司而言，当然要先裁掉后勤人员，而留住销售人员了。

得知张旭的这个决定后，陈沛不由得瞠目结舌："咱们已经做了好几年的后勤工作，也从未接触过销售工作，一下子转行，肯定会给你带来巨大的不适和压力。"对此，张旭微微一笑："销售部的爱荣也从来没有做过销售，但是，经过一段时间的学习与摸索，她现在可是公司的销售冠军啊！"说实话，陈沛觉得张旭的离开对他是件好事，因此他说："你想去就去吧，到时候干得不好可别说我没提醒过你。"

陈沛说的情况确实是存在的。张旭转行初期，由于没有客户源的积累，再加上金融危机的影响，张旭几乎每天都要在外面奔波，寻找潜在的客户。然而，半年过去了，张旭手中的客户资源越来越多，他的工作也越来越顺利。而陈沛呢？虽然因为张旭的离开他躲过了第一次裁员，但是在第二次裁员时，他在劫难逃。

面对危机时的不同选择，陈沛与张旭有了截然不同的命运。陈沛选择了逃避，选择了祈祷，殊不知，命运并非掌握在上帝的手中，而是掌握在他自己的手中。张旭的做法无疑是冒险的，而且他也的确因此付出了很多，但是，他得到的回报也是十分丰厚的。他再也不用担心被裁员了，并且因为转入销售部门而开阔了自己的眼界，使自己的人生得到了更多的机遇。这就是冒险的好处，等待张旭的必将是长久而又稳定的发展。

（1）面对机遇，胆大的人选择冒险，抓住机遇，胆小的人则眼睁睁地看着机会溜走。

（2）要想得到长久稳定的发展，我们就应该像龙虾一样勇敢地退去局限自己发展的壳。

（3）冒险并非冒进，周全的考虑是必要的，但是我们却不能因此而变得畏缩怯懦。

（4）冒险的回报是巨大的，我们应该学会冒险。

信任，是可以支撑生命的力量

信任，是人类生活中一个古老的话题。随着时代的发展，人们的心越来越高深莫测，因此，人与人之间充满了猜忌。然而，如果我们想让一个人努力地去拼搏，与其选择鞭策他，不如选择信任他。在人与人的交往中，信任的力量是非常强大的，它能够使一个人心甘情愿地去努力，去拼搏，去改变自己的命运。

有一个年轻人，好不容易获得一份销售工作，勤勤恳恳干了大半年，非但毫无起色，反而在几个大项目上接连失败。而他的同事，个个都干出了成绩。他实在忍受不了这种痛苦，他惭愧地对经理说，可能自己不适合这份工作。“安心工作吧，我会给你足够的时间，直到你成功为止。到那时，你还要走我

不留你。”老总的宽容让年轻人很感动。他想，总应该做出一两件像样的事再走。于是，他在以后的工作中多了一些冷静和思考。

一年后，年轻人又走进了老总的办公室。不过，这一次他是轻松的，他已经连续七个月在公司销售排行榜中高居榜首，成了当之无愧的业务骨干。原来，这份工作非常适合他！他想知道，当初，老总为什么会将一个败军之将继续留用呢？

“因为，我比你更不甘心。”老总的回答完全出乎年轻人的预料。老总解释道：“记得当初招聘时，公司收下100多份应聘材料，我面试了20多人，最后只录用了你一个。如果接受你的辞职，我无疑是非常失败的。我深信，既然你能在应聘时得到我的认可，也一定有能力在工作中得到客户的认可，你缺少的只是机会和时间。与其说我对你仍有信心，倒不如说我对自己仍有信心。我相信我没有用错人。”

心灵启示

老总不仅仅相信年轻人，更相信自己的眼光。而年轻人，则因为老总的信任，从一个一无所成的销售人员，变成了公司的销售骨干，这就是信任的力量。不管什么时候，信任都具有巨大的魔力，它使人与人之间变得更加亲密无间。

第二次世界大战期间，一个安静美好的圣诞夜，两个美国大兵在德国西南边境亚尔丁森林中迷路了，他们拖着一个受伤的弟兄在风雪中艰难前行。突然，他们看到了一个移动的小木屋，当小木屋的主人——一个德国女人打开门的时候，他们瞬间被家的温暖包围了。看着眼前这三个饥寒交迫的美国大兵，女主人开始为他们准备圣诞晚餐。她很平静，就像在为自己远行归来的兄弟准备晚餐一样，她坚信：他们不是生活中的坏人，只是战场上的敌人。美国大兵围坐在温暖的炉边，想起了自己远方的家。

就在晚餐即将准备好的时候，四个德国士兵再次敲响了门。女主人告诉自己的同胞她的家里有几个特殊的客人，并且希望他们能够围坐在一起享用一顿美味可口的晚餐。德国士兵采纳了女主人的建议，他们安静地走进小木屋，把枪放到了一个墙角中。在吃饱喝足之后，一位年轻的德国士兵甚至俯下身去为那个同样年轻的美国大兵检查并包扎伤口，此时此刻，幸福弥漫了小屋。次日清晨，美国士兵和德国士兵一起围在女主人提供的地图旁边，寻找着各自的阵地，最终，他们友好地握手告别，开始奔赴前线。

很难想象，在充满腥风血雨的欧洲战场上，因为信任，因为美好的无与伦比的信任，七个原本在战场上奋力厮杀的战士居然一起享用了一顿无比美味的圣诞节大餐。他们甚至语言不通，只能靠眼神和肢体动作来传递自己对对方的信任，因为这份信任，他们把自己在残酷的战争中历经千难万险才保存的生命无条件地托付给了值得信赖的对方。这是血腥战场的一首人性赞歌，而信任，则是这首赞歌的优美旋律。

即使在生死攸关的时刻，信任也依然具有强大的力量，甚至能够使人心甘情愿地把得来不易的生命交到自己的敌人手中。那么，生活中呢？工作中呢？可想而知，信任的力量是多么强大。

（1）即使人心险恶，我们也应该相信这个世界上还是好人多。信任别人吧，这样，你自己也会快乐起来。

（2）信任的力量是强大的，我们要学会利用这种力量来支撑自己，支撑别人。

（3）当你信任别人的时候，你其实也在信任自己。

（4）信任是相互的，这个世界上没有单方面的信任。

下篇

守护阳光心态，捕获终极幸福

第10章 守护亲情，生命中的守望天使

在这个世界上，没有任何人是独立存在的。每个人的身边，都有亲人、朋友的陪伴。假如没有他们，我们的人生将会多么寂寞啊！亲情，不管什么时候，都在那里等待着我们的归来。当我们失魂落魄的时候，只有亲人，是永远不会离我们而去的。亲情，是每个人生命中的守望天使。

女儿是父亲手上开出的一朵花

也许，你觉得自己是一朵娇艳的花，并且因此而嫌弃父亲粗糙的大手，但是，你却不知道，你这朵美丽娇艳的花，就是从父亲那双粗糙肮脏的大手中开出来的。正是因为有了他无怨无悔的付出，你这朵花才越来越娇艳。

莉莉是一个漂亮的小女孩，在莉莉三岁的时候，母亲离开了莉莉，是父亲把莉莉一手养大的。

莉莉很美，也很爱美，但家里穷，父亲极力宠爱她，但她还是常常撅着嘴。有一天，父亲采了朵美丽的山花插在莉莉的头上，看着她笑，莉莉拔掉花扔在地上就跑了。父亲的眼泪莉莉没看见，父亲知道一朵花抵不了商店那件莉莉喜欢的华服。

父亲很憨厚，莉莉可以随意任性。上中学时，莉莉一星期只回一次家，父亲想莉莉了，去看了莉莉一次，莉莉大闹了一场，父亲从此不敢走进那所学校。父亲是农民，穿着难看，莉莉是校花。

莉莉考上了美术学院。三年里，莉莉回了一次家。三年里，父亲在黄土里给莉莉刨出了几万元，都是让别人到邮局给莉莉寄去的，父亲是文盲。

莉莉越来越美。但毕业后，莉莉这朵美丽的花却一直没结出果来，没画出像样的画，从公职转到了个体，谈了恋爱后结婚，又离了，七年过去，花也谢了。

父亲还是父亲。

莉莉回家看父亲了。多年不上家乡的山了，莉莉想上山玩，父亲就带莉莉上山，父亲一路高兴得像个小孩子，但莉莉一直闷闷不乐。父亲就像莉莉小时候一样给莉莉讲故事、说笑话，极力逗莉莉笑。莉莉笑不起来。

“父亲！我还美吗？”

“当然美！我女儿是最美的！”

“可是……”

父亲采了最美的山花，往莉莉头上插。

这时，莉莉突然抓住了父亲的手，让父亲别动。父亲一动也不动。

莉莉仔细看父亲的手：巨大如莆，坚硬如铁，骨节肿大如锤，手心积茧万重，手背暴筋血裂！这双手捧着一朵美丽的山花，红白相间鲜嫩得让人心疼的鲜花！

莉莉泪如雨下！

父亲慌了：“女儿你……”

“父亲！你等着！”

父亲就一直等着，捧着那朵花。

莉莉跑回家，拿了画笔画架跑回原地，画了起来。

父亲明白了，憨笑了。

莉莉在画父亲的手和那朵花。

不久，莉莉的这张画获了大奖。

一直画不出好画的莉莉，一连举办了几次画展，非常成功，一下子出名了。莉莉不停地画，就画手和花，各种各样的手，各种各样的花，莉莉的又一幅获奖画，题为“富贵与贫穷”：父亲的手捧着一朵牡丹。

莉莉成了小有名气的画家，她把父亲接进了城，常搀扶着父亲一起走进各种大场面，一脸的自豪。莉莉每天都在画，就让父亲坐在自己的身边，不时去看看父亲的手。

心灵启示

莉莉一直画不出好画，因为她始终漂浮着，没有踏踏实实地静下心来去感悟生命。她甚至不知道，自己的美丽正是源于父亲无私的付出，源于父亲那双粗糙的大手。直到她了解了这一切，她才真正地了解了生命的源头。

（1）每一个女儿都是一朵娇艳的花朵，每一朵花背后，都隐藏着父亲的大手。

（2）父爱无言，如果你不去感受，你就不知道父亲已经在你的身后站成了一座山。

（3）你觉得父亲的手很粗糙，却不知道父亲的手正是为了培育你这朵娇艳的鲜花才变得粗糙的。

（4）生命的清泉流淌自心底，才能感动人心。莉莉找到了生命的源泉，所以成了画家。

父母的鼓励支撑着孩子的信心

曾经，每一个母亲都觉得自己的孩子是这个世界上最完美的人；曾经，每一位母亲都对自己的孩子充满信心，觉得他一定是这个世界上最有出息的人。的确，在母亲眼中，自己的孩子是天底下最漂亮、最聪明、最可爱的。因此，她们欣喜地看着自己的孩子不断成长，直到离开自己的怀抱，踏进社会的第一站——学校。然而，意外发生了。老师不会认为自己的每一个学生都是最优秀的，所以，每当开家长会的时候，母亲都会受到意外的打击，她被告知自己的孩子不是最优秀的，甚至有些糟糕。此时此刻，母亲能做些什么呢？她只能强忍住心头的痛，去鼓励孩子，支持孩子，让孩子变得和自己想象中的一样优秀。一个聪明的母亲，从来不会因为失望而去挖苦孩子，打击孩子，因为她知道，对于孩子而言，给他希望远远比否定他、使他绝望更奏效。

这一天，一所小学召开家长座谈会。会上，老师对一位母亲说：“你的儿子可能有多动症，这么多孩子，只有他最好动，每次在板凳上坐不到三分钟就

会左晃右晃，甚至离开座位。”

回到家中，儿子问她老师说了什么，她慈爱地摸着儿子的头说：“老师说你是个听话的好孩子，说你原来在板凳上坐不上一分钟，现在都能坐稳三分钟了！”儿子蹦着大叫：“我是个好孩子，我要更加努力，让老师继续表扬我！”那天，儿子破天荒地吃了两碗米饭，并且没把饭菜弄得到处都是。

在小学家长会上，又一位老师对这位母亲说：“这次数学考试，全班48名同学，只有你的儿子没及格，而且他其他科的成绩也很差，我们所有任课老师研究过了，你的儿子智力上可能有点障碍，你最好带他到医院检查一下，看看有没有特殊的办法能够治疗。”

走出校门，她发现儿子低着头向她走来，她兴奋地告诉儿子说：“儿子你真棒！老师刚才表扬你了，他说虽然你现在的成绩不是最好的，可你是个勤奋好学的好孩子，只要你继续努力，你一定能超过你的同桌！做你的妈妈，我感到很自豪。”说完这些话，她发现儿子原本黯淡的眼神一下子明亮了许多。从那天起，儿子上学早了，晚上还会多看一会儿书。

在初中家长会上，老师对她说：“你儿子现在的成绩不太乐观，如果这样下去，考高中就危险了。”家长会结束后，她告诉儿子：“你们的班主任对你很有信心，他说你只要继续努力，肯定能考上高中。”

高考结束了，儿子把一封来自名牌大学的录取通知书放在她的手上，她再也忍不住那藏在心中十几年的泪水，任它滑落在那沉甸甸的通知书上。

心灵启示

每次开家长会，事例中的母亲都在心里留着泪，她曾经引以为傲的孩子，居然有这么多令人难以忍受的缺点，这使她心痛。然而，她依然伪装坚强，微笑着面对孩子，告诉他，你很棒！这就是母亲，是我们最伟大的母亲。如果没有母亲不断地鼓励和支持，儿子也许很难战胜自己的一个个缺点，最终获得人生阶段性的成功。我相信，不管是以前，还是现在，甚至是将来，母亲的鼓励、理解和信任对于孩子都将是奔向成功的最大动力。

（1）在这个世界上，对于孩子而言，母亲无疑是那个最欣赏他的人。所以，母亲的看法对孩子至关重要，很多时候，是母亲给了孩子信心。

（2）在这个世界上，对于母亲而言，孩子无疑是她今生今世创造出来的最完美的作品，所以，无论如何，我们都不能辜负母亲的期望。

（3）当整个世界都抛弃你的时候，也一定还有一个人坚定地站在你的身边，那个人就是你的母亲。

（4）作为母亲，应该牢牢记住，任何时候，给予孩子希望要比给予孩子打击更有效。

妈妈是那个永远不会抛弃你的人

孩子，永远住在母亲的心里。不管儿子在哪里，走多远，母亲，始终都在等着儿子回家。不管多久没有相聚，母亲，只需要轻轻地一握，就能感受到儿子的到来。浪迹天涯的游子啊，不管离家多远，都请记得回去看看你们的母亲，安慰她们被等待煎熬的心。

有一天，一家大型化工厂突然发生了液氨气体泄漏。一时，公安、消防等部门紧急调派人手进行排险，并挨家挨户通知化工厂附近的住户赶快撤离，以保安全。

住户很快疏离完了，大家正要松口气的时候，有人发现，离化工厂最近的一幢家属楼上还有人。几名干警上去一看，是位老太太。她眼睛不太好使，有白内障，看不清东西。等干警耐心地向她解释要撤走的原因后，她一个劲儿地摇头，说什么也不同意离开。

几名干警说得口干舌燥，倔强的老太太最后说："我不能走，我要等我的儿子回来！"原来是这样。几名干警想了想，悄悄从外面叫来一个人，让他装成老太太的儿子，亲热地上去喊"妈"，要老太太赶快离开。老太太眼睛虽然看不清，但听得却很仔细，她坚决地摇头，说这人根本不是她的儿子。

泄漏的气体即将造成重大危害，房间内越来越危险，可老太太执意要等她的儿子。这可怎么办呢？几名干警一商量，决定分头找老太太的儿子。通过询问社区工作人员，干警终于查出了老太太儿子的下落，于是赶忙开车去接老太太的儿子。

半个小时后，老太太的儿子被接来了。他什么也没说，只是上前握了一下手，老太太便立刻感觉出来了。老太太没再说什么，顺从地让儿子把她背下了楼。

在儿子背上，老太太轻轻地说："好孩子，妈妈一定会等你回来的！"

一听这话，儿子腿一哆嗦，差点摔倒。这个家，他已经七年没回来过了，因为他参与贩毒被判了刑。妈妈的这句话，为心如死灰的他又一次注入了一股力量。因为他知道，无论如何，妈妈都会等他回来。

心灵启示

即使面对生命的威胁，母亲依然要等待儿子的归来。漫长的七年过去了，只需要握一握儿子的手，母亲就知道是自己的儿子回来了。七年了，即使儿子浪迹天涯，也依然住在母亲的怀抱里，住在母亲的心里。

菁菁是家里的独生女，从小被父母娇生惯养，从来不知道生活的疾苦。在菁菁16岁那年，她的父亲因为一场意外的车祸离开了人世，从此以后，菁菁和母亲相依为命。母亲很疼爱菁菁，对菁菁要求也很严格。

高中毕业后，菁菁因为早恋，执意不想考大学，而是和那个男孩去外地打工。为此，母亲非常生气，甚至狠狠地打了菁菁一个耳光。那一夜，菁菁趁母亲熟睡之际，偷偷地收拾了简单的行囊，和那个男孩一起踏上了去南方的车。

十年过去了，只有高中毕业的菁菁始终在社会的底层挣扎徘徊。每当流落街头时，她想到了母亲。十年了，家还在那里吗？母亲的身体还好吗？她开始了漫长的返乡，因为没钱坐车，她就徒步，一边乞讨，一边回家。

回到那个记忆里熟悉的地方，她的眼眶湿润了。她筋疲力尽地坐在门槛上，想倚着门休息一会儿。然而，她的背刚刚碰到那扇古旧的木门，门就吱呀一声开了。她还没反应过来，母亲就赤着脚从屋内飞奔了出来。是母亲，十年的光阴流转，母亲的头发几乎全白了。看着面前衣衫褴褛的她，母亲的心碎了。

原来，自从她离开家之后，母亲就从来没有锁过家里的门，就是因为担心女儿回来的时候进不了门。因为旧城改造，周围的邻居们都搬走了，只有母亲，依然守着残破的房屋等待她归来。看着自己的卧室，一切东西都维持着原样，使她恍惚间觉得时间逆转了。

当你远行归来的时候，那个赤着脚飞奔出来给你开门的人就是你的母亲，就是今生今世最爱你的那个人。不管你离开了多久，走了多远，那个始终留在原地等你的人就是你的母亲，是这个世界上唯一对你不离不弃的人。请珍爱你的母亲吧！

（1）孩子，就像母亲手中的风筝，不管飞得多高多远，永远牵着母亲的心。

（2）当你远行，谁留在家中执着地等待你归来？

（3）爱自己的母亲吧，因为，你是她用自己的生命铸就的。

（4）不管什么时候，都不要忘记自己的母亲。

骆驼妈妈的爱

母亲对于儿女的爱，从来不是出于什么目的或者为了得到怎样的回报，而是一种本能。为了儿女，她们甚至愿意付出自己的生命。这就是母亲，我们最伟大的母亲。

这是一个美国旅行者在非洲撒哈拉沙漠目睹的真实故事。

在烈日炎炎的大沙漠里，一只母骆驼带着几只小骆驼找水喝，它们看起来似乎很多天没喝水了，眼睛血红血红的，走路的时候像拖着几十斤的铅球。

骆驼妈妈既不时地低头闻干燥的沙子以嗅到水源，还要为孩子们遮住烈日。它根据太阳的不同方向驱赶孩子们走在它的阴影里。

终于，它们来到了一个半月形的泉水旁边，看见清澈诱人的泉水，小骆驼们高兴得又蹦又跳，迫不及待地跑到泉水边。

可是泉水太浅了，岸上的几只小骆驼无论怎么努力也无法把嘴凑到泉水边上。骆驼妈妈看在眼里急在心里，它围着孩子们转了几圈，突然，它纵身跃入泉中，挣扎着……几十分钟后，骆驼妈妈慢慢地漂浮起来，再也不能够动弹。

泉水终于长高了，小骆驼们刚好能喝着。

心灵启示

为了使小骆驼们得到救命的水，骆驼母亲毫不犹豫地跳入了泉水之中，用自己的身体使泉水长到孩子能够喝到的高度。这就是母亲，为了孩子能喝到一口水，她宁愿以生命作为代价。其实，不仅仅动物是这样的，人类的母爱也是如此。生活中，很多母亲为了孩子宁愿放弃自己的生命，为了挽救孩子的生命，她们甚至愿意付出自己的身体器官，即使做一个残缺的母亲也要继续深爱着孩子。

得知儿子需要肝脏的时候，为了挽救儿子的生命，55岁的母亲陈玉蓉毫不犹豫地决定割肝救子。但是，经过检查，陈玉蓉患有重度脂肪肝。这个结果把陈玉蓉"砰"的一声关在了割肝救子的门外。然而，母亲就是母亲，只要有一线希望，母亲就绝对不会放弃儿子的生命。为了治好自己的脂肪肝，给儿子以健康的肝脏，陈玉蓉春去秋来，风雨无阻，每天都暴走10千米，整整坚持了200多天。也许是母爱感动了上帝，陈玉蓉的重度脂肪肝居然痊愈了。当年11月3日，在同济医院外科2号楼，"暴走妈妈"陈玉蓉走上割肝救子的手术台。由此，她的儿子得到了新生。

孩子是母亲身体的一部分，母亲最懂得孩子的心。母亲之所以伟大，正是因为母亲对孩子无私忘我的爱与付出。很多时候，我们不妨扪心自问：假如母亲身患绝症，我们会割肝挽救母亲吗？即使能，在得知患有重度脂肪肝的情况下，我们能够连续200多天每天都坚持暴走10千米吗？懂一些医疗常识的人都知道，脂肪肝是一种慢性疾病，很难在短期内痊愈，而只有母爱的力量，能够使母亲在短期内不服用任何药物的情况下治好自己的脂肪肝，这一切只因为她的儿子在等待她新鲜健康的肝脏救命啊！也许，有人会轻松地说："我会！我能！"但是，我们真的能做到吗？母亲就是母亲，诸如割肝救子、割皮救子、割肾救子之类的新闻时不时地就会出现在大众媒介上，在感动、流泪之余，我们应该反思些什么？

（1）有几个孩子能像骆驼妈妈一样用自己的生命去为孩子换一口救命的水？这个世界上，也许只有母亲对孩子才会这样不计代价地付出。

（2）为了孩子，母亲可以忍受无尽的痛苦和无休无止的煎熬，而丝毫没有怨言。

（3）孩子，是母亲的心头肉，虽然这只是用来形容母爱的一种方式，但是却准确地形容出了母亲对于孩子的那颗心。

（4）母爱，是人世间那首最伟大的赞歌。

母爱是对生命的滋养

母爱不同于父爱，父爱是沉默的，无言的，如山一般重重地压在我们的心上，而母爱呢？母爱是琐碎的，细腻的，融化在点点滴滴之中。大到成家立业，小到吃鱼挑刺，母亲总是丝丝缕缕地关怀着我们，使我们深受母爱的滋养而毫不自觉。

在我依稀记事的时候，家中很穷，一个月难得吃上一次鱼肉。每次吃鱼，妈妈都先把鱼头夹到自己碗里，将鱼肚子上的肉，极仔细地捡去很少的几根大刺，放在我碗里，其余的便是父亲的了。当我也吵着要吃鱼头时，她总是说：“妈妈喜欢吃鱼头。”

我想，鱼头一定很好吃。有一次，父亲不在家，我趁妈妈盛饭之际，夹了一个，吃来吃去，觉得没鱼肚子上的肉好吃。

那年外婆从江北到我家，妈妈买了家乡很金贵的鲑鱼。吃饭时，妈妈把本属于我的那块鱼肚子上的肉，夹进了外婆的碗里。外婆说：

“你忘啦？妈妈最喜欢吃鱼头。”

外婆眯缝着眼，慢慢地挑去那几根大刺，放进我的碗里，并说：“伢啦，你吃。”

接着，外婆就夹起鱼头，用没牙的嘴，津津有味地嚼着，不时吐出一根根小刺。我一边吃没刺的鱼肉，一边想：“怎么妈妈的妈妈也喜欢吃鱼头？”

29岁，我成了家。生活好了，我和爱人经常买些鱼肉之类的好菜。每次吃鱼，最后剩下的，总是几个“无人问津”的鱼头。

而立之年，喜得千金。转眼女儿也会自己吃饭了。有一次午餐，妻子夹了一块鱼肚子上的肉，极麻利地捡去大刺，放在女儿的碗里，自己却夹起了鱼

头。女儿见状也吵着要吃鱼头，妻说：

“乖孩子，妈妈喜欢吃鱼头。”

谁知女儿非要吃不可。妻无奈，好不容易从鱼鳃边挑出点没刺的肉来，可女儿吃了马上吐出，连说不好吃，从此再也不吃鱼头了。

打那以后，每逢吃鱼，妻便将鱼肚子上的肉夹给女儿，女儿总是很困难地用汤匙切下鱼头，放进妈妈的碗里，很孝顺地说：

“妈妈，您吃鱼头。”

打那以后，我悟出了一个道理：女人做了母亲，便喜欢吃鱼头了。

鱼头上的刺多肉少，母亲为什么爱吃鱼头呢？如果你始终处于母亲细密绵延的爱之中，你就无法找到问题的答案。但是，如果你像“我”一样亲自经历了妻子由不爱吃鱼头到爱吃鱼头的转变，那么，你就知道了为什么女人一旦当了母亲，就喜欢吃鱼头了。

心灵启示

在这个世界上，最伟大的是母爱，最无私的也是母爱。母亲对于子女的爱，并非出于任何理智的考虑，而是出于一种当母亲的本能。所以，爱的人不知道自己付出之多，享受这份爱的人也觉得理所当然。直到自己也做了母亲，你才会知道你的母亲给了你多少爱。

（1）在母亲的有生之年，请善待自己的母亲，因为她为你付出了自己一生的心血。

（2）如果你不理解你的母亲，那么，请你在有了自己的孩子之后再尝试着去理解。

（3）母亲是这个世界上最伟大的人，回家看一看，你的母亲是不是也爱吃鱼头。

（4）母亲，是为我们的家庭付出最多的人，她既要照顾丈夫，又要赡养老人，还要抚育年幼的子女。是母亲，撑起了作为社会基本单元的——家。

只有主动付出爱的人才能收获真情

如今，随着社会的发展，越来越多的妈妈走入了职场，开始了职业生涯。由此改变了以前的家庭模式，即由爸爸在外面工作挣钱，由妈妈负责照顾家庭和孩子。因为走入了职场，母亲陪伴孩子的时间相应地减少了很多。尤其是那些职业女性，她们把大量的时间都用于工作，很少有时间照顾家庭，更没有闲暇与孩子接触。因此，很多孩子十分渴望能够与母亲更多地相处。其实，母亲与子女之间虽然存在着血缘关系，也是需要相处的。相处，是人与人之间最基本的交流方式，只有多多相处，彼此之间才能建立起真情。

一位在事业上很成功的母亲每天下班回家都很晚，她已经好久没有和孩子一起吃晚饭了。这天工作上的事让她很累很烦，她只想赶快休息。到家后，5岁的女儿正眼巴巴地等着她。

“妈妈，我可以问你一个问题吗？”

“妈妈很累，需要早点休息，不能跟你玩了。”她心想小孩子真是不懂事，大人都这么累了还不理解，当她抬头与女儿期盼的目光相对时，于是说：“要问妈妈什么问题呢？”

“妈妈，你一个小时赚多少钱？”

“怎么问这么奇怪的问题呢？是不是和别的小孩子打赌了？”她不喜欢孩子在金钱上互相攀比。

“没有，妈妈，我只是想知道而已，告诉我吧。”女儿拉着她的手哀求道。

“好吧，如果你一定要知道的话，妈妈告诉你是20美元，不过你不能……”

还没等她说完，女儿就掰着手指头算了起来，然后说：“妈妈，你能借给我10美元吗？”

这时她再也忍不住了，有点发火：“如果你要钱去买那些没用的糖果和小玩意，那我告诉你，现在就回到自己的房间去，好好想一下，妈妈每天这么忙是为了什么，你为什么这么不懂事！”

女儿好像被妈妈生气的样子吓着了，一边哭一边回到自己的房间。

她一个人坐在沙发上，慢慢平静下来。她反思自己不应该对孩子发那么大的脾气，毕竟孩子平时不总跟自己要钱，或许她真的有什么事情。

她走进女儿的房间说道：“妈妈刚才做得不对，这是你要的10美元。”

女儿开心地说：“谢谢妈妈！”然后从小抽屉里拿出一叠钞票，慢慢地数着。

“我现在有了20美元，妈妈，我可以向你买一个小时的时间吗？明天请你早一个小时回家，我想和你一起吃晚饭。”

心灵启示

故事中的女儿想向妈妈借10美元，目的就是想向妈妈购买一个小时的时间，以便能够与妈妈共进晚餐。我们不能说文中的妈妈不爱孩子，也许，她和其他很多妈妈一样愿意在危急时刻为孩子付出自己的生命，但是，在平常的日子里，因为忙碌，她却忘记了陪伴孩子，甚至在不知不觉中忽略了孩子。孩子的心灵需要母爱的滋润，需要母亲在平常的生活中用阳光温暖他们，因此，母亲除了为孩子付出金钱和精力以外，还应该学会为孩子付出时间，陪伴孩子一起成长。孩子的成长是不可逆的，他们的童年只有一次，如果等孩子长大才后悔没有好好地陪伴孩子，显然太迟了。所以，不管工作多么忙碌，不管内心多么焦虑，我们都应该静下心来陪伴孩子，与孩子更多地相处。

（1）养育孩子是一个复杂烦琐的过程，其中，最重要的一点就是陪伴孩子成长。

（2）孩子不仅需要物质方面的养料，也需要精神方面的养料，作为母亲，我们应该全方位地抚育孩子，滋养他们的心灵。

（3）你有多长时间没有陪伴孩子一起玩耍了？工作是永远做不完的，放下手里的工作，早点儿回家与孩子团聚吧！

（4）养育孩子的乐趣，不仅仅在于抚养他们长大成人，也在于陪伴他们一起成长过程中留下欢声笑语。

母亲给孩子的最好礼物就是爱他的父亲

爱情是人世间最神奇的一种感情，它使两个原本陌生的人产生了深厚的感情，使他们组建了家庭。

卡特和麦斯是一对刚刚步入婚姻殿堂的夫妻，他们彼此相爱，互相关心，曾山盟海誓可以为对方付出一切。

婚后不久，生活的平淡渐渐侵袭着他们。两个人在家里的沟通越来越少，干着各自的事情。那时，正逢通货膨胀，物价飞速增长，他们的生活虽谈不上拮据，但现实压得他们喘不过气来。

“我发现我怀孕了，有两个月了。”麦斯低着头对卡特说。

卡特一阵惊喜，眉开眼笑，随后也低下了头。他们都知道，这时要孩子，他们的生活将十分艰难。过了一会儿，卡特对妻子说：“不要怕，一切都会好起来的，我们的生活会很幸福。”

第二天早晨，年轻的业务员卡特决定向老板提出加薪。在上班前，他把自己的想法告诉了麦斯。到了办公室后，他一整天都紧张不安。到了下午，他鼓起勇气走进老板的办公室，向老板说了自己的生活状况和要求加薪的想法，让他兴奋不已的是，老板答应了他的要求。

卡特回到家里，等待他的是一桌丰盛的晚餐，用家里最好的餐具盛放着，桌上点着蜡烛。他闻着晚餐的香味，心想一定是哪个同事打电话给他的妻子通风报信了。他来到厨房，急切地告诉妻子这个喜讯。他们拥抱在一起，在房间里翩翩起舞，然后坐下来享用妻子准备的美餐。他发现在他的盘子旁边有一张卡片，上面写着：“亲爱的，祝贺你！我知道你会得到加薪的！我准备了这份晚餐，我要你知道我有多么爱你！”

卡特为此激动不已，与妻子深深地拥抱在一起。后来，当他去厨房帮妻子准备甜点时，他注意从妻子的口袋里掉落了另一张卡片。他捡起卡片，上面写着：“不要为没有加薪而担忧。你配得上更高的薪水！我准备了这份晚餐，我要你知道我有多么爱你！”

心灵启示

作为妻子，我们应该信任自己的丈夫，不管他是否真的优秀，你都应该信任他。事例中的妻子无疑是善解人意的，只有这样的妻子，才能赢得丈夫的尊重和疼爱。夫妻之间的相处和其他相处一样，首要的条件就是彼此尊重。生活中，很多妻子因为丈夫没有出色的表现而责备丈夫，甚至辱骂丈夫，这样的妻子很难经营好婚姻，拥有幸福的婚姻。如果天下所有的妻子都能向麦斯学习，那么，这个世界上一定会有很多幸福的家庭。

很多时候，我们会说家庭是人生的避风港湾。确实，当你长大了，脱离了父母的怀抱，你还能去哪里寻求慰藉呢？在漫长的人生道路上，你与自己所爱的人携手度过的时间，远远超出你在父母身边的时间。由此可见，良好的夫妻关系，稳固的家庭结构，对于我们而言是多么重要。然而，一个能够成为避风港湾的家庭，需要夫妻彼此的谅解和支持。假如一个家庭中总充斥着争吵、责备，那么，这个家庭无论如何也成不了避风的港湾，甚至，还会影响孩子的成长，使孩子形成畸形的性格。有位名人曾经说过，一个父亲给孩子的最好礼物就是爱他的母亲。那么，我们也可以说，一位母亲给孩子的最好礼物就是爱他的父亲。总而言之，充满爱的家庭是孩子成长的天堂。

（1）所谓爱一个人，不仅要在他风光的时候与他分享快乐，更要在他落魄的时候给予他足够的支持和理解。

（2）爱，不是简简单单的一个字。爱一个人，更需要用心去做点点滴滴。

（3）爱情，使我们的生命更加精彩，所以，珍惜你的爱人吧，他将是你终身的伴侣。

（4）爱情是相互的，你付出了多少，就将得到多少。

爱是生活中的点滴，平淡而真实

为了自己所爱的人，我们总愿意付出一切，这是大多数人都能够做到的。

然而，为了自己所爱的人，改变几十年的生活习惯，而仅仅觉得自己的不正常是理所当然的，是正常的，这就并非人人都能做到了。如此细腻温婉的爱，除了你的家人能够给你，还有谁能够给你呢？

有一位新认识的朋友，他很阳光，喜欢各种娱乐和运动，尤其喜欢打篮球。他打球的方式很奇特，总是用左手运球，居然能用单手在人群阻挡中准确地投篮。其实，他这样做的原因并不是卖弄球技，而是他只有一只手。这只神奇的左手能打一手好球，写一手好字，甚至能在钢琴上演奏出动听的乐曲。

更让我敬佩的是他对生活乐观的态度和健康的心态。他的言语总是那样亲切。他工作努力，与同事朋友的关系融洽，与客户的交流诚恳愉悦。常常得到老总的表扬嘉奖。我见过许多因为身体残疾心理也一同“残疾”的人，所以一直不理解他。直到有一天，见到了他的家人，我才醒悟过来。

那天，我和一个朋友去他家，他的父亲非常热情，要留我们吃饭。

他们一家人都很热情，谈起他的时候，言语之中总透露着无尽的爱意与自豪。大约聊了半个钟头，晚餐准备好了，大家围坐在桌前，品尝起他母亲做的美味佳肴，我也成了左撇子……

那一刻，感动如潮水般涌上心头，我从来没有想象过，这个世界原来还有如此真挚而细腻的爱。一家人为了给自己残疾的亲人一个平和而正常的环境，一齐改掉了自己坚持几十年的生活习惯。自从他年幼时第一次用左手笨拙地拿起筷子，夹起一片菜叶时起，他的家人同样笨拙地、用左手反复练习那个动作，直至成为习惯。而这样的习惯与爱伴随着他，与他一起成长。为了让他健康乐观地生活，他们把所有的爱，全部写在了左手上。

心灵启示

把爱写在左手，虽然这会让我们感觉不方便，但是，却会让我们所爱的人感觉自在和安然。爱，不是挂在嘴上的，也不全是轰轰烈烈的，而是沉浸在生活中的一点一滴。愿意把爱不辞劳苦地写在左手的人，才是真正爱你的人。愿意为了你改变生活中习惯的人，才是真正在乎你的人。

他和她结婚三年了，他是北方人，喜欢吃辣，她是南方人，一点儿辣都不吃。这么多年来，他们的餐桌上有的时候摆放着一碗清水，有的时候摆放着一

碟辣酱，在这一碗清水与一碟辣酱的调和中，他和她的感情越来越深厚。

刚结婚的时候，他们总是因为吃饭而产生很大的矛盾，她做饭喜欢放糖，而从不放辣椒，轮到他做饭的时候，他又总是做得又咸又辣，从不放糖。她一边吃饭一边流泪，觉得他一点儿都不体谅自己。一次，生气的她跑回了遥远的娘家，谁知，母亲却批评她不懂得如何心疼他。母亲说："你不喜欢吃辣，可以为自己准备一碗清水，把菜放在里面涮一涮。"回家之后，她照着母亲的话去做了，他果然吃得很开心，痛快淋漓。然而，她吃着被清水涮过的毫无滋味的菜，心中既高兴，又觉得有些委屈。轮到他做饭了，使她惊讶的是，餐桌上摆放的菜全散发着江南的甜腻。原来，他做的菜全是她爱吃的，而他，则就着一盘辣酱。他把菜放到辣酱里打个滚儿，然后才放进自己的嘴巴里。刹那间，她明白了什么是爱。

爱，就是为了你爱的人用左手，爱，就是为了你爱的人吃用清水涮过的菜，爱，就是为了你爱的人吃在辣酱里打过滚儿的菜。爱是如此平实，它没有那么轰轰烈烈，那么使世人震惊，而是一点一滴地，流进我们的心里。这就是爱。

（1）什么是爱？轰轰烈烈的爱就像是一出戏的高潮，虽然很震撼人心，但是却面临着落幕。平实的爱虽然太过平凡，但却细水长流，滋润着我们的心田。

（2）爱，融入在生活的一点一滴之中，使人从不厌倦。

（3）爱，就是为了你所爱的人改变自己，而不是企图去改变他。

（4）爱，就是心甘情愿地牺牲。

陪伴，是孩子给予母亲的最大回报

当一棵树上挂满累累的硕果，谁还会想起曾经凋零的花朵呢？与其说是花朵孕育了果实，不如说是果实展现了花的价值。对于花而言，心中的滋味自是复杂的，在喜悦欣慰之余，也有着淡淡的落寞。它在泥土里仰望着丰硕的果实，默默地为果实祝福着。

又是一年的深秋，一个承载希望与丰收的季节，但在这个时节，哀怨和凄凉的味道也日渐浓重，是因为枯黄的落叶开始离开老树的母体，纷纷飘走吗?完美的深秋拥有收获的意蕴，惹人忌妒；同样拥有成熟后的枯萎，让人感觉孑然。飘飘的枯败落叶被人毫无怜惜地踩在脚下，人们总是忘了，落叶曾经所给予果实的滋润。

“这样的秋天带着些许凉意，却总能给予人们清醒的通体舒畅”。她，一个人走在空旷的大马路上，想为自己找一些悲凉的理由，却发现，一切，似乎是那么自然而合理。一切以它再自然不过的方式演变，对，一切都在变。

儿子出生时，她，一个年轻漂亮的少妇，第一次有了母性特有的温柔，总想着，用自己柔弱的肩膀，给予儿子保护，让他远离喧嚣，远离烦扰，无忧长大。

儿子5岁那年，她，依旧是个漂亮的母亲，每见到别人家的孩子，总要多看几眼，比比，看看，还是自己的儿子最棒，每每这时，总有幸福的微笑呈现。

儿子10岁那年，她，一个慈爱的母亲，她包容了孩子合理的要求，满足了他几乎所有的愿望：玩具、衣服、鞋子。那时，就觉得，母亲嘛，就要有母亲的样子，他是她唯一的儿子，她要给予他这个世界上最好的一切。

儿子15岁那年，她，还是一个慈爱的母亲，少了年轻时的“轻狂”和“潇洒”，渐渐疏远了曾经给予她美丽的衣物饰品，多了些柴米油盐的踌躇，“儿子未来的路还很长，上了小学，上初中，上了高中，上大学……”她想着儿子。

儿子20岁那年，她，一个慈爱的妇人，欣喜地看着自己的儿子踏上开往大学的列车，欣喜满怀，却不曾察觉，鱼尾纹悄悄爬上眼角，曾经引以为傲的秀发，加入了一种叫风霜的东西。心中没有悔恨，就觉得幸福。因为她优秀的儿子。

儿子25岁那年，她，还是个慈爱的妇人，参加了儿子的毕业典礼。想起了年轻时的自己，想起了，自己大学毕业的那一年，现在回想来，恍如隔世。看看自己粗糙的手，摸摸自己干枯的头发，就觉得……是酸楚吗？不是的，是一种更复杂的味道。生命就像个循环，她不禁发出这样的感叹。

儿子30岁那年，有了自己的家庭。她，一个慈蔼的中年妇人，走在空旷的大街上，寻找着年轻时的梦，想着一些似梦似幻的场景，想着……突然间就觉得悲凉，找不出任何理由。

风雨后，花儿的芬芳过去了，花儿的颜色过去了，果儿沉默地在枝上悬着，花的价值，要因果儿而定了！

心灵启示

每一个女人，曾经都是一朵娇艳的鲜花。她们高傲地绽放在枝头，从未俯身去看泥土的颜色。然而，在有了果实之后，她们开始慢慢地凋零，也许，还没有陪伴果实到真正成长，她们就因为风吹雨打落进了泥土。为了自己孕育的果实能够健康成长，她们心甘情愿地把自己融入泥土，全然忘记了自己绽放时的娇美。终于有一天，看着自己孕育的果实成熟了，骄傲地挂在枝头，她们才怅然若失地想起自己往日的风光。这就是母亲的一生，恰如花朵的一生，为了自己的孩子，她们情愿把自己低到尘埃里。

（1）没有什么能够使骄傲绽放着的花朵低下头来，除了她所孕育的果实。

（2）没有人能够使年轻漂亮的女孩子放弃美丽，然而，当她们成了母亲，这一切都改变了。她们的所有行动都围绕着孩子展开，即使自己因此而变丑，也毫无怨言。

（3）孩子，当你骄傲地挺立于人世间的时候，千万不要忘记你的母亲正在渐渐地衰老，她默默地看着你，祝福你，而不愿意打扰你。

（4）对于母亲最大的回报，就是抽出时间多多陪伴母亲，就像你年幼的时候，母亲也曾经耐心地陪伴你一样。

孩子最大的成就是懂得关爱父母

一个人，不管他多么优秀，他首先应该且必须去做的事情就是关怀自己的母亲。乌鸦反哺，小羊跪乳，即使动物，都知道回报自己的母亲，更何况是人类呢？一个人，不管他有多么大的成就，为社会做出多大的贡献，假如他不知道回报自己年迈的母亲，那么，他就不值得人们去尊重。对于任何人而言，懂得关爱父母都是一个人最大的才能，也是做人的根本。如果做不到这一点，那他就不是一个合格的人。

有一天，井边来了三个妇人，她们肩并肩地来这里一起打水，三个妇人聚在一起，就聊起了自己的孩子。有一个老人坐在附近的石头上乘凉，听着她们的谈话。

“我的孩子聪明得很，而且手脚也特别灵活，力气还大，谁都没法和他比。”第一个妇人说道。

“那算什么啊，我的孩子唱歌非常好听，跟那些歌唱家水平不相上下。”第二个妇人立刻不服气地说。

两个人争论了半天，也不见第三个妇人说什么，她们就一起问她的孩子有什么优点。

“我的孩子很普通，没什么特长，很朴素，也就没什么好说的。”第三个妇人这样回答。

乘凉的老人听到了这些谈话，但是什么也没说。

说说笑笑间，三个妇人都打好了水。她们提着水桶往回走，那个老人也站起身走在她们的后面。水很沉，三个妇人走走停停，手臂也越来越酸，只得坐下来休息一下。

这时，迎面来了三个男孩。一个男孩边跑边翻着跟头，看起来心情好极了；一个男孩边走边唱着动听的歌，那歌声真的比黄鹂还动听；第三个男孩没说话也没跑跳，而是走到第三个妇人的面前，接过她手里的水桶，提着走了。

第一个妇人说：“看看，这就是我的儿子，怎么样，够聪明吧，长大后也许成为一个科学家。”

第二个妇人说：“难道你没听到吗？我儿子的歌声多美啊，长大后也许能当个歌唱家！”

第三个妇人什么话也没有说，他的儿子跑到跟前，乐呵呵地接过母亲手里的两桶水，蹦蹦跳跳地向家里跑去。

走在她们身后的老人这时说话了："呵呵，哪里有三个儿子，他们在哪儿？我只看到了一个。"

心灵启示

随着我们的成长，父母一天天地老了。沉浸在他们关爱中的我们，一不小心，就忘记了父母逐渐老去的事实，总以为他们还年富力强，还是那个全方位照顾和呵护我们的人。

当父母老了，请多一点耐心对待他们。他们老了，也许会变得健忘，也许会变得唠叨，也许会变得颠三倒四，请想一想你年幼时他们是如何耐心地教你走路、吃饭的，以那样的耐心去对待他们。

当父母老了，请宽容地对待他们。面对众多的新生事物，他们也许跟不上时代的潮流了。因为手脚的日渐衰老，他们也许哆哆嗦嗦，拿不住自己吃饭的碗。请想一想在你年幼的时候他们是如何帮你收拾满地的狼藉的，请用那份宽容对待他们。

当父母老了，请多抽出一些时间陪伴他们。他们不再年富力强，从工作的岗位上退下来，留守家中，日复一日，孩子们去看望他们的时候，就是他们最开心最欣慰的时候。

当父母老了，请多多关爱他们，请怀着一颗感恩的心对待他们，请时时想起他们对你的付出，抚育你长大的辛苦，只有这样，你才能平心静气地面对已经老去的成为你负担的父母。你小的时候，他们从未把你当成一个沉重的负担，而是把你当成一个甜蜜的负担。当光阴流转，你们的角色无形中发生了互换，你是否也能以"甜蜜"二字来形容他们？我们回报父母的，相比起他们曾经无私给予我们的大爱，简直就像一棵小树之于森林，就像一滴水之于大海。

（1）你有多长时间没有回家看望父母了？树欲静而风不止，子欲养而亲不待，不要等到有了遗憾，再去弥补。

（2）当父母老去，请你用他们曾经对待你的耐心和爱心去关爱他们、照顾他们，即使如此，你也无法回报父母的深恩。

（3）当你有了孩子，你就会知道父母曾经为你付出了多少。

（4）不管你有多大的成就，你最伟大的成就就是关爱父母。

爱的谎言有时也有神奇的魔力

生活中的很多事情都非常复杂，远远不如我们想象的那么简单。很多时候，我们必须说真话，不能欺骗别人。但是有的时候，我们则不得不说一些假话，帮助我们所爱的人渡过生命的难关。现实是残酷的，爱的谎言则为残酷的现实披上了一件善良的衣裳，因为这件衣裳的保护，我们所爱的人的心灵也得到了暂时的保护。在时间的流逝中，他们渐渐变得坚强，这时，真相已经不足以伤害他们了。

一天，5岁的汤姆在街上玩耍，不幸被飞驰而来的卡车撞倒了。经过医生的全力抢救，他的命算是保住了，但是双臂却被截掉了。

两年以后，汤姆到了该上学读书的年龄。但是由于肢体残疾，他不能像其他同学那样正常地学习和生活，因此被学校拒之门外。每天早晨，汤姆看着小伙伴们高兴地从他家门前经过，便感到十分伤心。他用一种求助的眼神看着妈妈，问："我的胳膊和手都没了，以后怎么办啊？"汤姆的妈妈拍拍孩子的肩膀，关切地说："孩子，不要着急，只要你坚持锻炼，你的胳膊和手都会再长出来的。"听完母亲的话，汤姆的脸上露出了灿烂的笑容。

汤姆在妈妈的帮助和指导下，开始了艰苦的锻炼，他学着用脚洗脸、吃饭、翻书……汤姆心中充满了希望，他坚信，只要努力练习，失去的胳膊和双手都会再长出来的，他牢牢地记着妈妈的话。

就这样，好几年过去了。汤姆发现胳膊和双手还是没有长出来，他的袖口依然是空荡荡的。他感到非常疑惑，禁不住问妈妈："这是怎么回事啊？我的胳膊和手怎么还没有长出来呢？是不是我还不够用心练习呢？"

妈妈温柔地抚摸汤姆的头说："孩子，你好好想一想，别人用胳膊和手能做的事情，你现在不都能做了吗？"

"是啊是啊！"说到这个汤姆有点兴奋，很自豪地说，"我用脚代替了胳膊和手，而且有的事情比其他的小伙伴做得还要好呢！"

"那你自己说，你的胳膊和手有没有长出来？孩子，每个人都有一副坚强的臂膀和一双灵活的手，只不过有的人长在身上，有的人是藏在自己的心里，只要你愿意，它就能帮助你战胜一切困难和挫折。"

汤姆终于明白了，妈妈确实没有骗他，而且经过不断训练“长”出来的胳膊和双手是永远不会断的。从此，汤姆更加刻苦地学习，那无形的胳膊和双手帮助他渡过了一次又一次难关，最终拥有了美满幸福的人生。

心灵启示

如果没有妈妈的鼓励，如果很早就知道了残酷的事实，汤姆的童年还能那么充满希望和快乐吗？有的时候，人生是需要精神上的支撑的，它能够帮助我们度过生命中最艰难的时刻。而爱的谎言就能够给人提供这样的一种支撑，使我们所爱的人顺利地渡过难关。爱的谎言是美丽的，是具有神奇魔力的。

（1）真相是残酷的，为了我们所爱的人，有的时候，我们不得不说谎，以保护他们脆弱的心灵。

（2）爱的谎言没有任何恶意，只是为了鼓励别人，给别人带来生的希望。

（3）有的时候，爱的谎言会成为我们活下去的动力。正是因为有了它们，世界才变得更加温情。

（4）你曾经为爱说过谎吗？如果没有，那只能说明你爱得不够深。

优秀的父母能够得到孩子的绝对信任

在生活中，我们经常会产生不安全感。我们无法坚定不移地相信一些事情，而是去怀疑它们。其实，坚定不移地相信某件事情是一种幸福，作为父母，如果能够让孩子坚定不移地相信自己，那么，这样的父母就是最伟大的。他们使孩子有了安全感，即使在危难之中也从不畏惧。

1989年，美国洛杉矶一带发生了一次大地震，在不到40分钟的时间里，大约有30万人死伤。

一位父亲在混乱中安顿好受伤的妻子，便冲向他7岁的儿子所在的学校。等他赶到的时候发现昔日那个充满孩子们欢声笑语的漂亮的教学楼，已经成了一片废墟。他顿时感到眼前一片漆黑，大喊："乔治，我的儿子！"他一时控制不住自己的感情，跪在地上大哭了一阵。他猛地想起自己平时常对儿子说的一句话："不论发生什么事，我总会跟你在一起！"他想到儿子肯定在等待他的救援，于是止住哭声，坚定地站起身，向那片废墟走去。

他知道儿子的教室在教学楼一层的左后转角处，他快步如飞地奔向那里，立刻动手挖起来。在他清理挖掘的时候，陆续有别的孩子的父母急匆匆地赶来，看到这片废墟，他们都痛苦并大喊："我的儿子！""我的女儿！"哭喊过后，大部分人都绝望地离开了。有些人上来拉住这位有点疯狂的父亲，劝说："太晚了，他们一定死了。"

"谁愿意来帮助我？"这位父亲望着这些父母，但是没有人给他肯定的回答，他便一声不响地继续挖。

消防队长拦住他："这里太危险了，随时可能发生爆炸，请你离开。"

"你是不是来帮助我的？"

"你现在的心情我能理解，你很难过，很难控制自己，但这样既不利于你自己，对他人也会造成危险，还是马上回家去吧。"

"你是不是来帮助我的？"这位父亲依然这样问。

人们都摇头叹息着走开了，认为这位父亲因为失去孩子而精神失常了。

而这位父亲现在心中只有一个念头："我的儿子在等着我。"

他坚持不懈地挖呀挖，挖了8小时、12小时、24小时，整整挖了一天一夜。他满脸灰尘，双眼布满血丝，浑身上下破烂不堪，到处是血迹。挖到第27个小时的时候，他突然听到下面传出了孩子的声音："爸爸，是你吗？"

是儿子的声音！这位父亲兴奋地大喊："乔治，是我！"

"爸爸，真的是你！我知道你一定会来的。"

"是的，我的儿子！"

"我告诉同学们不要害怕，我告诉他们只要我爸爸活着就一定会来救我，也就能救出大家了。因为你说过，不论发生什么事，你总会和我在一起的！"

"你现在怎么样？还有几个孩子？"

"我们这里一共有14个同学，我们都在教室的一角，房顶塌下来的时候架出了一个三角形，我们没被砸着。"

这位父亲向四周呼喊：“这里有14个孩子，都活着，快来人帮忙啊！”过路的人赶紧上前来帮忙。过了一会儿，大家开辟出一个安全的小出口。父亲颤抖地说：“乔治，出来吧。”“不！爸爸。让别的同学先出去吧。我知道你会跟我在一起的，我不怕。”儿子幸福而又坚定地说。

这对了不起的父子在经过这场巨大的灾难之后，幸福地紧紧拥抱在一起。

心灵启示

如果不是因为这位父亲的坚持，那14个孩子也许陷入了生命的绝境。如果不是因为这位父亲使孩子坚定不移地相信自己，那14个孩子就无法镇定地等待救援。这是一种怎样的信任，它使自己在面对危险的时候毫无恐惧，使孩子在危难之中相信父亲始终与他在一起。这样的父亲，是一位伟大的、成功的父亲。

（1）不管什么时候，都不要欺骗孩子。

（2）承诺孩子的事情，无论付出怎样的代价，都要竭尽所能地做到。

（3）父亲，是孩子心目中的支柱，只有好父亲，才能支撑起孩子的精神世界永不倒塌。

（4）努力做得更好，让你的孩子相信你吧，这是你给予孩子最好的礼物。

兄弟姐妹是父母给我们最好的礼物

在这个世界上，我们有很多至关重要的人，其中，就包括兄弟姐妹。他们和我们一样，都是爸爸妈妈爱情的结晶，都是家庭的希望，是我们一生的陪伴。假如没有他们，我们将会变得多么孤单。而因为有了他们，除了父母和孩子以外，在这个世界上，我们又多了一个与我们有着相同血缘的人，这其中的美妙感觉是不言而喻的。人们常说，兄弟如手足。这句话其实是想告诉人们，兄弟姐妹对我们是很重要的。我们要学会关爱我们的兄弟姐妹，和他们相依相伴地走过一生一世。

这个圣诞节，亨利很开心，因为他哥哥送了一辆新车作为圣诞节礼物。圣诞节的前一天，亨利下班走出办公室时，看到一个打扮很普通的小男孩在他那辆新车旁边转来转去，眼里全是羡慕的目光。

小男孩发现亨利正在看他，有点不好意思地问道："你好，先生，这是你的车吗？"

"是的，而且这是我哥哥送给我的圣诞礼物！"亨利很自豪地说。

"天啊！你说这辆车是你哥哥送给你的？上帝啊，要是我也能成为这样的哥哥就好了。"

亨利对他的话感到十分不可思议，他原本以为小男孩会说他也希望有一个这样的哥哥呢。小男孩的话让他深受感动，他摸了摸小男孩的头，说："那你愿不愿意坐上这辆车，和我去兜兜风呢？"

"好的，那真是太好了！"小男孩高兴地蹦了起来。

开了一会儿，小男孩说："先生，能不能把车开到我们家门口呢？"

亨利心想：到底是小孩子，附近的小朋友要是看见他坐着这么漂亮的车回家，一定羡慕死了，就满足他这个心愿吧。亨利在小男孩的带领下开着车。

可接下来的事情完全出乎亨利的意料。小男孩的家到了，他跳下车，快步跑回家，不一会儿他就出来了。和他一起出来的，还有坐着轮椅的瘫痪的他的弟弟。他把弟弟推到车前说："看见了吗？是不是跟我说的一样漂亮？这是他哥哥送给他的圣诞礼物，他一分钱都不用花。你放心，将来我也会送给你一辆这么漂亮的车子，那时候你就可以看遍大街上所有好看的圣诞树了！"

亨利的眼角有些湿润，他走下车子，将弟弟抱到了前排的座位上，然后开车带着兄弟俩看遍了大街上所有好看的圣诞树。

心灵启示

在得知亨利的车子是哥哥送的时，小男孩没有羡慕得到车子的亨利，而是第一时间想到：作为哥哥，如果我也能送给弟弟一辆车子作为礼物就好了。在小男孩的心里，深藏着对弟弟深深的爱，所以，他从未想过索取，而只希望自己有能力付出，有能力给予。正是因为如此，亨利被感动了。

（1）爱是给予，不是索取，爱你的兄弟姐妹，就要为他们付出。

（2）在这个世界上，有一个与你一样来自同一个生命之源的兄弟姐妹，是一件多么美妙的事情啊！

（3）兄弟姐妹就如同我们的手足，对我们至关重要。

（4）对兄弟姐妹付出时，你一定能够得到他们的爱与回报。

第11章　珍视友情，它让我们的人生旅途不再孤单

如果一餐饭中没有盐，那么这餐饭该多么索然无味；如果人生之中没有友情，那么，人生将多么寂寞乏味。对于任何人而言，朋友都是人生旅途中不可缺少的伴侣。正是友情，使我们的生活变得有滋有味，多姿多彩。

哑巴朋友的友情

在这个世界上，不管是怎样的感情，都需要用心地经营，例如亲情、友情。其实，感情就像是一棵娇嫩的树苗，只有你用心经营，它才会长成参天大树。假如你忽视这棵树的成长，那么，这棵小树苗就很难长大，甚至还会枯萎。然而，现代社会的节奏太快，每个人都忙于自己的工作和生活，渐渐淡忘了那些曾经一起欢笑一起痛哭的朋友。让我们时时记得给友谊之树浇水、施肥，让它茁壮地成长。

傍晚时分，我到楼下的小卖部买东西，店主老王见我来了，说我来得正好。他简单交代，站在边上的女孩是哑巴，想叫我帮着打公用电话，而他要照料生意。我才发现柜台边上站着一个清秀的女孩，眼里满是期待。

我接过笔写道，好吧，你写我说。她感激地对我笑笑，开始写上她要说的话。我则开始拨号，接电话的是个男人，我愣了一下，女孩找的明明是个女孩。对方解释说，他也是帮着接电话的，他那边的也是个哑巴女孩。于是，我

们这两个不相干的人充当了传话筒，在两边喊来喊去。她说，她想念一起去吃米粉的时候，她说，她帮她织了一条围巾，要寄过去。她说，要很长时间才能回去，请帮她多看看父母，她说，收到了寄来的相片，胖了点呢。电话通了近十分钟，太慢，因为一边说一边写费时不少。在等她写话的时候，我看她认真的模样，只是忽然间，为我们四人的默契一阵感动，我从来没有遇到过这样的事。打完电话，女孩露出了笑容，写给我看，那头是她最好的朋友，约好这个时间打电话，这样坚持了好多年。最后她写给我的两个字是“谢谢”，还画上了一个小小的心，她撕下小纸片放到我手里，然后付钱很快消失在黄昏的街道上。

我拿着一包盐和那张小纸片回家，一路在想，我们随时可以开口说话，也可以写信，写E-mail，现在又有了QQ，想要联络真是随手拈来。可是为什么，提包里的电话联络本上可联系的电话越来越少？那个女孩虽不能开口说话，可仍然坚持通过别人的传话告诉对方，我惦念着你。友情同样需要一份用心的经营，她们是人群中一对幸福的朋友，而我无意中分享了这份幸福。

心灵启示

虽然彼此都是哑巴，都无法用语言进行沟通，但是，她们却牢牢地记着在约定的时间给对方打电话，而打电话的内容又以这样一种奇特的方式进行交流。这就是友谊。在如此精心的呵护下，我想，她们的友谊之树一定根深蒂固，直耸入云。和她们比起来，身体健康的我们，是不是有些惭愧呢？我们随时随地都可以打电话，随时随地都能够说出自己的心里话，然而，也许是因为随时随地都可以做的事情，所以，我们反而不放在心上。我们总是告诉自己，过段时间再联系也行，没有必要非得今天联系。然而，正因为如此，我们渐渐地忘了彼此。请向那对哑女学习吧，当你想给自己最好的朋友打电话时，不要犹豫，不要迟疑，就在此时此刻，请你拿起电话，给他拨过去。也许，你们并没有什么要紧的话要说，但是，仅仅几声轻轻的问候，就足以使你的朋友感受到莫名的温暖。

（1）拿起通讯簿吧，看看有多少朋友你很久没有联系了。

（2）想到了谁，就赶紧联系吧，友谊之树经不起枯萎。

（3）不需要多么肉麻的表达，也不需要你明确地说出想念对方，只需要一个电话，寥寥数语，对方就足以体会你的心意。

（4）友谊之树需要你常常浇水，它才能长成参天大树。

每个人都可能犯错，学会原谅别人

在生活和工作中，虽然我们崇尚雷厉风行的作风，但是，有的时候，遇事三思而后行也是很重要的。我们知道，我们不能听信谣言，但是很多人却不知道，有的时候，我们甚至不能相信自己的眼睛和耳朵。因为眼睛看到的有可能是假象，耳朵听到的有可能是迫不得已的难言之隐，所以，我们需要静静地观察和辨识。常言道，路遥知马力，日久见人心。有些人，很善于伪装自己，一时半会儿是认不清的；有些人，从不张扬，必须经过日久天长才能认清他的真心。所以，遇事慢三分吧，尤其当你非常冲动地想干一件事情的时候，缓一缓再展开行动，是很有必要的。

最近，一家公司里来了一位新主管，大多数同事都很兴奋，据说他是个能人，专门被派来整顿业务，公司会因此有较大的变动，大家的待遇也可能有所提升。但一天天过去，新主管却毫无作为，每天早早进办公室，便躲在里面不出门，那些本来紧张得要死的坏分子，现在反而更猖獗。于是有人私下里议论："他哪里是个能人嘛！根本是个老好人，还不如以前的主管呢！"

一转眼，半年过去了，当大家对主管渐渐感到失望时，新主管却发威了，以前的坏分子一律开除！能人则获得晋升。下手之快，断事之准，与半年前表现保守的他，简直判若两人。年终聚餐时，新主管在酒过三巡之后致词："相信大家对我新到任期间的表现，和后来的大刀阔斧，一定感到不解，现在听我讲个故事，各位就明白了：我有位朋友，买了栋带着大院的房子，他一搬进去，就将那院子全面整顿，杂草树一律清除，改种自己新买的花卉。某日原先的屋主往访，进门大吃一惊地问：那最名贵的牡丹哪里去了？我这位朋友才发现，他竟然把牡丹当草给铲了。后来他又买了一栋房子，虽然院子更杂乱，他却按兵不动，果然冬天以为是杂树的植物，春天里却开了繁花；春天以为是野

草的，夏天里却成了锦簇；半年都没有动静的小树，秋天居然红了叶。直到暮秋，他才真正认清哪些是无用的植物，然后大力铲除，并使所有珍贵的草木得以保存。”

说到这儿，主管举起杯来：“让我敬在座的每一位，如果这办公室是个花园，你们就是其间的珍木，珍木不可能一年到头开花结果，只有经过长期的观察才认得出啊！”

心灵启示

假如那位主管一进公司就大刀阔斧地改革，那么，在不了解真相或者被虚伪的表象迷惑的时候，他很可能伤及无辜，甚至失去那些原本能干的将才。他很聪明，选择了默不作声地观察。当那些猖獗分子从最初的谨小慎微变成后来的肆无忌惮时，他们自然就露出了自己的马脚。而那位主管呢？自然通过日积月累的观察了解了同事们的脾气秉性，也从大局上把握了公司的状况。等到一切成竹在胸的时候再开始行动，岂不更具有针对性，更具有杀伤力？成效也更加显著。

其实，很多时候我们都不能着急，因为，在冲动之下，我们往往会变成失去理智的魔鬼。要想使自己成为一个稳重的理性的人，我们应该学会控制自己激动的情绪，在进行冷静观察之后再开展行动。

（1）如果你误解了一个人而又立即对他采取了非常的措施，那么，当误解消除的时候，你一定会追悔莫及。

（2）如果你能够在盛怒之下控制自己的情绪，经过深思熟虑再去采取措施，那么，你就会大大降低自己误伤别人的概率。

（3）每个人都有可能犯错误，如果不是原则性的，我们应该学会原谅别人。即使是原则性的，我们也要且慢下手，而是等到了解事情的真相之后再决定如何去做。

（4）即使慢三分，也不要因为着急而误解别人，误伤别人。

忘记不愉快，只把好处记心间

在人与人交往的过程中，难免会有摩擦、争吵、误解等，在这种情况下，你是记在心里还是彻底忘记？如果你记在心里，你就永远无法原谅那个伤害你的人，同时，你的心灵也会因为仇恨的存在而变得无比沉重。相比之下，忘记显然是更好的选择。假如你能够忘记别人对你的伤害，那么，别人看到友善的你，自然不会再去伤害你。更重要的是，因为遗忘，你变得更加轻松了，你的心灵没有任何负荷，所以，你可以在人生的路上轻松前行。与其给自己一加仑苦涩的胆汁，不如给自己一滴蜂蜜，这样，既甜了别人，也甜了自己。

一天，萨克和两位朋友路易、戴尔一起出去旅行。

三人走到一处峡谷，萨克一时不慎，险些滑向谷底，幸亏路易手疾眼快拉住了他，才将他救了起来。萨克感恩不尽，并在他遇险之处的一块大石头上刻下了一行字："某年某月某日，路易于此救了萨克一命。"

三人继续向前走，第二天他们又来到了一处海边。萨克和路易因为一点小误会吵了起来，路易一气之下打了萨克一耳光。萨克并没有还手，而是在沙滩上写下了一行字："某年某月某日，路易于此打了萨克一耳光。"

三人接着向前走，走着走着，戴尔忍不住好奇地问萨克："萨克，为什么路易救你的时候你要在石头上刻下一行字，而他打你的时候你却在沙滩上写下一行字呢？"

萨克回答说："哦，这很简单。在石头上刻下那行字，是要永远感谢路易救过我，而在沙滩上写下那行字，是希望我们之间的怨恨能够随着潮水一去不复返。"

心灵启示

把别人对我们的好刻在坚硬的石头上，牢牢地记在心里，以便时时记住别人对我们的好，感谢别人的恩情。把别人对我们的不好刻在沙滩上，一旦有海水冲过沙滩，沙滩上的字就会随之消失，心中的仇恨也就不复存在。用这种态度与人相处，你就会活在友爱之中，整天都觉得无比轻松。不得不说的是，假

如你把上面的态度颠倒了，那么，你就会整日活在仇恨之中，不但影响你与朋友的交往，也会使自己的心情变得非常糟糕。

张丽的人际关系简直糟透了，她的身边似乎从来没有什么朋友。其实，张丽为人并不坏，对待朋友也很热心，那么，她为什么没有朋友呢？原来，张丽不仅对待朋友非常好，也要求朋友必须加倍对自己好。一旦朋友有什么做得不好的地方，她就会时刻牢记于心，整日唠叨不停。日久天长，朋友们都不愿意和她相处了。

张丽很苦恼，她不知道为什么自己付出了很多，但是却没有朋友。一天，她问妈妈："妈妈，我对待朋友特别好，为什么大家都不愿意和我做朋友呢？"妈妈语重心长地说："丽丽，虽然你对待朋友很好，但是，你对待朋友也很苛刻。要知道，不是每个人都能够让你百分之百的满意，如果朋友们有什么地方没做好，你不应该整日责备他们，而应该选择忘记。古人云，水至清则无鱼。社会就像一个大染缸，形形色色的人都混迹于社会，你要学会与各种各样的人打交道，并且要学会容忍身边朋友的缺点，毕竟，人无完人啊！"

听了妈妈的话，张丽尝试着改变自己。渐渐地，她不再把朋友们的不足之处挂在嘴边，而是总把朋友的点滴好处挂在嘴边，提醒自己宽容地对待朋友。渐渐地，朋友们都开始喜欢与张丽相处了。

（1）朋友也是人，不是神，不可能没有任何缺点。如果他们无意间伤害了你，请把心痛的感觉画在沙上，等待海水的冲刷。

（2）假如朋友欺骗了你，伤害了你，不要悲伤，不要哭泣，更不要以牙还牙，也许，朋友有不得已的苦衷，让我们试着原谅他们吧！

（3）把朋友对你的点滴好处都铭记心间，这样，你会更加友好地和朋友相处。

（4）朋友之间的友谊也是需要经营的，让我们宽容地待人待己吧！

真朋友可遇而不可求

所谓朋友，就是在危急关头把生的希望留给你的那个人。

迈克是一家公司的老板，因为喜欢旅行，他买了一架小型飞机。一天，他和好友安迪及另外5个人乘飞机过一个人迹罕至的海峡。

迈克发现飞机油箱漏油了。飞机上的人一阵惊慌，迈克说："没关系，我们有降落伞！"说着，他将操纵杆交给同样会开飞机的安迪，自己去取降落伞。迈克给每个人发了一顶降落伞，也在安迪身边放下一个盛有降落伞的袋子。他说："安迪，我带着5个人先跳，你在适当时候再跳吧。"说着，他带领5个人跳了下去。

飞机仪表显示油料已尽，安迪决定跳伞。他抓过降落伞包，一掏，大惊。包里没降落伞，是迈克的旧衣服！安迪咬牙大骂迈克，只好使出浑身解数，驾驶飞机能开多远算多远。飞机无声息地往下降，与海面距离越来越近……就在安迪彻底绝望时，一片海岸出现了。他大喜，用力猛拉操纵杆，飞机贴着海面冲到海滩上，安迪晕了过去。

半月后，安迪回到他和迈克所居住的小镇。他拎着那个装有旧衣服的伞包来到迈克家的门外，发出狮子般的怒吼："迈克，你这个出卖朋友的家伙，给我滚出来！"

迈克的妻子和三个孩子跑出来，安迪很生气地讲了事情的经过，迈克的妻子一边说："他一直没有回来。"一边认真检查那个包。她从包底拿出一张纸片，只看了一眼，就大哭起来。安迪一愣，拿过纸片来看，纸上有两行极潦草的字，是迈克的笔迹，写的是——安迪：我的好兄弟，机下是鲨鱼区，跳下去必死无疑。不跳，没油的飞机会很快坠海。我们跳下后，飞机重量减轻，肯定能滑翔过去……你大胆地向前开吧，祝你成功！

心灵启示

为了使其他人能够跟随自己一起跳下飞机，给安迪留下生的希望，迈克带头跳下了飞机，跳入了鲨鱼区。如果不是真的好朋友，又怎么会把生的希望留给别人呢？迈克之所以没有说明这件事情，是因为担心其他人不能像自己一样把生的机会留给安迪，而在那个危急关头，争吵显然不是一件使人高兴的事情。因此，结果出人意料，原本抢占先机的人离开了这个世界，而最后逃离的人却顺利地活了下来。这一切，都是因为迈克的安排。但是，我们却无法指责

他，因为是他率先跳进了鲨鱼区。为了安抚安迪的情绪，也为了避免安迪提前跳下海，迈克甚至用旧衣服伪装成了降落伞包。在危急时刻，他为自己的朋友想得多么周全啊！

一生之中，能够有迈克这样的朋友，对于任何人而言，都是可遇而不可求的。反过来说，对于朋友，我们是否能够做到这一点呢？不要忘记，正是因为安迪心甘情愿地留下来驾驶飞机，他才能够顺利地在迈克的安排下得到生的机会。假如安迪也争先恐后地跳伞而不愿意留下来掌控飞机，那么，葬身鱼腹就是他的命运。由此可见，付出是相互的。

（1）假如和朋友不幸遇到了困难，你们会争着逃生吗？如果你们互不相让，那么，你们生存的机会就会更小，也许会同归于尽。

（2）当事情不可逆转的时候，我们应该真心地为朋友着想，因为，他们曾经也真诚地对待过我们。

（3）那个装满旧衣服的伞包，无疑会成为安迪一生中永远的怀念，因为，那个伞包里装满了浓厚真挚的朋友之情。

（4）在最危险的时刻，毫不犹豫地把生的机会让给你的那个人，就是你的真朋友。

友谊，是滋润心田的甘泉

这个世界上，除了你至亲的人以外，有没有一个人，让你心甘情愿地为了救他而献出自己的生命？反之，这个世界上，除了你至亲的人以外，有没有一个人，心甘情愿地为了救你而献出自己的生命？如果这两个问题的答案对于你而言都是肯定的，那么，你就是这个世界上最幸福的人，因为，你拥有与你真心相待的好朋友。

在一所孤儿院里住着一群流浪的孩子。那是个战乱时期，由于飞机的狂轰滥炸，一颗炸弹投进了这个孤儿院，几个孩子和一位工作人员被炸死了，还有几个孩子受了伤，其中有一个小女孩流了许多血，伤得很重！

幸运的是，不久后一个医疗小组来到了这里，小组只有两个人，一个女医生，一个女护士。

女医生很快进行了急救，但在那个小女孩那里出了一点问题，因为小女孩流了很多血，需要输血，但是她们带来的不多的医疗用品中没有可供使用的血浆。于是，医生决定就地取材，她给在场的所有的人验了血，终于发现有几个孩子的血型和这个小女孩是一样的。可是，问题又出现了，因为那个医生和护士都只会说一点点越南语和英语，而在场的孤儿院的工作人员和孩子们只听得懂越南语。

于是，女医生尽量用自己仅会的越南语加上一大堆的手势告诉那几个孩子，“你们的朋友伤得很重，她需要血，需要你们给她输血！”终于，孩子们点了点头，好像听懂了，但眼里却藏着一丝恐惧！

孩子们没有人吭声，没有人举手表示自己愿意献血！女医生没有料到会是这样的结局！一下子愣住了，为什么他们不肯献血来救自己的朋友呢？难道刚才对他们说的话他们没有听懂吗？

忽然，一只小手慢慢地举了起来，但是刚举到一半又放下了，好一会儿又举了起来，便再也没有放下！

医生很高兴，马上把那个小男孩带到临时的手术室，让他躺在床上。小男孩僵直地躺在床上，看着针管慢慢地插入自己细小的胳膊里，看着自己的血液一点点地被抽走，眼泪不知不觉地就顺着脸颊流了下来。医生紧张地问是不是针管弄疼了他，他摇了摇头。但是眼泪还是没有止住。医生开始慌了，因为她总觉得有什么地方肯定弄错了，但是到底是哪里呢？针管是不可能弄伤这个孩子的呀！

关键时刻，一个越南的护士赶到了这个孤儿院。女医生把情况告诉了越南护士。越南护士忙低下身子，和床上的孩子交谈了一番，不久后，孩子竟然破涕为笑。

原来，那些孩子都误解了女医生的话，以为她要抽光一个人的血去救那个小女孩。一想到不久以后自己就会死，所以小男孩才哭了出来！医生终于明白为什么刚才没有人自愿献血了！但是她又有一件事不明白了，“既然以为献过血之后自己就会死了，为什么他还自愿献血呢？”医生问越南护士。

于是越南护士用越南语问了一下小男孩，小男孩不假思索就回答了。回答

很简单，只有几个字，但却感动了在场的所有人。

他说："因为她是我最好的朋友！"

心灵启示

对于那个男孩而言，在短暂的时间内，他无疑进行了激烈的思想斗争，一边是朋友的生命，一边是自己的生命，他稚嫩的心灵经历了怎样的煎熬，所以才会犹豫地举起手来又放下，最后又坚定不移地举起手来。即使一个成年人，在面对如此两难的抉择，也无法在这么短的时间内做出决定，毕竟生命对于每个人来说只有一次，而小男孩却做到了。他在很短的时间内就决定抽光自己的血，去救自己的好朋友。

得知真相以后，所有为孩子们的犹豫而不解的医护人员都被震撼了，这是一个伟大的朋友。

（1）假如需要你抽光自己的血去救你的朋友，你会吗？

（2）假如你需要很多很多血，你的朋友会抽给你吗？

（3）谁说这个世界上真情越来越少，友谊，时时刻刻都在温暖和滋润着我们干涸的心田。

（4）如果没有爱，这个世界将变得多么冷。正是因为有了爱，世界才变成了温暖的人间。

真诚相待，把对手变成朋友

在这个世界上，有与我们同一战线的朋友，也有与我们站在竞争起跑线上的对手，然而，有的时候，这两个角色却能够完美地融合在一起。毕竟，友谊第一，比赛第二。

美国黑人杰西·欧文斯是一位杰出的田径运动员，他曾多次打破世界纪录，并多次获得奥运金牌，但在自己的传记中，他要感谢的却是一个叫做卢茨·朗格的人。

事情发生在1936年的柏林奥运会上。当时欧文斯是最有希望获得跳远比赛冠军的选手。在之前的比赛中，他曾经跳出过8.13米的好成绩，并创造了一个被保持了25年之久的世界纪录。

但当比赛开始，欧文斯走向沙坑的时候，看到一位身材高大、金发碧眼的选手在练习，他几乎每次都能跳出8米左右的成绩。这位选手的名字叫卢茨·朗格，他不仅实力优秀，是金牌的有力竞争者，而且是个白皮肤的德国人。欧文斯感到有点紧张，当时纳粹一直在宣扬“白种人优越”论，整个奥运会都被笼罩在阴影之下，虽然他很想用自己的实力证明这只是一个谬论，但他没有信心超过卢茨·朗格。

比赛开始了，欧文斯第一次起跳时，被判起跳失败，他心里更加紧张，动作也开始犹豫起来了。结果第二次起跳他又犯规了，如果再犯规一次，他就被淘汰了，这时他更加紧张了。就在这时，卢茨·朗格走了过来，对欧文斯说：“你的实力是明显的，即使闭上眼睛你也能跳进决赛。”接着，他又向欧文斯建议，既然只需跳过7.15米就能进决赛，那为什么不在跳板前就起跳呢？欧文斯按他的建议做了，结果轻易地取得了决赛资格。决赛时，欧文斯发挥良好，打破了奥运跳远纪录。卢茨·朗格是第一个向他祝贺的人，并且是当着希特勒的面这样做的。

后来，欧文斯在他的自传中写道：“即使把我所有的奖杯奖牌熔掉，也不能锻造出我和卢茨·朗格的纯金友谊。”

心灵启示

和其他的友谊比起来，竞争对手之间的友谊显得更加真挚，更加感人，毕竟，你需要有博大而又宽广的胸怀，才能够去帮助一个即将与自己展开竞争的人。可以说，这样的友谊是真正的友谊，是真心的友谊，是毫无私心杂念的友谊。

在一次考试中，原本一直考第一名的雨欣的成绩很糟糕。其实，除了英语以外，她的各科成绩都很好，只是英语拖住了她的后退。见此情形，原本位于雨欣之后的林楠主动要求帮助雨欣。刚开始的时候，很多同学都不理解，因为雨欣一旦落到第二名，那么，林楠就能够稳稳当当地夺得第一名了。那么，

林楠为什么要帮助雨欣呢？虽然同学们对此议论纷纷，但是林楠却依然我行我素。她帮助雨欣分析了英语考试失利的原因，并且与雨欣约定每天早晨一起提前到教室读半个小时的英语。每天晚上，林楠还会监督雨欣背诵十个英语单词。就这样，一个学期过去了，在期末考试中，雨欣的英语成绩果然有了很大的提高，她与第一名林楠之间只差了两分。见此情形，林楠高兴地说："雨欣，继续加油啊，你马上又要坐回第一名的宝座了！"林楠非常真诚，她是发自内心地为雨欣感到高兴。没多久，雨欣果然再次坐回了第一名的宝座上，林楠呢？又屈居第二了，不过，林楠并不灰心，她向雨欣发出了挑战："雨欣，让咱们在下一次考试中一决胜负吧！"

真正的强者，是需要有对手的，因为对手的存在，他们觉得自己活得更加真实，也更有动力。林楠之所以帮助雨欣，一则是因为她们之间的友谊，二则也是为了自己的发展。真正的强者不惧怕对手，他们只担心对手不够强大。他们有着博大的胸襟，使他们有胆量去帮助对手取得进步，从而与其展开角逐。所以，让我们真诚地对待那些原本是我们对手的朋友吧，有了他们的陪伴，你的成长之路不再寂寞！

（1）对手是你的一面镜子，拥有什么样的对手，你就拥有什么样的实力。

（2）对手能够促使你不断进步，所以，在帮助对手的同时，你其实也在帮助自己。

（3）只有有着博大胸怀的人才能够与自己的对手成为朋友，这样的友谊，心胸狭隘者是没有资格拥有的。

（4）真诚地对待你的朋友吧，比赛只是友谊的一种形式，是你们对彼此的一种促进。

患难见真情，宽容获友情

在云淡风轻的时候，友情似乎是甘美的酒，给我们的生活增添了几分滋味。然而，一旦陷入危难或者是绝境之中，友情还能如酒吗？在生死存亡的关头，经不起考验的友情会变得像毒药一样，恨不得置我们于死地。虽然是无奈之举，但却使人觉得心寒胆战。即使如此，真正的朋友却能够原谅你这种失去理智的行为，因为，他知道你是有难言之隐的。此时此刻，你才意识到，你真的愧对这份友情，因而从内心深处意识到自己应该用生命去珍惜这份世间难得的情谊。

第二次世界大战期间，有两个来自同一个小镇的战士在战斗中与部队失散了。

两个人在森林里艰难地跋涉，他们从小在一起长大，关系如同亲兄弟，现在又要相互扶持，艰难度日。几天过去了，他们依然没有找到自己的部队，身上也没有其他的食物，只靠几天前打死的一只鹿勉强度日。不幸的是，这时的他们又遇上了敌兵，经过一番激战，他们巧妙地躲开了敌兵的追赶。就在他们以为安全的时候，只听一声枪响，走在前面的战士中了一枪。不过还算幸运，这一枪只不过打在了肩膀上，并不致命。

后面的战士在枪响后慌忙跑上前来抱着战友的身体泪流不止，他撕下自己的衬衣为战友包扎伤口。到了晚上，他们又饿又冷，可是鹿肉只剩一点了，一个人还能勉强吃饱，两个人根本不够。他们谁也没有动剩下的那点鹿肉，都以为熬不过去了，互相讲着小时候的经历，捱过了一夜。没想到天无绝人之路，第二天，部队便找到了他们。

其实，受伤的战士知道是他的战友开枪打了自己。因为当战友抱着他时，他碰到了他那发热的枪管。但他什么也没说，因为他知道战友家中只有母亲一人，失去了他，母亲也难以生活了，而且就凭他抱着自己哭泣，他也决定原谅他。

战争结束后，他们一起回到了家乡。没想到战友的母亲没有等到儿子回来就去逝了，他们决定一起去拜祭老人家。在母亲的坟前，战友给他跪了下来，讲出了那天的实情，请求他原谅自己。他只是笑了笑，说这没什么。两个人的手紧紧握在了一起。

心灵启示

虽然他知道战友曾经想要了自己的命，只为了独自占有那块救命的鹿肉，但是，看到战友抱着受伤的自己泪流不止，他从心里默默地原谅了战友。他知

道战友是因为牵挂家乡的老母亲，才贪恋生的机会，这样的一份理解，不是真正的朋友，是不可能给予你的。得友如此，夫复何求？

战国时期，齐国的管仲和鲍叔牙是非常要好的朋友。年轻时，管仲的家境非常贫寒，还有老父母需要赡养。得知此事后，为了从经济上帮助管仲，鲍叔牙特意邀请管仲一起投资做生意。由于管仲没有钱，鲍叔牙一个人出了所有的本钱。但是，赚钱之后，管仲分到的钱却比鲍叔牙多得多，见此情形，鲍叔牙的仆人说："这个管仲真不够朋友，他一点儿本钱没出，但是分的钱却比我们的主人多得多！"听了仆人的话，鲍叔牙纠正仆人道："不能这么说管仲！管仲家里经济困难，再加上要奉养母亲，所以，他才会多拿的。"

有一次，管仲与鲍叔牙一起去打仗，每当进攻时，管仲都如贪生怕死的苟且之辈躲在后面；而每当撤退时，他又争先恐后地跑在前面。因此，战友们一起骂管仲："管仲真是贪生怕死！"为此，鲍叔牙赶紧为管仲辩解道："你们全都误解管仲了，他的家中还有老母亲需要照料，所以他才惜命！"得知鲍叔牙对自己的理解和体谅之后，管仲说："生我的人是父母，然而，最了解我的人却是鲍叔牙！"

鲍叔牙从未因为管仲的不到之处而指责管仲，更没有因为管仲在战场上"贪生怕死"的行为而小看管仲。他充分地理解管仲，知道管仲的苦衷。这样的朋友，才是真正的朋友。两千多年来，管仲之交一直作为美谈千古流传，使人们意识到友谊的可贵。

（1）因为患难，我们得以辨识友谊的真实面目，有些看似亲密无间的朋友疏远了，有些看似淡如水的君子之交反而更加亲密了。

（2）即使朋友在患难之中对你做出了反常的举动，也请你设身处地地为他着想。很多时候，我们不是为自己而活，而是要顾及很多人。

（3）人无完人，即便朋友，也总有不尽如人意的地方。宽容地对待朋友，能够使我们的友谊之树常青。

（4）真正的朋友，不会因为一时的利益得失而反目成仇。真正的朋友，是一生一世的陪伴。

朋友像镜子，能照出真实的自己

在生活中，几乎每个人都有朋友，如果没有朋友，我们就无法在这个世界上生存下去。常言道，物以类聚，人以群分。一般情况下，只有性格相似、志趣相投、志同道合的人才能成为朋友。很多时候，我们要想了解一个人，完全可以通过观察他身边的朋友达到这个目的。因为，朋友就像我们的一面镜子，一个人，有什么样的朋友，就是什么样的人。

四个刚刚得道的仙人都想知道人参果到底是什么味道，于是约定，分别找到唐僧师徒四人询问，回来后向大家汇报。

第一个仙人回来后说："人参果味道鲜美，非常好吃。"

第二个仙人连连点头说："确实如此啊，都说那味道只有天上才有。"

第三个仙人也对前两个人说的话表示赞成。

只有第四个仙人反驳道："你们都被骗了，人参果吃起来滑溜溜的，根本没什么特别的味道。"

四个人争执不下，最后跑到南极仙翁那里去问个究竟。

南极仙翁想了一下，问四个人："你们是怎么知道人参果的味道的？"

"我问的唐三藏。"第一个仙人说。

"我问的孙悟空。"第二个仙人说。

"我问的沙悟净。"第三个仙人说。

"那你呢？"南极仙翁问第四个仙人。

"我问的猪八戒。"

"这就对了。"仙翁捻着胡须微笑着说，"当年猪八戒吃人参果的时候连嚼都没嚼，他怎么会知道人参果真正的味道呢？"

心灵启示

四个仙人，分别拥有不同的朋友，通过不同的朋友，他们了解了人参果的味道。其中，只有贪吃的猪八戒没有尝到人参果的真正味道，因为他吃人参果的时候是一口吞下去的，根本没有经过咀嚼。其实，生活中的很多事情，朋友的看法对我们都是很重要的，小到去哪里吃饭，大到去哪里买房，

我们都会征询朋友的意见，在做一些大事的时候，我们还会让朋友给我们把把关。这个时候，如果你没有一个好朋友给你正确的引导，那么就是一件非常麻烦的事情了。

小强在北京工作了六七年，直至今年，在父母的支持下，决定在北京买房。北京的房价是出了名的高，要想在北京的五环外为自己买一套房子，仅仅是首付，就得花光小强工作几年来所有的积蓄和父母大半生的积蓄。因此，小强在买房这个问题上的态度是非常谨慎的。接连几个月，每当休息的时候，小强就会不辞劳苦地四处看房，最终，他看上了一套70多平方米的两居室，并且决定签约。

得知小强要签订购房合同了，小强一个当律师的朋友自告奋勇地陪着小强一起去签订合同。为了稳妥起见，小强同意了。然而，在签订合约的过程中，虽然中介公司的人已经为小强层层把关了，但是，那个律师朋友总是从中挑刺，并且以自己看到的很多极端案例作为说话的论据。当签约进行到一半的时候，房主生气地对那个律师朋友说："你每天面对的都是罪犯，而我，却不是骗子。如果你处处怀疑我，不相信我，那么，我又为什么要相信你呢？如果你们要买我的房子，我必须要求全款，因为我也不信任你们！"看着怒气冲冲的房主，小强猛然意识到自己犯了一个错误，他赶紧请中介的人劝说房主，但是房主却不再改变自己的心意："其他的买房人可以贷款，但是这个客户如果想买，就必须全款。"就这样，小强的签约不得不半途中止了。

小强又过了一个多月才买到合适的房子，但是却因为一个月的拖延而多花了好几万块钱。后来，不管做什么事情，小强再也不敢带那个律师朋友了。人与人之间的交往是需要基本的信任的，任何人，如果无缘无故地被人当成是嫌疑犯、罪犯来对待，肯定会心生不悦。

（1）你的身边围聚着哪些朋友，看看他们，你就能够更加了解自己了。

（2）朋友是我们的一面镜子，我们一定要选择那些与我们志同道合、兴趣相投的朋友。

（3）要想了解一个人，你可以先观察他身边的朋友，因为，朋友就是他的第二个自我。

（4）我们要结交益友，远离损友。

与错误的人交朋友，是一场灾难

人们常说，江山易改，禀性难移。世间的很多东西，包括人性，并不是因为我们的真心相待而改变。因此，在选择朋友的时候，我们应该擦亮眼睛，寻找本性善良的朋友交往。对于那些本性很邪恶的人，我们应该敬而远之。因为，不知道什么时候，他们就会给我们最致命的一击。

一个人上山打柴，在路上捡到了一只失去母亲的小老虎，他看着小老虎很可怜，就把它抱回家喂养。

他对这只老虎照顾得无微不至，每天给它最新鲜的食物，给它洗澡，为它梳理金色的毛发。老虎和他也是亲密无间，舔他的手脚，搭着他的肩膀，陪他散步，和他戏耍。老虎在他的照料下一天一天长大，长成了一只威猛的雄狮，但在他面前依然温顺得如一只兔子。

老虎长大了，他甚至可以骑在老虎身上。他经常骑着老虎出去转转，老虎也很听话，平稳地驮着他。邻居们看到了都觉得很惊奇，有人问他："难道你不怕老虎吃了你吗？""怎么会呢？它可是我一手养大的啊！"

有一天，他骑着老虎去山里，可没想到，他迷了路，被困在了山里。由于出来的时候没有想到会发生这种情况，他只带了不多的水和食物，那些东西很快就消耗光了，他和老虎都没有吃的了。他在忍饥挨饿的同时，还不忘过去安慰老虎："再忍一忍，等我们找到回家的路，你就可以好好洗个澡吃顿饱饭了。"他也不舍得骑在老虎身上了，而是跳下来和老虎一起行走。一天过去了，老虎饿得不愿意走路了；两天过去了，老虎开始舔他的手脚；三天过去了，老虎向他龇起了锋利的牙齿；四天过去了，老虎开始轻轻撕咬他的衣服；第五天，饿得实在受不了的老虎向他瞪起了血红的眼睛，当他心疼地爱抚老虎的时候，老虎奋力向前将他一下子扑倒，瞬间就把他撕成了碎片。断气的那一瞬间，他还在想，这是我一手养大的老虎吗？它怎么能吃我呢？

心灵启示

不管什么时候，老虎都不会改变自己凶残的本性，吃人，是它的本能，它又怎么会忘记呢？在衣食无忧的时候，它当然可以对人们忠诚，但是，一旦陷入生存的绝境，即使是曾经的恩人，也会变成它眼中的美餐。

有一天，东郭先生牵着毛驴在路上行走。毛驴的背上驮着一个口袋，口袋里装满了书。

突然，一只狼跑过来请求东郭先生救它，原来，猎人正在追它，它想躲到东郭先生的口袋中。狼再三发誓说永远也不会忘记东郭先生的恩情，看着狼那可怜的样子，东郭先生犹豫片刻之后答应了狼的请求。猎人就要来了，狼却怎么也钻不进口袋里，无奈，它蜷缩在地，让东郭先生用绳子把它捆起来，塞进了口袋里。东郭先生把口袋放到毛驴的背上，继续往前走。很快，猎人追了上来，东郭先生骗猎人去岔道上继续追赶狼了。

猎人走远了，东郭先生把狼放了出来。不料，摆脱危险的狼却伸伸懒腰，舔舔舌头，贪婪而又凶残地对东郭先生说："我很饿，快要饿死了，先生，请你好事做到底，让我吃了你吧！"说着，狼龇牙咧嘴地向东郭先生扑了过去。

东郭先生一边竭力躲避狼的猛扑，一边斥责狼是没良心的东西。此刻，突然有个老农扛着锄头走了过来。听完东郭先生的事情后，老农说："我可不相信这么大的狼能够钻进书袋子里去！"听到老农这么说，狼再次蜷成一团，让东郭先生把它装进了口袋中。见状，老农赶紧把口袋扎得紧紧的，把狼打死了。老农对东郭先生说："你真是太糊涂了，居然对狼讲仁慈，把狼当成自己的朋友！"

如果不是机智勇敢的老农，东郭先生早就变成了狼的美餐。在生活中，虽然我们应该友爱地对待他人，对待大自然中的万事万物，但是，我们依然要擦亮自己的眼睛，不要像东郭先生一样，误把饿狼当朋友，险些送了自己的命。

（1）世界上既有好人也有坏人，我们要学会与不同的人打交道。

（2）交友不慎的后果是很严重的，如果让自己的身边蛰伏着一只饿狼或者猛虎，那岂不是件很危险的事情吗？

（3）选错朋友，也许会导致我们一生的灾难。因此，择友的时候一定要慎之又慎。

（4）朋友是你的一面镜子，选择什么样的朋友，往往说明了你就是什么样的人。

真正的朋友在于精，而不在于多

所谓朋友，分为很多种。有的朋友，在你无限风光的时候团团围聚在你的身边，与你称兄道弟，一旦你落入危急之中，他们马上消失得无影无踪，充分验证了“树倒猢狲散”那句话。有的朋友，在你风光的时候只是远远地看着你，从不因为利益而趋向于你，然而，当你陷入困境的时候，他们对你的态度依然。他们既不会因为权势和金钱而附庸于你，也不会因为你穷困潦倒离你远去。还有的朋友，虽然平日里来往不多，但是，当你真正有困难的时候，他们会竭尽所能地帮助你，不惜付出任何代价。这样的朋友，是我们人生中最宝贵的财富，可遇而不可求，如果你有幸交到了这样的朋友，请你一定要好好珍惜。总而言之，在交往的时候，我们应该分清哪些是真正值得我们用一生去珍重的朋友。其实，真正的朋友在于精而不在于多，一生之中，如果能得几个真正的朋友，已是幸事。

从前有一个人性格豪爽，广交天下人士，朋友遍布五湖四海。他临终前告诉他的儿子：“别看爹这辈子结交的人这么多，但是你要知道，真正的朋友有一个半，这辈子就足矣了。”

儿子不明白父亲说这话是什么意思，父亲就对儿子如此这般地交代了一番：“你只要按照我刚才说的，去见我的一个半朋友，你自然就会明白我的意思了。”

儿子先去了父亲说的一个朋友那里，对他说：“我是某某某的儿子，家父去世前说您是他的朋友，现在我被朝廷追杀，没办法只得投奔于您，恳请您能搭救我。”这人一听，没有半点犹豫，立刻叫来自己的儿子，命令儿子马上将自己的衣服脱下，给这个素不相识的“朝廷要犯”穿上，而让自己的儿子穿上这个“朝廷要犯”的衣服。

儿子这时明白了父亲所说的“一个朋友”的意思：当你面临生死攸关时，那个能与你肝胆相照、甚至不惜用自己的生命来搭救你的人，可以成为你的一个朋友。

儿子又去了父亲说的“半个朋友”那里，把同样的话又对他说了一遍。这“半个朋友”听后，对他说：“孩子，我可不敢跟朝廷作对，我可以给你准备足够多的盘缠，你赶紧逃命去吧，我保证不会去官府告发你。”

儿子这时明白了父亲所说的“半个朋友”的意思：当你陷入困境时，那个能够不落井下石加害于你的人，可以成为你的半个朋友。

心灵启示

虽然父亲只有一个半朋友，但是，却已经足够了。半个朋友在危难的时候能够拔刀相助，而且不会出卖他，这使他在关键时刻得到援助；一个朋友能够为了他而舍弃自己的儿子，付出生命的代价，使他在生死存亡的关头得到一线生机。其实，只有这样的朋友才是真正的朋友。那些在你得意时与你花天酒地的狐朋狗友只能算是你人生之中的过客，关键时刻，他们堪比路人。

（1）人生不需要那些在你得意时上前、失意时退后的朋友，他们不能给我们的人生雪中送炭，而只会锦上添花。

（2）如果你发现自己的联络薄上横七竖八地写着无数朋友的名字，那么，你不妨问问自己，其中哪些人是你在困难的时候可以求助的。

（3）患难见真情。有的时候，灾难可以使我们辨识人心。

（4）真正的朋友在于精，而不在于多，只要你有一两个知心好友，那就比一大群狐朋狗友强得多。

最大的不幸是没有朋友陪伴

不管什么时候，都愿意陪伴在你身边的，就是你真正的朋友。漫长的人生旅途中，假如没有这些朋友的陪伴，我们一定会觉得孤单寂寞，而因为有了他们，就注定一路欢声笑语。即使悲伤，也得到了分担，变成了一种甜蜜。

小约翰从幼儿园放学回家，将书包随便扔在地上，就坐在沙发上发起呆来。约翰从来没有这样异常过，妈妈感到很奇怪，就问："怎么了，是不是老师批评你了？"

"妈妈，我们班上的安妮得了癌症，不来上学了。妈妈，癌症是不是最可怕的病？"小约翰沮丧地说着。

"亲爱的，安妮不会有事的。癌症并不可怕，只是身体出了点毛病，我们把它治好就行了，知道吗？"妈妈爱抚着小约翰的头。

听到妈妈这么说，约翰还是犹豫了一下，然后不安地说："可是，老师说安妮正在做化疗，头发都快掉光了，我想她一定很难过。"

"我想，过不了多久就会再长出来的。"妈妈只好这么劝解约翰。

"我和几个小伙伴约好了，明天就去医院看她。"

"好啊，妈妈亲手烤上最好吃的蛋糕，你给安妮带去。"

"妈妈，你真是世界上最好的妈妈！不过……"约翰又开始犹豫了，"不过，我们想把头发都剃光。"

妈妈听到约翰这么说，愣住了，呆呆地站在那里。

约翰仿佛给自己加了加油，鼓足勇气说："妈妈，我们想把头发剃光。这主意是我出的，我想让安妮放心，我们跟她一样，我想这样她就更有勇气了。"

妈妈看着儿子，欣慰地点了点头，决定陪约翰去理发店。

在理发店里，他们看到了另外几个小伙伴也来剃头了。理发师知道了他们来剃头的原因，也被感动了，他说："你们都是好孩子，今天我免费为你们理发！"

心灵启示

懂事的小约翰真心地为自己的朋友着想，同为孩子，他知道安妮最需要的是什么。既然伤痛是无法避免的，那么，有朋友的陪伴无疑是对安妮最大的安慰。正因为此，约翰才做出了一个大胆的决定，即朋友们全都剃成光头再去看望安妮，这样一来，安妮就不会觉得自己是孤单的。因为有了朋友的陪伴，她一定会减少几分痛苦，多几分安慰。从小约翰的身上，我们知道了什么才是真

正的友谊。

最近，初三二班陷入了不平静之中，因为他们班的李林杰被检查出患了严重的白血病。经过整整一个学期的治疗，李林杰的病情终于得到了缓解。在新学期开学的第一天，老师向同学们宣布，李林杰几天之后就来学校上课了。不过，老师面有难色地说："同学们，因为几个月的化疗，李林杰的头发已经全部脱落了，所以，他来上课的时候会戴一顶帽子。虽然现在是炎热的夏季，戴帽子显得很奇怪，但是，我希望大家都不要嘲笑李林杰。最好的做法是，你们不要表现出任何的惊讶。"面对老师的请求，同学们异口同声地说："老师，请放心，我们知道应该怎么做。"

第二天上课的时候，老师一走进教室就惊呆了，他看到全班的同学都带着夏日里的便帽。原来，大家经过商量，虽然他们不说什么，李林杰也会因为自己戴帽子而觉得别扭，而为了使他觉得与大家都是一样的，同学们约好每个人都要戴帽子，以帮助李林杰度过这段时间，适应戴帽子的生活。得知同学们的初衷后，老师欣慰地点点头。

不管是剃光头，还是戴帽子，约翰和同学们的初衷都是一样的，那就是陪伴在亲爱的小伙伴身边，使他在痛苦之余不觉得孤单和寂寞。其实，有的时候对于朋友真的不需要做出壮烈的牺牲，毕竟，现实生活中更多的是平淡，只需要时时刻刻的陪伴就足够了。

（1）当你感到伤心的时候，你最想得到的是什么？也许，只希望有一个人静静地坐在你身边，什么也不说。

（2）作为朋友，当自己的朋友陷入困境的时候，如果无法给予他实际的帮助，那么，你默默地陪伴在他身边就好了。

（3）当你陷入痛苦之中时，那个默默陪伴你的人，就是你的朋友。

（4）没有人喜欢孤单，朋友恰恰能驱散我们的孤独。

信任，是友谊成长的土壤

在这个世界上，你可以绝对地相信谁？被你绝对信任的人是幸福的，而你，也是幸福的。人们常说，爱与被爱都是幸福的，我们要说，信任与被信任都是幸福的。与朋友相处，我们应该信任朋友，只有信任，我们才能获得人世间最珍贵的友谊。

在两千多年前的古罗马，一个名叫皮斯阿司的年轻人因冒犯了国王而被处以绞刑。

皮斯阿司是个孝顺的孩子，临死前他最大的愿望就是能与百里之外的母亲见上一面，表达自己不能为母亲养老送终的歉意。

国王得知他的请求后，被他的孝顺感动了，答应让他回家与母亲相见。但是，国王有一个条件，就是皮斯阿司必须找一个人来代替他坐牢，否则他就无法去见他的母亲，等他回来代替他的那个人才能被释放。

可是，谁愿意冒这个险呢？如果皮斯阿司不回来，自己就会上绞刑架了。但是皮斯阿司的朋友达蒙毫不犹豫地站了出来，说他愿意代替皮斯阿司坐牢，直到他回来。

皮斯阿司赶回家跟母亲诀别。日子一天天过去，离行刑的日子越来越近，皮斯阿司还是没有回来。如果皮斯阿司逃跑了，达蒙就会被送上绞刑架。到了行刑的那一天，皮斯阿司仍旧没有回来。达蒙被国王手下的卫兵押赴刑场，围观的人都嘲笑他的愚蠢，竟然傻到相信皮斯阿司会回来。但是达蒙毫无惧色，一脸的从容。

绞索已经套在了达蒙的脖子上，这时人们都极其同情达蒙，并暗暗诅咒那个出卖朋友的小人皮斯阿司。可就在这时，远处传来了：“我回来了，我回来了，先不要用刑！”皮斯阿司竟然在风雨中朝着刑场奔跑过来。

看着皮斯阿司，在场的人们都难以置信。消息马上传到了国王的耳朵里，国王也很惊诧，便亲自赶往刑场。当他亲眼看到了一路狂奔回来的皮斯阿司时，亲手为他松绑，并当场宣布赦免了他。

心灵启示

人际关系的最高境界，就是在任何情况下都信任朋友，相信你的朋友，你会得到人世间最美好的友谊。

李杜大学毕业后创建了一家属于自己的公司，因为经营发展良好，几年之

后，他的大学同学姜明也投奔到他的公司。对于姜明的到来，李杜是非常高兴的，他总是对姜明说："有了你，咱们公司一定会发展得更快、更好的！"

为了显示对姜明的信任，也因为了解姜明的能力，李杜让刚刚进入公司的姜明担任大客户经理的职务。这可是公司的经济命脉啊，如果姜明把这些大客户的资源都掌握在自己手中，那么，公司就会垮台的。对此，很多老员工都疑惑不已，李杜的妻子也几次提醒李杜不要过于相信姜明，而应该先观察其一段时间。对此，李杜却毫不迟疑地说："我和姜明是大学时期上下铺的好兄弟，我们好得穿一条裤子。如今他来帮我，我怎么能不信任他呢？"

几个月过去了，姜明工作一直很努力，公司的业绩也芝麻开花节节高。然而，有一天，公司的一个大客户突然打电话质问李杜为什么要让陌生的公司联系他们，李杜知道，他们的客户资源泄露了。李杜好话说尽，并且再三保证绝对不会再发生这种事情了，才平息了客户的怒火。得知此事后，李杜的妻子毫不迟疑地说："肯定是姜明，因为只有你们两个人能够接触到大客户的信息。"谁知，李杜依然坚定不移地说："肯定不是姜明，他绝对不是那种人。"经过一段时间的调查，李杜确信不是自己公司的员工泄露了客户的信息，正当他准备给那个客户打电话解释时，那个客户突然打电话来说："哎呀，上次误解你们了，是我的妻弟，无意间和朋友聊天时说起我是做什么生意的，对方就留了心，辗转得到了我的电话号码。"洗清了自己之后，李杜长长地出了一口气。而姜明呢？当所有人都怀疑他的时候，只有李杜坚定不移地相信他。为了对得起李杜的这份信任，他更加努力更加用心地工作。

如果你信任你的朋友，你的朋友必将以更加真诚的友谊回馈于你，正所谓种瓜得瓜，种豆得豆。如果我们不相信别人，我们就无权要求别人相信我们。如果我们不能真心对待别人，别人自然就不会真心对待我们。因此，和朋友相处，我们一定要以信任为前提。

（1）即使是陌生人之间，也需要最基本的信任，更何况是朋友之间呢？

（2）信任，是友谊成长的土壤，如果没有信任，友谊就无法立足。

（3）朋友间的信任是非常宝贵的，我们应该珍惜这种信任，真诚地对待自己的朋友。

（4）只有相信你的朋友，你才能得到这个世界上最美好的友谊。

朋友相处也要讲究说话之道

人们常说，会说话的人说得人笑，不会说话的人说得人跳。由此可见，语言的魔力多么巨大。在人际交往的过程中，语言的交流是一种最主要的交流方式，因此，语言对于感情的维系是非常重要的。同样的话，由不同的人说出来，有的人说得很好听，使人心花怒放，相反，有的人说得如顶针带刺，使人一蹦三尺高，犹如被热油浇了脚。要想拥有良好的人际关系，要想家人和朋友之间更加和谐融洽，感情深厚，我们就应该学一学说话的技巧。

明朝开国皇帝朱元璋，小时候曾是一个放牛娃，有不少穷朋友。称帝之后，总有一些当年的朋友来投奔他。

一天，一个当年的穷朋友来求见朱元璋。被引进宫以后，那人一坐下便指手画脚："我主万岁！皇上你还记得吗？从前你和我还有几个小伙伴都替财主放牛。有一天，我在芦花荡里把偷来的青豆放在瓦罐里煮。还没等煮熟，大家就都抢着吃了起来。你还把罐子打烂了，撒了满地的青豆，汤也洒了一地。你只顾从地上抓豆吃，不小心把草叶送进嘴里了，卡住了喉咙，还是我出的主意，让你吞下一些青菜叶，才把卡在喉咙的草叶咽进肚子里去的。"

朱元璋听完他的述说，觉得在百官面前十分丢脸，为了保住脸面，他把脸一沉厉声喝道："哪来的疯子，替我乱棍打出去。"

这个人被赶出宫后，觉得朱元璋真是忘了本，连老朋友都不认了，就去找当年在一起的另一个放牛娃，跟他说了这件事。那个放牛娃微微一笑，说："他不是不认当年的朋友，你看我去，保证得富贵而回。"于是他入宫求见，见到朱元璋后，先是叩拜一番，然后叙起旧来："皇上，你还记得吗？当年微臣随您大驾，骑着青牛去扫荡芦州府，打破了罐州城，汤元帅在逃，你却捉住了豆将军，红孩儿挡在了咽喉之地，后来多亏了菜将军击退了他。那次战斗，我们大获全胜。"

朱元璋对旧友所吹嘘的那场战争心知肚明，他只不过换了个说法而已，把当年的丑事说得含蓄动听，就让自己觉得面上有光了。朱元璋也由此想到了当年大家饥寒交迫有难同当的情景，心情激动，立即给这位当年的朋友封了官。

心灵启示

同样一件事，不同的人说出来结果也大相径庭。有时候即使是再好的朋友，实话实说可能也很难把事办好，甚至还会将事情办砸，破坏彼此的关系。这时，不如换个让对方都容易接受的说法，既办到了事情，彼此间的友谊又不会受到影响，何乐而不为呢?

（1）与人相处的时候，我们应该首先站在对方的立场上思考问题，设身处地地为对方着想，这样，我们就不会在不知不觉之间冒犯他人。

（2）每个人都很爱惜自己的颜面，常言道，打人不打脸，骂人不揭短。在与人交流的时候，千万不要为了逞一时口舌之快，而肆意地侮辱别人的人格。

（3）时过境迁，很多事情当事人是不想提起的，因此，我们没有必要哪壶不开提哪壶。说话的时候，挑别人高兴的事情说，岂不是更加皆大欢喜吗?

（4）不管与谁说话，都应该讲究技巧，千万不要好心办坏事，无缘无故地惹人生气。

第12章　感恩生命，平凡的人生也可以很精彩

不管生活如何对待我们，我们都要怀着一颗感恩的心，感谢生命，感谢阳光，感谢雨露，感谢绿树，感谢鲜花，感谢春回大地，感谢坎坷和磨难使我们成长。拥有一颗感恩的心，你才会少几许抱怨，多几许感恩，你的人生才不会充满愤恨，而是满怀感激，满怀欣喜。感恩生命，平凡的人生同样可以异彩纷呈。

活着，是一件最大的幸事

生命历来是人们百说不厌的话题，人们或者讴歌它，或者质疑它，但是，却很少有人厌弃它。是啊，谁会厌弃生命呢？生命，对于任何人而言，都是这个世界上最珍贵的东西，因为，生命只有一次，再无重来。即使命运再怎么坎坷，人们也要活着。活着，本身就是一种莫大的幸运。试想一下，这个世界上每天都有很多人因为意外而丧生，而你，却顽强地活着，尽管你遭遇了很多坎坷和挫折，但是，你却依然能够享受生活的无限美好，这岂不是一件值得庆幸的事情吗？所以，感恩生命吧，活着，就是你最大的幸运。

有这样一个青年，他觉得自己非常不幸。

10岁时，他的母亲害病去世，他不得不学会洗衣做饭，照顾自己，因为他的父亲是位长途汽车司机，很少在家。

7年后，他的父亲又死于车祸，他必须学会谋生，养活自己，他再也没有人可以依靠。

20岁时他在一次工程事故中失去了左腿，他不得不学会应付随之而来的不

便，他学会了用拐杖行走，倔强的他从不轻易请求别人的帮助。

最后他拿出所有的积蓄办了一个养鱼场。然而，一场突如其来的洪水将他的劳动和希望毫不留情地一扫而光。

他终于忍无可忍了，他找到了上帝，愤怒地责问上帝："你为什么对我这样不公平？"上帝反问他："你为什么说我对你不公平？"

他把他的不幸讲给了上帝。

"噢！是这样，的确有些凄惨，可为什么你还要活下去呢？"

年轻人被激怒了："我不会死的，我经历了这么多不幸的事，没有什么能让我感到害怕。终有一天我会创造出幸福的！"

上帝笑了，他打开地狱之门，指着一个鬼魂给他看，说："那个人生前比你幸运得多，他几乎是一路顺风走到生命的终点，只是最后一次和你一样，在一场洪水中失去了他所有的财富。不同的是他自杀了，而你却坚强地活着，这就是你的命运，你要懂得感恩生活的磨难。"

心灵启示

在生活的磨难面前，大多数人选择了坚强地活着，所以，他们有了更多的时间和机会去享受生命的美好，而极少数的怯懦者却选择了放弃，谁又敢说，他们在离开人世的一刹那没有感到后悔呢？不管怎样，能够看到花开，能够听到鸟叫，能够感受到阳光照耀在身上的温暖，活着，就是一件无限美好的事情。

她原本是一名快乐的妇人，有一个幸福的家庭，有爱她的老公和活泼可爱的儿子。然而，在一次常规的体检中，她却迎来了人生的最大噩耗——她患了乳腺癌，已经是中晚期了。刚开始的时候，她很痛苦，她想不明白，噩运为什么偏偏降临到她的身上。她想到了死，想到了放弃。然而，她更想看着孩子一天天地长大，更想陪着老公慢慢变老。于是，她选择了积极的治疗。她做了手术，失去了自己所珍爱的乳房，因为，她知道，乳房远远没有自己的生命宝贵。后来，她又接受了化疗，失去了满头的秀发，因为，她知道，美丽的容颜无法使她有足够的时间陪伴儿子慢慢长大。她为自己开了一个博客，名字叫"向死而生"。人们都以为她会沮丧绝望，想不到的是，她却变得更加宽容了。孩子惹她生气了，她觉得这是上天的赐予，她能亲眼看着孩子一次次地犯错误，不断地成长；老公回家晚了，她也不再和老公吵架了，她很心疼老公，为了这个家在外面奔波劳累。渐渐地，她原本暴戾的性格变得越来越温顺随和了，随着时间的流逝，她身上的癌细胞越来越少了。她想，就这么活着吧，哪怕不再美丽，只要能陪伴在自己所爱的人身边，就是最大的幸福！

当你死过一次之后，你对于生命就会有了更加深刻的感悟。那些原本使你气愤的事情，在死亡面前都显得微不足道，此时此刻，对于你而言，最重要的就是好好地活着，好好地去爱。

（1）生命是宝贵的，对于每个人而言都只有一次，我们不知道自己的生命有多长，所以，把每一天都当成是上天最珍贵的馈赠吧！

（2）当你经历了死亡，你更应该意识到生的宝贵，即使生命变得残缺不全，我们也应该努力地活着。

（3）如果你连死都不怕，你还怕活着吗？

（4）活着，是一件最大的幸事。

真正的幸福其实就在出发的原点

幸福从来没有固定的标准，更没有准确的定义，幸福不幸福，关键在于我们的内心。对于乞丐而言，也许只要一碗热粥热饭，就能使他感受到人生最大的幸福；对于有钱人而言，也许挣了几千万也只是一个数字，只能使他感到片刻的愉悦；对于身患残疾的人而言，能够多活一天就是命运的恩赐；对于大多数健康的人而言，他们并不能意识到健康的可贵，因此，很多人从不珍惜自己的健康，宁愿舍弃自己的健康，去拼命地追求那些身外之物。不管什么时候，拥有一颗满足的心，都是我们获得幸福的前提。假如我们深陷欲望的深渊，永远不知道满足，那么我们就彻底地与幸福绝缘了。

著名作家史铁生曾经这样写道：

“生病的经验是一步步懂得满足。发烧了，才知道不发烧的日子多么清爽。咳嗽了，才知道不咳嗽的嗓子多么安详。刚坐上轮椅我常想，不能直立行

走岂不是把人的特点搞丢了？便觉天昏地暗。”

“等又生出褥疮，一连几天只能歪七扭八地躺着，才看见端坐的日子其实多么晴朗。后来又患尿毒症，昏昏然不能思想，就更加怀恋起往日时光。终于醒悟：其实，每时每刻我们都是幸运的，任何灾难前，都可能再加上一个‘更’字。”

……

也许有必要相信：能从心底里说出这话的人，一定是吃尽了“疾病”的苦头了，所以才把自己幸福的底线定得如此之低。但相信归相信，很多的人依旧是我行我素地过活，等到某一天终于开始意识到什么是真正幸福的时候，这才发现生命留给自己享受幸福的时间已经是少得不能再少了。

心灵启示

两千多年前，老子就曾经说过，“祸莫大于不知足，咎莫大于欲得，故知足之足常足矣。”在生活中，很多人都认为满足就是快乐的，片面地把快乐定义在所得到和满足的欲望上，其实，这样的定义是片面的，是比较消极的。这样的满足，是无法长久的，因为一旦欲望膨胀，快乐也就不能长久了。所以，真正知足的人，是能够降低自己欲望的人。他们清楚地知道自己想要的是怎样的生活，从来不会为了追求身外之物而迷失自己的本性，丢掉自己的原则。他们的快乐幸福是非常简单的，因而，他们更加容易得到满足。也正因为此，快乐和幸福才会长久地围绕着他们。

“熙熙攘攘为名利。”许多人一生都在茫茫的红尘中不停地奔走，结果深深地陷在名与利的泥潭里而不能自拔；“蓦然回首，那人却在灯火阑珊处。”等到悟出真正的幸福其实就在出发原点的时候，却为时已晚了。

（1）你想要的是什么？你应该弄清楚。

（2）对于你而言，怎样的生活才是幸福的？金钱的追求是永无止境的，如果陷入其中，那么，你的一生都不会获得幸福。

（3）不管什么时候，不管身处何种境遇，一颗容易满足的心都能够使你与幸福永远相伴。

（4）古人云，知足常乐，只要牢记这一点，我们就更容易得到快乐。

羞辱是另一种形式的鞭策

每个人都希望得到别人的肯定和赞扬，因为，人是需要被肯定的。然而，生活中，也许是因为偶然，也许是因为能力限制，我们无法把每件事情都做得尽善尽美。这个时候，等待我们的也许就不是赞扬了，而是批评，甚至是羞辱。假如你因为别人的羞辱而放弃自己，不再努力，那么，你的一生就注定与失败结缘了。真正的强者，不会因为别人抓住了自己的把柄羞辱自己而绝望，相反，别人的羞辱恰恰为他指出了不足，使他努力的方向更加明确。

格林尼亚出生在法国西北的瑟堡，父亲是一家造船厂的老板，整天忙于发财，对子女溺爱有余，管教不足。格林尼亚从小游手好闲，整天浪迹街头，不把学习放在心上，成为一个名副其实的公子哥。由于长相英俊，出手大方，格林尼亚在情场上春风得意，总能讨得异性的欢心，把一个个漂亮的姑娘吸引到身边。

然而，在这个世界上，拥有足够多的金钱并不意味着就拥有一切，相貌堂堂也未必能赢得尊重。在一次午宴上，格林尼亚走到出众的美女波多丽面前调情。与以往每次都获得美人心相反的是，他不但没有赢得波多丽的欢心，反而遭到了一番奚落："请你走远一点，我就讨厌像你这样的公子哥在眼前晃荡！"

这一句充满无礼与轻视的话，就像一把匕首捅在他心头。他长期以来呈休眠状的羞耻心一下子被唤醒。格林尼亚陡然意识到：家庭的富有并非个人的荣耀，要赢得真正的尊重，有赖于用努力去争取。排遣着无边的懊恼和悔恨，他甩掉一身自以为潇洒的轻浮，打起精神走上一条有理想、有追求的路。

这年，格林尼亚21岁，为了摆脱家庭长期溺爱导致的松懈，他决定换换生活的环境。于是，他留下一封书信说："请不要打听我的下落，相信通过刻苦学习，我一定会干出些成就来的。"

格林尼亚从瑟堡出发，来到里昂。他用两年的时间修完耽误的全部课程，取得里昂大学插班就读的资格。投入校园生活，他倍加珍视来之不易的机会，引起了化学权威巴尔的注意。在名师的指点下，他进行了一系列的实验，很快就发明了格氏试剂，被学校破格授予博士学位。这一消息轰动了法国，也让格

林尼亚的父亲感到非常欣慰。

另一个四年的辛劳之后，格林尼亚终于取得了卓越的成绩。1912年，他被授予诺贝尔化学奖。波多丽得知这一喜讯，在病床上亲自给他写了一封贺信："我永远敬爱你！"就这么一句话，让格林尼亚激动万分。他永远感激这位美女当初对他那一番近乎侮辱的训斥。

心灵启示

如果不是波多丽的羞辱，格林尼亚也许还不自知地扬扬得意下去。波多丽的一番羞辱，恰如当头一棍，打醒了格林尼亚，使他认识到了自己的不足。正因为此，世界上才多了一位伟大的化学家，为人类做出了卓越的贡献。因此，被别人羞辱的时候，请不要急于恼怒，而是静下心来反省自己，是不是真的做得不够好。

（1）别人的羞辱不会是无端的，请先反省自己是否真的如他人所说的那样糟糕。

（2）有的时候，我们无法正确客观地评价自己，对于别人的评价，不管是好的还是不好的，我们都应该细细考量。

（3）从某种意义上来说，羞辱是另一种形式的鞭策。

（4）感恩在你生命中出现的一切人和事吧，不管是友好还是伤害，是它们促使你不断成长的。

用感恩的心助人，便能得到无私的回报

感恩是一种品德，也是一种生活态度。古人曾经说过，"滴水之恩，当涌泉相报。"感恩，并不是惊天地、泣鬼神，而是一种淡然的心态。我们不仅要感谢对我们有养育之恩的父母，也要感谢每天照耀在我们身上的阳光，感恩滋养大地的雨露。即使面对灾难，我们也要感恩，因为是它使我们变得更加坚强，使我们不断成长。生命中，需要我们感恩的人和事太多，假如我们始终怀

着一颗感恩的心面对人世间的悲欢离合，万事万物，那么，我们的内心就会变得更加安宁。

拥有感恩之心的人，即使面对灾难，也能够坦然相对，从来不会因为受到委屈而愤愤不平。即使命运给他们带来了太多的挫折，他们也不会因此而抱怨。因为，他们为自己所得到的所拥有的心怀感激。在这个世界上，如果缺乏感恩之心，必然会导致人际关系的冷淡。与此相反，当你心怀感恩地向别人奉献出自己的爱心时，他人在你危难之际也会加倍地帮助你。

在第二次世界大战期间，犹太民族遭到严重迫害。那时，逃出欧洲的犹太人痛苦地发现，畏于希特勒淫威，整个世界均冷酷地对他们关上了大门，唯有中国上海一扇小门尚敞开。消息传开，短时间内世界各地共五万犹太人逃到上海避难。上海当时浑然不知希特勒；上海只是个开放的、不设防城市而已；任何人来上海都无须签证。

战后，5万犹太人几乎全部离去。他们中的大部分人成了以色列复国后的第一代开国元勋。

1976年唐山大地震，以色列在第一时间向我国捐赠一亿美元。

上海虹口唐山路一带不起眼的老房子，近来变得不寻常；年年有从以色列等世界各地远道而来探访的犹太人，他们扶老携幼，流连忘返，深情地寻访他们当年的诺亚方舟！

站在特拉维夫街头，你尽管大声宣布自己是中国人，或是干脆说自己是上海人。你会发现很多素昧平生的以色列男女老少请你到他家去喝茶吃饭。在以色列，当年犹太人在中国上海的避难史是写进教科书里的，是写进族谱史的。在以色列，有一个纪念碑：中国人，我们不会忘记你们的恩。其实，我们不过仅仅救了5万以色列人，却得到了他们举国的尊敬和后来多年的军事科技帮助。

心灵启示

因为不经意间的馈赠，中国上海，被写进了犹太人的教科书。从此以后，犹太人始终对中国上海心存感恩，因为他们知道，中国上海曾经是他们的诺亚方舟，是他们的避难所。正因为此，在中国唐山发生大地震的时候，他们才会

慷慨解囊。只要你愿意付出，不管你是有意的还是无意的，终有一天，你会得到别人慷慨的馈赠和回报。没有人会忘记别人的好，即使时间流逝，光阴流转，在别人心中，你的好不会淡去，只会变得越来越深厚。从某种意义上来说，人情是需要储蓄的，你必须先有舍，才能有得，你必须先有付出，才能有回报。

让我们怀着一颗感恩的心去寻找幸福吧；让我们怀着一颗感恩的心去感谢大自然的无私馈赠吧；让我们怀着一颗感恩的心去面对曾经给予我们伤害的人吧……一位名人说过，心怀仇恨给你带来的伤害，远远比伤害本身更为严重，既然如此，我们为什么不选择遗忘和宽容呢？心怀感恩的人，是一个幸福的人。心怀感恩的人，能够宽容地对待世间的一切变幻，这样，你也就得到了别人的宽容和善待。

（1）用仇恨和伤害去回报伤害，你得到的永远是伤害；用感恩和宽容去回报伤害，你得到的将是愧疚和悔改。

（2）只有你先付出了，先舍得了，你才能够得到别人无私的回报。

（3）只有心怀感恩的人，才能更加深刻地领悟到生活的美好。

（4）心怀感恩吧，你播种的善的种子，必将回馈给你更多。

感恩生命的赐予，珍惜生命中的每一天

在漫长的生命中，我们总是忽略时间的无情流逝，而为一些原本微不足道的事情纠结。很多人，总是抱怨命运对自己太不公平，抱怨自己得到的太少，而付出的太多。因为朋友偶然犯的一个错误，他们怒火中烧；因为年幼的孩子不小心把果汁洒在了地上，他们大发脾气；因为爱人没有按时回家吃饭，他们甚至口不择言地提出了离婚……这一切，真的值得人们大发雷霆吗？生命中，有太多的事情比这些鸡毛蒜皮的事情更加重要，而把宝贵的生命浪费在无谓的生气上，毫无疑问是很多理智的人都不会去做的。但是，恰恰有很多人在愤怒之余忘记了这些，成了负面情绪的奴隶。为什么会这样呢？原因只有一个，就是人们忘记了生命的短暂。假如生命中只剩下一天的时间，你还会把这一天中

的大部分时间用于生气和抱怨吗？你肯定不会。那么，我们就把生命中的每一天都当成一辈子去过吧，当你想到时间不再重新来过，你就会加倍珍惜身边的人和事。

一位曾经到阿拉斯加拜访过爱斯基摩人的作家，回来之后向人们讲述了他在那里的一则见闻：

“永远不要问爱斯基摩人他多大了。如果你问的话，他们也会对你说：‘我不知道，我也不在乎。’再追问下去，他们就会说：‘不到一天大！’爱斯基摩人相信，到了晚上入睡的时候，他们就死了。但到第二天清晨醒来时，他们又重新复活。因此，没有一个爱斯基摩人能活过‘一天’！也正因为此，每一个爱斯基摩人的面容都不带忧愁和焦虑，他们快快乐乐地过着自己的每一个‘一天’。”

“不到一天大！”——这并不是爱斯基摩人的一句玩笑话，仔细地回味这种“不到一天大”的生命心态与理念，你的心中一定会增添一份深刻的崇敬，甚至还感受到了一种莫大的震撼。

心灵启示

正是因为把每天都当成是自己生命中的最后一天来过，所以，爱斯基摩人才会每天都轻松坦然，从来不为不值得的事情耗费自己的生命，更不会把自己宝贵的生命浪费在生气和抱怨上。有一位名人曾经说过，假如你把每一天都当成是生命中的最后一天，那么，终有一天，你会发现你是正确的。话虽然简单，但却揭示了一个深刻的人生道理。假如我们能够做到这一点，那么，我们就能够轻松地度过自己的人生，我们的人生就会多几分坦然和从容，少几分沉重。

没有人愿意，虽然大家都很憧憬天堂，但是谁也不会为了进入天堂而离开人世，尽管人世有很多烦恼和纷争。因为几乎一切事情，其中包括一切的荣誉、一切的骄傲、一切对难堪和失败的恐惧，都会在死亡面前消失得无影无踪。所以，当面对死亡的时候，即使最想不开的人，也会豁然开朗。只有这样，我们才能时刻感激生命的馈赠和恩赐，满怀感恩地度过生命中的每一天。

（1）生命，是命运给我们的最好馈赠。生命，对于每个人都只有一次，

让我们好好地享受生命吧！

（2）把每天都当成一辈子来过，你会更加珍惜自己的一呼一吸，你会抛开那些身外之物，全身心地投入美好的生活。

（3）只有在生命即将失去的时候，我们才能真正感受到生命的可贵。

（4）就当自己死过一次一样好好地活吧！

分享是一件使人高兴的事情

很多拥有得来不易，这就使得我们更加珍惜自己的拥有。然而，拥有不是占有，在享受自己所拥有的同时，我们更应该学会分享。现在，越来越多的富豪开始回报社会，他们把经年累月辛辛苦苦赚来的钱用于救济那些穷人，帮助穷人家的孩子接受教育，以改变他们的命运。也许有人会说，他们为什么要这么做呢？辛辛苦苦地赚钱，然后再把自己赚到的钱送给别人，那还不如不赚钱呢，自己还能轻松一些。有这种想法的人无疑是自私的，他们始终活在小我之中，目光短浅。其实，富豪们之所以这么做，是因为分享是一种乐趣。也许，刚开始的时候，我们把自己的所有同别人分享，但是，终有一天，别人也会把他们的所有同我们分享。整个社会在分享中变得越来越和谐，人人都在享受分享的乐趣。如此一来，世界就会变得更加美好。

有个亲戚送来一筐桃子。

父亲有意考察一下自己的两个儿子，就装作发愁的样子问："这么大一筐桃子，一时半会儿肯定吃不完，应该怎样才不至于浪费呢？"

"先吃熟透的呗！"大儿子抢先说道，"谁都知道的，没有熟透的桃子可以多放几天啊。"

"可是，这些桃子，至多能留两三天呀，我们吃桃子的速度肯定赶不上桃子腐烂的速度嘛！"很显然，父亲有些不太满意大儿子的建议，他把目光转向了小儿子，"你呢，你有什么好的办法吗？"

小儿子思索了一下，回答说："我看这样好了，留下一些桃子咱们自己吃，然后把剩下的分给左邻右舍吧。如此一来，既保证了桃子一个不浪费，也加深了邻居之间的感情。”

听了小儿子的建议，父亲非常满意地点了点头。

这个小儿子就是潘基文。54年之后，他成功地当选为联合国新一任秘书长。

心灵启示

懂得分享的人拥有博大的胸怀，他们对世人充满了爱，所以，他们的生活始终与幸福相伴。

自从1957年创办微软之后，盖茨在十三年之中始终是全球首富。

然而，在退休前一周，盖茨决定把总计市值为580亿美元的个人资产全部捐给慈善基金会。这项决定是他与妻子梅琳达一起作出的，盖茨说，“我们希望把我们所创造的财富回馈于社会，因为只有这样，它才能产生最积极的效应，最大限度地造福于人类。”

盖茨承诺，他将把资产移交至由他和梅琳达于2000年创办的“比尔和梅琳达·盖茨基金会”的账户名下，因为那个慈善机构致力于在全球范围内推广卫生和教育项目，如今已经成长为美国最具规模的民间慈善机构。盖茨甚至不准备给孩子留下任何遗产，而让孩子们自己去努力奋斗，创造自己的人生。

在盖茨的身上，我们更加深刻地了解了分享的含义。盖茨从未局限于自身，而是放眼世界，把自己的成就与更多的世人分享。

（1）社会的资源是有限的，与其浪费资源，不如把多余的资源分给那些需要的人。

（2）与其等到桃子不新鲜的时候再吃，不如把新鲜的桃子分给他人，这是一举两得的办法。

（3）我们不是大富豪，没有那么多的财富与人分享，不过，我们可以与人分享生活中的其他资源。

（4）不管我们与人分享，还是我们分享别人的所有，都是一件使人高兴的事情。

心怀感恩，才能领悟到生活的美好

生活中，我们是否因为太忙碌而忘记了感恩。面对路边正在盛开的娇艳花朵，我们甚至来不及多看一眼，就匆匆而过了。面对路人的微笑，我们甚至无暇顾及，更没有时间给对方一个微笑。忙碌的清晨，我们穿梭在一条条错综复杂的地铁线路中，就像蚂蚁一样在这个拥挤的城市求得生存。那么，生存又是为了什么？假如生命只剩下匆匆地奔向终点这一内容，我们的存在还有什么意义？请放慢自己的脚步吧，你有多久没有闻过花香，没有听过鸟叫，没有舒缓地行走，认真地欣赏？

一次，汤姆在一家雅致的餐厅就餐，发现旁边有三个黑人孩子，他们似乎在餐桌上写着什么。在就餐的时间、就餐的地方，这三个孩子却做着与就餐无关的事。汤姆难以按捺心中的好奇，试探着走了过去。这几个孩子看汤姆这样一个肤色不同的外国人到来，他们没有一丝扭捏，而是落落大方地和汤姆谈了起来。这三个孩子中一个十二三岁戴眼镜的男孩是老大，女孩八九岁是老二，另外一个男孩五六岁是老三。从谈话中汤姆了解到他们和母亲是暂时住在这家酒店里的，因为他们正在搬家，新房还未安顿好。

当汤姆问他们在做什么时，老大回答说正在写感谢信。他一副理所当然的神情令汤姆很疑惑。这三个小孩一大早起来写感谢信？汤姆愣了一阵后追问道：“写给谁的？”“给妈妈。”汤姆心中的疑团一个未解一个又生。“为什么？”汤姆又问道。“我们每天都写，这是我们每日必做的功课。”孩子回答道。哪有每天都写感谢信的？真是不可思议！

汤姆凑过去看了一眼他们每人手里的那沓纸。老大在纸上写了八九行字，妹妹写了五六行字，小弟弟只写了两三行。再细看其中的内容，却是诸如“路边的野花开得真漂亮”、“昨天吃的比萨饼很香”、“昨天妈妈给我讲了一个很有意思的故事”之类的简单语句。

汤姆的心头一震。原来他们写给妈妈的感谢信不是专门感谢妈妈为他们做了什么，而是记录下他们幼小心灵中感觉很幸福的一点一滴。他们还不知道什么叫大恩大德，只知道对于每一件美好的事物都应心存感激。他们感谢母亲辛勤地工作，感谢同伴热心地帮助，感谢兄弟姐妹之间的相互理解……他们对许多我们认为理所当然的事都怀有一颗“感恩的心”。

心灵启示

在孩子幼小的时候，教会他们感恩，这将是给予孩子一生的最好礼物。虽然他们不懂得感恩，但是他们却怀着一颗感激的心去接受生活的馈赠，一餐饭、一个有意思的故事、路边美丽的鲜花。在他们稚嫩的心灵里，世界是如此美好，他们没有错过任何使他们感到幸福的东西。这样的孩子，长大之后，必将对这个世界充满感恩，对生活的点滴充满感恩，我想，他们的内心一定充满了幸福。

（1）今天，你的生活中发生了什么？哪些是使你高兴的，使你欣喜愉悦的。感谢它们吧，是它们使你的生命更加美好。

（2）不管是阳光，还是阴霾，我们都要感恩，因为，正是有了它们，天气才不再单调。

（3）我们每天都要感谢自己的母亲，如果没有她们的精心照料，我们无法健康地成长。即使是一件小事，她们也总是为我们尽心竭力地做好。

（4）感恩，使我们的生命焕发出别样的光彩！

一颗心为两个人而活

生活中充满了意外，假如你所爱的人因为意外离开了这个世界，那么，请你，为了他，好好地活下去，因为他始终活在你的心里，你必须为两个人而活。

苏珊是个弃儿，在孤儿院长大。她患有严重的先天心瓣膜缺损，活动量稍大，就会引起心脏缺氧而昏迷，随时都有死亡的危险。苏珊19岁那年到伦敦念大学，她在学校遇见了汤姆，两人一见钟情。

一天，汤姆告诉苏珊，他父母两天后来见她。晚上，苏珊兴奋地将这个消息告诉了孤儿院院长。院长沉默许久，说：“苏珊，你不能爱别人，也不能与人结婚，你的心脏不允许你这辈子过婚姻生活。”

苏珊大喊道："可是我爱汤姆，我愿意为他牺牲一切。""我知道，孩子，但那样不仅会要了你的命，也不会带给他幸福。"院长的语气充满了同情和无奈。

苏珊哭了。第二天，苏珊没有去学校，只给汤姆寄了张便条，告诉他自己不能去赴他父母之约。

苏珊收拾行李来到长途车站，决定去遥远的泽西。

车上与苏珊邻座的也是个年轻女孩，她叫巴巴拉。她告诉苏珊，她的父母在泽西相识相爱，所以每年全家三口都要去泽西岛。巴巴拉说："父亲说要在我每个生日之夜向上帝感恩，感谢他给了我们幸福的生活。"

车终于抵达港口，就在等候轮船的间隙，苏珊发觉自己忘了随身带药，好心的巴巴拉主动说："别急，我知道这附近有家药店。"说罢，她匆忙向大街跑去。苏珊望着巴巴拉轻盈奔跑的背影，也就在那一刻，一辆急速的货车冲出来，然后是一阵急刹车。苏珊的心猛地揪了一下，整个人慢慢瘫软倒下。

当苏珊从昏迷中苏醒时，发现汤姆守候在病床前。她回忆起所有的事情，焦急地问汤姆："还有个女孩呢？她叫巴巴拉。""她没能活过来。"汤姆低声回答。

苏珊的心隐隐作痛，她下意识地伸手去摸索枕边的护心药。就在这时，汤姆说："不用了，巴巴拉的心换进了你的身体，是她父母主动要求的。医生除了冒险给你做移植手术，已经没有第二条路，感谢上帝他们成功了。"

苏珊呆住了，记得巴巴拉讲过，她的生日是4月7日，而她死的那天就是4月7日，命运有时太不可捉摸了！

自从移入巴巴拉那颗健康的心脏，苏珊开始了自己的新生活。几年后，她与汤姆结下美满姻缘，还生下一双儿女。每年4月7日他们都要去泽西岛，要在靠近岛上圣奥宾湾的一家小酒吧里一直守到打烊时分，那曾是巴巴拉一家每年生日聚会的地方。

第15个4月7日夜晚降临时，在圣奥宾湾的小酒吧里，一对老夫妇走进来，选了个靠窗的位子坐下。苏珊坐在另一边，忽然感觉到一种异样的心跳，好像有种神奇的力量招引她起身走过去。两个女人凝望着，眉睫泪水盈盈。苏珊哭道："那年我早已心如死灰，只想来泽西找片安静的海水跳下去。而她，多不值得。”

“可是亲爱的，现在我从你脸上看到的是幸福和快乐呀。”老妇人含泪用手抚摸苏珊的面庞。

苏珊说：“是的，我活下来了，心里装有两个女孩子对生活的期盼，我必须加倍善待生命。”

“那就没有什么不值得了。”老妇人道，随后她低声对丈夫说了几句。

这时汤姆带着两个孩子走过来，孩子们天真地跟老夫妇打着招呼。忽然，那个小一点的女孩子指着窗外叫道：“噢，你们看，月亮从树后面爬上来了。”

苏珊低下头，笑着对小女儿说：“真是个该向上帝感恩的夜晚，你可不可以为大家把蜡烛点亮，巴巴拉？”

小巴巴拉划了根火柴，伸向桌子中央的银烛台。蜡烛亮了，她仰脸环视着四周的大人，娇憨地笑起来，摇曳的烛光映在她灰蓝的眼瞳里，像闪烁的星星。

心灵启示

乐于助人的巴巴拉为了去给苏珊买药，被车撞了，而她的心脏最终被移植到了苏珊的体内。因为巴巴拉，原本绝望的苏珊更加努力地活着，她要把巴巴拉的一生也活出来。这就是人性。一个人，有两颗心脏，不是不可能的，一颗住在胸腔里，一颗住在心灵深处。

（1）生活中，我们既需要别人给予的爱，也应该将自己的爱赋予别人。

（2）生命之所以温暖，就是因为人与人之间充满了爱，充满了温情。

（3）爱，就像一把熊熊燃烧的火炬，为传递它的人带来光明。

（4）生命之火就是爱的火焰。

心中有希望，美好的生活就可以重新创造

生命中，有很多东西都是身外之物，即使失去了，也可以通过努力再得

到，只要你始终不放弃希望，始终坚持不懈。

有一个樵夫，费了好大劲儿才建成了一间可以遮风挡雨的小木屋，不曾想在一次做饭的时候失手惹起了大火。

樵夫着急了，赶紧去打水救火，但终因风势过大，小木屋很快就被熊熊的大火吞噬了。

当大火熄灭的时候，只见樵夫拿了一根棍子，在倒塌的小木屋里不断地翻找着什么。左邻右舍都以为樵夫在翻找什么值钱的物件，就纷纷跑过来一边劝解一边拉扯他："哎呀，别找了，火这么大，值钱的东西早被烧成灰了……"

但樵夫谢绝了大家的好意，还是仔细而且耐心地翻找着。

过了半晌，樵夫突然兴奋地跳了起来："哈哈，我找到了，我找到了……"

大家凑过去一看，原来是一把非常普通的斧头：木把儿已经被烧掉了，只留下一片铿亮的斧刀。

"就这呀，也值得你找上半天……"大家笑着开涮他。

却听樵夫自信地说着："嘿嘿，只要有了这把斧头，我就可以重新建造一间小木屋啊！"

心灵启示

虽然房子被烧毁了，但是，樵夫没有像大多数人那样呼天喊地。因为，他平安无恙，最重要的是，他还在灰烬之中找到了没有柄的斧头。只要有了这个斧头，他就能够再为自己建造一间小木屋。其实，生活中的很多东西都是这样的。只要人还在，只要人心充满希望，只要有合适的条件，我们即使一败涂地，也能够东山再起。

2008年，四川雅安发生了大地震，原本平静的清晨被打破了，很多人被掩埋在废墟下，失去了宝贵的生命。很多人虽然侥幸逃生，但却失去了自己的家。面对记者采访的镜头，一个专门酿酒的主妇满脸灿烂的微笑。记者问她家里有没有受到什么损失，她把记者带到自己的家中，带到家里藏酒的酒窖中。几百万元的酒，其中不乏很多珍藏了多年的老酒，在这次地震中，全部被大地母亲吸干了。她一边说一边微笑着，记者不解，问她遭受了这么大的损失，以后准备怎么办？妇人笑了笑，说，重头再来吧。家里的人都平安无恙，父母、兄弟姐妹、爱人和孩子都毫发无损。只要人在，一切都可以从头再来。

我的心被这个妇人的笑深深地感染了，几百万元的酒啊，是他们多年的珍藏。确实，她说得很对，只要人还在，一切都可以从头再来。

（1）只需要一把斧头，樵夫就可以为自己重新建造一间小木屋。

（2）只要人都健健康康，心中充满希望，美好的生活就可以重新创造。

（3）生命中的很多东西都可以失去，唯一不能失去的是希望和信心。

（4）几千年来，人类经历了无数的磨难，而正是永不放弃的坚强信念，支撑人类一直走到了今天。

感恩，使你获得更多的回报

人生之路是漫长的，风雨和彩虹有时交替出现。有人在幸福的日子里仍不知道满足，只知整天抱怨而不感谢自己拥有的；有人在遭遇挫折的时候，总是怨天尤人，一蹶不振，而不感谢那些帮助过他的人。其实生活中有许多人在注视着我们，无论是我们的朋友还是对手，我们都应该感恩，只要学会发现，学会感恩，美好的生活就在我们身边。

在一个闹饥荒的城市，一个家庭殷实而且心地善良的面包师把城里最穷的几十个孩子聚集到一块，然后拿出一个盛有面包的篮子，对他们说："这个篮子里的面包你们一人一个。在上帝带来好光景以前，你们每天都可以来拿一个面包。"

瞬间，这些饥饿的孩子仿佛一窝蜂似地涌了上来，他们围着篮子推来挤去大声叫嚷着，谁都想拿到最大的面包。当他们每人都拿到了面包后，竟然没有一个人向这位好心的面包师说声"谢谢"，就走了。

但是有一个叫依娃的小女孩却例外，她既没有同大家一起吵闹，也没有与其他人争抢，她只是谦让地站在一步以外，等别的孩子都拿到以后，才把篮子里最小的一个面包拿起来。她并没有急于离去，她向面包师表示了感谢，并亲吻了面包师的手之后才向家走去。

第二天，面包师又把盛面包的篮子放到了孩子们的面前，其他孩子依旧如昨日一样疯抢着，羞怯、可怜的依娃只得到一个比头一天还小一半的面包。她回到家，妈妈切开面包，许多崭新、发亮的银币掉了出来。

妈妈惊奇地叫道："立即把钱送回去，一定是揉面的时候不小心揉进去的。赶快去，依娃，赶快去！"当依娃把妈妈的话告诉面包师的时候，面包师一脸慈爱地说："不，我的孩子，这没有错。是我把银币放进小面包里的，我要奖励你。愿你永远保持现在这样一颗平安、感恩的心。回家去吧，告诉你妈妈这些钱是你的了。"她激动地跑回了家，告诉了妈妈这个令人兴奋的消息，这是她的感恩之心得到的回报。

心灵启示

故事中的依娃，在面对面包师的慷慨馈赠时，没有忘记说"谢谢"。她总是安然地等待着其他孩子蜂拥而抢，然后才去拿剩下的那个最小的面包。正是她的举动，感动了面包师。所以，面包师才决定给予她更多的帮助。

生活中，几乎每个人都会需要别人的帮助，当得到别人的帮助以后，千万不要忘记怀着感恩的心说声"谢谢"，只有这样，别人才会更加愿意帮助你。

唐阿姨在一户人家当保姆，照顾年迈的老太太。唐阿姨为人特别实在，虽然家里终日只有她和老太太两个人，但是她从来不偷懒，每天都把家里打扫得一尘不染，只要有时间，她就推着老人出去晒太阳。在唐阿姨的照顾下，老人居然渐渐地长胖了。

老人的子女看到唐阿姨如此尽心尽力地照顾老人，纷纷表示感谢，并且为唐阿姨涨了工资，再三表示希望唐阿姨能够一直留在家里照顾老人。没多久，唐阿姨的儿子考上了大学，一时间拿不出那么多学费来，老人的子女居然为唐阿姨的儿子交了一万多元的学费。自从这件事情之后，唐阿姨工作更努力了，她就像亲生女儿一样无微不至地照顾老人。有一天凌晨，老人突然摔倒了，为了抢救及时，唐阿姨背起老人就往医院赶。当老人的子女赶到医院看到累得虚脱的唐阿姨时，不由得泪流满面。

几年后，老人去世了，老人的子女拿出了老人的遗嘱。遗嘱上，老人把自己的房子留给了唐阿姨居住。

人是需要相处的，现代社会，雇佣保姆的家庭越来越多，因此，雇主与保姆之间的矛盾也越来越多。大多数的雇主都嫌弃保姆太懒惰，而大多数的保姆则抱怨雇主不把自己当人看。如此恶性循环，保姆与雇主之间怎么能相处得好呢？假如所有的保姆都能像唐阿姨一样尽心尽力，假如所有的雇主都能像老人子女一样多多体谅保姆的难处，那么，保姆和雇主的关系就不会那么紧张了。无论如何，一分耕耘，一分收获。

（1）当别人给予你无私帮助的时候，你应该真诚地表示感谢。

（2）没有人愿意为一个不会说“谢谢”的人付出。即使你对别人的付出无以回报，至少要发自内心地说一声“谢谢”。

（3）感谢别人的付出，你将得到更多。

（4）付出是相互的，现在是别人为你付出，当别人需要你的时候，你应该同样义无反顾地付出。

参考文献

[1] 闫燕.阳光心态[M].青岛：青岛出版社，2012.

[2] 郭漫.青少年人生励志哲理故事[M].北京：华夏出版社，2011.

[3] 韩绍朋.青少年从零开始学:心态学[M].北京：地震出版社，2011.